国家林业局普通高等教育“十三五”规划教材
高等院校水土保持与荒漠化防治专业教材

水土保持执法与监督

（第2版）

杨海龙　齐实　主编

中国林业出版社

内容简介

本书是根据高等院校水土保持与荒漠化防治专业的课程要求，以2010年修订的《中华人民共和国水土保持法》为主要理论依据而编写。

全书共分为10章，第1章绪论介绍了水土流失和水土保持的相关概念，水土保持执法与监督的历史沿革与发展趋势，以及在国民经济建设中的作用及展望；第2章和第3章分别阐述了行政执法和水土保持法律与执法监督体系；第4~7章详细介绍了水土保持规划，水土流失预防与治理，以及水土保持监测和监督；第8章阐述了水土保持行政处罚；第9章介绍了水土保持监督信息化管理；第10章列举并点评了水土保持行政处罚及相关案例。

本书不仅是全国高等院校水土保持与荒漠化防治专业教材，同时也可作为水土保持与荒漠化防治、林业生态、水利工程、土地利用、环境保护、国土资源等从事执法监督、生产实践人员的法律参考用书。

图书在版编目（CIP）数据

水土保持执法与监督/杨海龙，齐实主编．—2版．—北京：中国林业出版社，2017.12（2024.1重印）
国家林业局普通高等教育“十三五”规划教材　高等院校水土保持与荒漠化防治专业教材
ISBN 978-7-5038-9443-5

Ⅰ．①水…　Ⅱ．①杨…②齐…　Ⅲ．①水土保持—行政执法—执法监督—中国—高等学校—教材　Ⅳ．①D922.32②D922.11

中国版本图书馆CIP数据核字（2018）第034433号

中国林业出版社·教育分社

策划编辑：肖基浒　高红岩　　责任编辑：高红岩
电　　话：（010）83143554　　传　　真：（010）83143516

出版发行　中国林业出版社（100009　北京市西城区德内大街刘海胡同7号）
E-mail:jiaocaipublic@163.com　电话:(010)83143500
http://www.forestry.gov.cn/lycb.html
经　　销　新华书店
印　　刷　三河市祥达印刷包装有限公司
版　　次　2012年3月第1版
2017年12月第2版
印　　次　2024年1月第2次印刷
开　　本　850mm×1168mm　1/16
印　　张　14
字　　数　335千字
定　　价　38.00元

《水土保持执法与监督》（第2版）

编写人员

主　编　杨海龙　齐　实

副主编　董　智　宋秀瑜

编　委　（以姓氏笔画为序）

王佳庭　卢　慧　齐　实　朱　柱　李　莹

宋秀瑜　陈奇伯　陈晓燕　杨海龙　杨　光

胡兵辉　郭汉清　高国雄　党小虎　黄　乾

董　智　戴全厚

主　审　王玉杰

前 言

（第 2 版）

水土保持执法与监督是水土保持与荒漠化防治专业一门重要的专业课程。本教材第1版在水土保持及相关专业的教学和实践中得到了广泛的应用。经过多年的教学实践，伴随着法律制度的更新，为紧跟时代发展潮流，本教材的内容急需更新，以适应水土保持学科的发展与创新型人才的现代化培养，因此在第1版的基础上进行了修订，编写了第2版教材。

与第1版教材相比，第2版教材在内容上进行了充实与完善，主要进行了以下修订：更新了水土保持法律与执法监督体系（第3章）的监督队伍体系现状及与水土保持相关的自然资源与环境保护法律条文；根据国家最新发布的规章制度对水土保持验收的内容进行了修订，从原来的水行政主管部门验收到现在的生产建设单位自主验收；考虑到近年大数据、云计算发展迅速，新加入水土保持监督信息化管理章节（第9章），详细介绍了全国水土保持监督管理系统的功能及使用、水土保持监督管理现场应用和监督管理信息移动采集系统以及国家水土保持综合监管与服务平台；完善了新《水土保持法》关于违法开垦的行政处罚条件；对案例与分析（第10章）中的案例进行了更新。

除了在内容上的修订之外，第2版较第1版更加强调了教材的应用性，除了必要的理论阐述之外，注重水土保持规划、预防、治理及监测，致力于让读者通过本教材的阅读，培养综合运用专业理论与技术解决人为造成水土流失案件的能力。

本教材由北京林业大学水土保持学院杨海龙副教授、齐实教授主编，各编委分工如下：第1章由杨海龙、黄乾编写；第2章由杨海龙、朱柱、王佳庭编写；第3章由陈奇伯、胡兵辉编写；第4章由齐实、卢慧编写；第5章由齐实、陈晓燕编写；第6章由董智、杨光、宋秀瑜编写；第7章由戴全厚、党小虎编写；第8章由高国雄、郭汉清编写；第9章由齐实、李莹编写；第10章由宋秀瑜、高国雄编写。全书由杨海龙副教授、齐实教授统稿，并经北京林业大学王玉杰副校长主审。

本教材是在第1版的基础上编写而成的，同时引用了大量科技成果、论文、专著和相关教材，因篇幅所限未能一一在参考文献中列出，谨向文献的作者们致以深切的谢意。水土保持执法与监督已形成一套较完整的体系，在本教材编写过程中，编写人员力图将本领域的新理论和实践经验加入到教材中。限于我们的知识水平，缺点、错误难免，热切的希望各界同仁和读者提出批评意见，以便今后进一步充实提高。

编　者

2017 年 12 月于北京

前言
（第1版）

水是生命之源，土是生存之本，水土资源是人类赖以生存和发展的基本条件，是不可替代的基础资源。我国水土流失十分严重，目前仍有水土流失面积 $356\times10^{4}km^{2}$，约占国土面积的37%，每年流失土壤 $45\times10^{8}t$。与此同时，随着工业化、城镇化和经济全球化进程的加快，我国基础设施建设和资源大规模开发，不断造成新的大量人为水土流失，使得水土资源可利用程度不断下降，加剧了人与自然的矛盾，直接影响到我国经济社会可持续发展，水土流失已经成为我国的头号环境问题。

中华人民共和国成立以来，党和国家十分重视水土保持工作，各级政府投入大量人力、财力和物力，积极开展水土流失防治工作。特别是1991年《中华人民共和国水土保持法》颁布以来，我国逐步形成一整套水土保持法律、法规和规范化、制度化、科学化执法队伍，对各类开发利用水土资源活动进行执法监督管理，推动生产建设项目水土保持“三同时”制度的落实，收到较好的效果，促进了人与自然的和谐以及资源节约型和环境友好型社会的建设。2010年经过修订的《中华人民共和国水土保持法》已经颁布并于2011年3月开始实施，新修订的《中华人民共和国水土保持法》对水土保持工作提出更高的要求。

随着1991年水土保持法及相关的法律、法规颁布和完善，以及生产实践的需要，培养知法懂法的专业知识型人才是大势所趋，北京林业大学开设了“水土保持法律、法规”的选修课程，同时在“水土保持原理”“流域管理学”等课程中也涉及水土保持执法与监督的部分内容。2007年，按照北京林业大学水土保持与荒漠化防治专业的教学计划要求，开设“水土保持执法与监督”课程，2010年《水土保持执法与监督》教材列入北京林业大学教材编写计划。在本教材编写过程中，适逢新的《中华人民共和国水土保持法》修订并颁布实施，因此本教材按照新修订的《中华人民共和国水土保持法》的内容为架构，重新进行了修改与编写，力图与新修订的《中华人民共和国水土保持法》相一致。

本教材由北京林业大学水土保持学院杨海龙、齐实主编，由北京林业大学、贵州大学、西北农林科技大学、山东农业大学、西南林业大学、山西农业大学、辽宁工程技术大学、内蒙古农业大学、西安科技大学和中国人民武装警察部队学院等多名学者编写而成。编写分工如下：第1章由杨海龙、王莎编写；第2章由程金新、杨海龙、叶堂香编写；第3章由陈奇伯、胡兵辉编写；第4章由吴祥云、齐实、卢慧编写；第5章由齐实、陈晓燕编写；第6章由董智、杨光、程金新编写；第7章由戴全厚、党小虎编写；第8章由高国雄、郭汉清、程金新编写；第9章由高甲荣、杨海龙、高国雄编写。全书由杨海龙、齐实统稿，并经北京林业大学王玉杰教授主审。

在本教材编写过程中，水利部水土保持司牛崇桓副司长、水土保持司监督处有关同志对教材提出了宝贵的修改意见，在此表示衷心的感谢。李飞、郜风涛、周英、刘宁主编的《中华人民共和国水土保持法释义》为本教材的编写奠定了基础。教材中引用了一些科技成果、论文、专著和相关教材，因篇幅有限未能一一在参考文献中列出，谨向文献的作者们致以深切的谢意。限于我们的知识水平和实践经验，缺点、错误难免，热切希望读者提出批评意见，以便今后进一步充实提高。

编 者

2011年10月于北京

目 录

第1章 绪论

【本章提要】本章简要介绍了国内外水土保持执法与监督的历史沿革与发展趋势，水土保持法的立法依据和工作方针，总结了水土保持执法与监督在国民经济建设中的作用以及与其他学科的关系。

1.1 水土流失和水土保持的相关概念

水土流失（soil and water losses） 是在水力、重力、风力等外营力作用下，水土资源和土地生产力的破坏和损失，包括土地表层侵蚀及水的损失，也称水土损失。

土壤侵蚀（soil erosion） 是在水力、风力、冻融、重力等外营力作用下，土壤、土壤母质被破坏、剥蚀、转运和沉积的全部过程。其中，狭义的土壤侵蚀是指土壤及其成土母质遭受水力侵蚀的过程；广义的土壤侵蚀包括水力侵蚀、风力侵蚀、冻融侵蚀、重力侵蚀、淋溶侵蚀、山洪侵蚀、泥石流侵蚀及土壤坍陷等。

人为侵蚀(erosion caused by human activities) 由人类活动，如开矿、修路、工程建设以及滥伐、滥垦、滥牧、不合理耕作等，引起的土壤侵蚀。

自然侵蚀（natural erosion） 在不受人为影响的自然环境中发生的土壤侵蚀。

容许土壤流失量（soil loss tolerance） 根据保持土壤资源及其生产能力而确定的年土壤流失量上限，通常小于或等于成土速率。对于坡耕地，是指维持土壤肥力，保持作物在长时期内能经济、持续、稳定地获得高产所容许的年最大土壤流失量。

土壤侵蚀分区（soil erosion zoning） 根据土壤侵蚀成因、类型、强度及其影响因素的相似性和差异性，对某一地区进行的地域划分，也称水土流失分区。

荒漠化（desertification） 在干旱区、半干旱区和干旱的亚湿润区，由于气候变化及人类活动引起的土地退化现象，包括水土流失、土壤的物理化学和生物特性退化以及自然植被长期丧失等引起的土地生产力的下降或丧失。按其成因可分为水蚀荒漠化、风蚀荒漠化、冻融荒漠化、土壤盐渍化和其他因素造成的荒漠化等类型。

山洪易发区（susceptible area of mountain torrent） 在山丘区，因暴雨频度高，植被较少，坡面及沟道比降较大，有利于径流快速汇集而形成突发性局部洪水的区域。

泥石流易发区（susceptible area of debris flow） 在山丘区，因地表松散，固体物质丰富，具有植被较少和较陡坡降的地形条件，降水强度或其他水分补给条件有利于泥石流形成的区域。

滑坡易发区（hazardous area of landslide） 地质构造、地表组成物质、新构造运动以及地形、地貌和降水条件的组合有利于滑坡形成的区域。

生产建设项目（development and construction project） 主要指建设或生产过程中可能引起水土流失的项目，包括公路、铁路、机场、港口码头、水工程、电力工程、通信工程、管道工程、国防工程、矿产和石油天然气开采与冶炼及储存、工厂建设、建材、城镇建设、开发区建设、地质勘探、考古、滩涂开发、生态移民、荒地开发、林木采伐等一切可能引起水土流失的生产建设项目。

水土保持（soil and water conservation） 防治水土流失，保护、改良与合理利用水土资源，维护和提高土地生产力，减轻洪水、干旱和风沙灾害，以利于充分发挥水土资源的生态效益、经济效益和社会效益，建立良好生态环境，支撑可持续发展的生产活动和社会公益事业。

水土保持措施（soil and water conservation measures） 为防治水土流失，保护、改良与合理利用水土资源，改善生态环境所采取的工程、植物和耕作等技术措施与管理措施的总称。

水土保持设施（soil and water conservation facilities） 具有防治水土流失功能的各类人工建筑物、自然和人工植被及自然地物的总称。

水土流失综合治理（comprehensive control of soil erosion and water loss） 按照水土流失规律、经济社会发展和生态安全的需要，在统一规划的基础上，调整土地利用结构，合理配置预防和控制水土流失的工程措施、植物措施和耕作措施，形成完整的水土流失防治体系，实现对流域（或区域）水土资源及其他自然资源的保护、改良与合理利用的活动。

水土保持设施补偿费（compensation fee of soil and water conservation facilities） 指单位和个人在建设和生产过程中，破坏了地形、地貌、植被以及其他具有水土保持功能的设施，降低或丧失了它们原有的水土保持功能，造成原有水土保持功能不能恢复而应给予补偿的费用。

水土流失防治费（soil and water conservation fee） 为预防和治理水土流失所投入的费用。

1.2 国内外水土保持执法与监督历史沿革与发展趋势

1.2.1 国外水土保持执法与监督历史沿革

世界各国在发展工农业生产和进行基本建设项目的同时，不断破坏天然植被，造成土地退化，水土流失日益严重。水土保持的相关法律的产生和发展是与环境的破坏、水土流失紧密联系在一起的。水土保持执法与监督是伴随着水土保持立法及执法机构的产生而产生的。

1.2.1.1 国外水土保持法律的名称和主要内容历史沿革

水土保持的内容非常广泛，几乎涉及各行业与自然资源开发和发展有关的领域和部门。美国于1935年颁布了《水土保持法》，它对土地开垦、耕作、工矿建设等的水土流失防治作了相应的规定。由于美国社会制度及法律体系自身的特点，对水土保持的有关法律、法规不是仅仅依靠《水土保持法》运作的。1936年6月，美国国会颁布的《水灾控制法》，要求在流域内开展水土保持工作，为防洪减灾服务；1944年，美国国会又颁布了《防洪法》，其中要求加大流域治理的力度，并批准农业部开展11条流域的综合治理；1969年颁布的《自然资源保护法》是一部内容十分广泛的法律，其中心内容是对自然资源的保护；1976年，美国颁布了《国有森林保护法》，其中也涉及许多水土保持方面的内容。迄今为止，美国已有20多个配套法律、法规对水土保持和水土保持的有关问题作了进一步的规范。此外，各州、县也根据本地方的特点开展立法或对联邦法规进行补充，有效地保护了人类生存的环境和水土资源，为水土保持工作的开展奠定了坚实的基础。

日本于1897年颁布了《砂防法》，实施以来又经多次修订，不断具体化、规范化。1958年又制定了《滑坡防治法》，1969年发布了《陡坡地崩塌防治法》，同时还颁布了《治山治水紧急处置法》《土地改良法》《森林法》等一系列与水土保持有关的法规，成为指导日本开展水土保持工作的准则。在此基础上，日本国会又陆续颁布了《山川防治法》《河川法》《砂防实施细则》《水土保持行政监督令》《关于使地方政府和公共团体负担水土保持工程费用的政令》等。这些法律、法规不仅为保护国土资源与防治水土流失的发生和发展提供了法律依据，而且对农业、林业、牧业、果园等生产用地起到了规范作用，同时对筑路、采石、森林保护、娱乐场所建设也起到了积极的指导作用。

奥地利于1884年制定了世界上第一部《荒溪流域治理法》，开展了以恢复森林为中心的山区水土保持。1888—1925年实施的《援助法》、1852—1975年实施的《帝国森林法》、1870—1934年实施的《国家水权法》、1925—1975年实施的《减轻自然灾害管理法》及1925—1947年实施的《土壤改良法》等，对山区流域治理的机构、职能、措施和经费等作了明确的规定。此后又颁布了《水利工程促进法》、新的《水权法》和《森林法》等，对山区水土保持和自然灾害防治的法规作了进一步的完善和补充。

瑞士于1902年制定的《森林法》中，有专门的章节对山区水土保持的机构、技术措施作了规定。澳大利亚于1938年颁布了《水土保持法》，经过多次修订和补充、完善，已成为指导该国流域治理和水土保持工作的准则。新西兰也颁布了有关水土保持方面的法规，如《水土保持法》，还有一些国家(如俄罗斯、罗马尼亚、前南斯拉夫、匈牙利、保加利亚等)颁布的《自然资源保护法》《环境保护法》《水资源保护法》中也有专门的水土保持章节。

综上所述，世界上所有国家的法律、法规名称各不相同，但主要内容都集中规定了水土保持与水土保持管理机构及职能，各级政府及有关部门的责任，自然灾害防治的措施、经费来源、行政执法与监督及优惠政策等。

1.2.1.2 国外水土保持的机构及其职能与历史沿革

水土保持是一项综合性很强的工作，国外很重视统一管理，在各项有关的法律、法规中都规定了专职机构和主管部门及其主要职责。因此，不少国家都设立了与水土保持有关的机构，以加强对全国范围内水土保持工作的统一领导。这些机构的性质有的是权力机构，有的是协调机构。

在美洲，水土保持最先始于美国。1930 年，美国建立了第一个水土保持机构，即田纳西河水土保持局。1933 年 8 月，在内政部成立了土壤侵蚀局，负责美国的流域治理和水土保持工作。1935 年 4 月，根据《水土保持法》的规定，将水土保持方面的工作由内政部转到农业部，并成立了水土保持局，这一机构不仅负责进行全国土地资源和水土流失的调查、研究和水土保持规划、试验、示范、宣传等有关工作，而且依法与各个州、县的有关机构签订合同，限制滥用土地资源，兴建各项水土保持措施，推行小流域综合治理和全国资源保护等发展计划。在全国 50 个州、2 965 个大区和小区设置了三级水土保持机构，共 14 000 多人。1994 年，随着工作领域的拓宽，土壤保持局更名为自然资源保护局(Natural Resources Conservation Service，NRCS)，仍隶属农业部，其职责是负责非联邦土地上的自然资源保护工作。林务局负责联邦土地的水土保持和自然资源保护。联邦土地在美国西部约占 40%，在南部及其他地方一般不足 20%，主要为森林和草场。该局在各主要林区也派驻有联邦政府职员。

除了政府的专业机构外，美国也非常重视发挥半官方和非政府组织的作用，并自上而下成立了各级民间水土保持协会，开展水土保持、保护水土资源的宣传、监督等活动。

日本自明治维新以后，以当时的关东山洪及泥石流灾害为契机，在“治水在于治山”的传统思想指导下，于 1928 年创立了具有日本特色的砂防工学。日本没有统一的行政机构负责流域治理工作，而是根据不同的法律、法规与不同的工作目标，分别由农林水产省和建设省主管，它们各自有一套健全且稳定的管理机构。农林水产省主要负责《森林法》与《滑坡防治法》有关的工作，而建设省主要负责与《砂防法》《滑坡防治法》《陡坡地崩塌灾害防治法》有关的工作。农林水产省下设构造改善局、林野厅、农用整备公团、农业工学研究所及农业土木综合研究事务局等；建设省下设河川局、地方建设部、土木研究所等机构。由于与《滑坡防治法》有关的管理按照治山与砂防分别由建设省、农林水产省负责实施，所以每年就实施计划要进行部门之间协商。此外，全国各地方政府都有土木部和农林部以及民间砂防协会开展治山治水的宣传活动，具体实施管理措施并对工程实施情况进行监督。

奥地利自 1884 年颁布《荒溪治理法》之后，就设立了荒溪治理局，成为当时奥匈帝国的一个职能部门，由农垦部管理。根据新的《森林法》的规定，有关水土保持方面的工作由农林部统一领导，设置荒溪治理局具体负责。在全国 9 个州设立 7 个荒溪治理分局，各个荒溪治理分局下还设有区域工程管理机构，具体负责某一区域荒溪治理、雪崩防治、坠石及滑坡防治和危险区区划等方面的工作。根据《森林法》的规定，对奥地利各荒溪治理分局及区域工程管理机构的所在地、管辖面积和职能作出了明确的规定。对大于 $100km^2$ 的水土保持则根据《水法》规定由水利部门全权负责，统一规划，综合治理。

澳大利亚于 1949 年设置联邦水土保持常务委员会，联邦农业部为它的秘书处。

该委员会每年召开一次例会，协调各州之间的合作任务，并讨论批准经费计划和特定项目。每个州都设有水土保持委员会，由主管部长任委员会主任，水土保持局局长任副主任，有关部门负责人参加，主要负责协调、审批全州和重点治理区的计划、重大问题。各州的水土保持局为常设的办事机构，以下按大区、小区及流域设置地方水土保持局，实行垂直领导。新西兰的全国水土保持委员会是水土保持的最高权力机构，具体管理工作由国家水土保持局负责。印度的水土保持行政机构由环境规划及其全国委员会(下设侵蚀委员会和污染控制委员会)领导，农业部及各省均设有水土保持机构。瑞士的水土保持由林业局和水利局共同负责，而其他阿尔卑斯山区的国家(如德国、意大利、法国等)均由林业局负责。

1.2.1.3 国外水土保持执法与监督

执法与监督是水土保持工作中一个十分重要的组成部分，各个国家都非常重视。经过多年的实践证明，执法与监督是控制水土流失、减轻自然灾害最经济、最合理的办法。美国、日本、澳大利亚及欧洲有关国家都实行“谁造成水土流失，谁治理”的原则，规定凡是新建工程、修路、采石、森林采伐、开垦荒地等都要在建设项目的同时，采取水土保持措施，并须经过水土保持部门的审查、同意，否则不予立项。

美国水土流失的执法与监督工作是通过多方面开展的：一是联邦政府派往各州县的职员承担执法与监督的职责；二是广泛依靠各类民间组织及公众的自觉保护和相互监督。日本规定，地方行政机关设置专职水土保持监督检察员，对水土流失地区的水土保持工程实施管理。有关监督的事项应以命令形式作出具体规定。负责监督水土保持的官员，按命令规定，要行使全部警察职权或部分职权。

俄罗斯对所有土地利用实行国家执法与监督，以保证各部及下属机构、国家企业、团体单位和公民个人依法利用和保护土地。在各级政府部门设置有监督机构和凡在潜在的水土流失区，进行修路、采石、森林采伐、开垦荒地等生产建设活动，都有执法与监督员，主要审查流域治理规划、土地利用规划、水土保持方案，监督治理措施的实施，对生产建设项目造成水土流失的，监督机构有权终止工程实施。

奥地利、德国、意大利、法国等国家，都是根据有关的法律规定由水土保持的主管部门进行执法与监督，民间组织和公民则可以协助国家部门监督。要求在生产建设的同时采取水土保持措施，这些措施要经过水土保持主管部门审查，否则工程不予立项。例如，奥地利对所有涉及荒溪治理工程的立项、设计、施工、验收及监督等全部由国家荒溪治理局统一负责和管理。

1.2.2 我国水土保持执法与监督的历史沿革与发展趋势

1.2.2.1 中国水土保持方针沿革

水土保持工作方针是指导水土保持工作开展的总则，涵盖水土保持工作的全部内容，具有提纲挈领、全面指导工作实践的作用。中华人民共和国以来，我国的水土保持工作方针在几十年的生产实践中不断完善，对指导全国的水土保持工作起到了十分重要的作用。1957 年 5 月 24 日，国务院审议通过《中华人民共和国水土保持暂行纲要》，并决定设立水土保持委员会，负责领导全国水土保持工作，提出了“统一规划，综合开发，沟坡兼治，集中治理”水土保持工作方针，1957 年年底召开的第二次全国水土保持会议将水土保持工作方针调整为：“治理与预防兼顾；治理与养护并重；在依靠群众发展生产的基础上，实行全面规划、因地制宜、集中治理、连续治理、综合治理、坡沟兼治、治坡为主的方针”。

1982 年，国务院发布的《水土保持工作条例》提出了“防治并重，治管结合，因地制宜，全面规划，综合治理，除害兴利”的水土保持工作方针。这一工作方针的特点：①突出了水土保持的地位。水土保持工作不再是单纯依靠群众发展生产的基础上开展，水土保持工作列入各级政府国民经济年度计划，安排专门经费。②突出预防各项工作，25°以上的陡坡地，禁止开荒种植农作物。③禁止在黄土高原地区的黄土丘陵沟壑区、高原沟壑区开荒和严禁毁林开荒、烧山开荒和在牧坡牧场开荒。④突出重点治理，国家援助向重点地区倾斜。⑤以小流域为单元，实行全面规划，综合治理，集中治理，连续治理。

1991 年，颁布实施的《中华人民共和国水土保持法》(以下简称《水土保持法》)提出的水土保持工作方针是“预防为主，全面规划，综合防治，因地制宜，加强管理，注重效益”。

工作方针把预防水土流失放到首位，强调综合防治，重视监督管理。《水土保持法》要求加强执法监督，禁止陡坡开荒，加强对生产建设项目的水土保持管理，控制人为水土流失。国务院和地方人民政府将水土保持工作列为重要职责，采取措施做好水土流失防治工作。《水土保持法》要求从事可能引起水土流失的生产建设活动的单位和个人，必须采取措施保护水土资源，并负责治理因生产建设活动造成的水土流失。

2011 年，新修订的《水土保持法》提出的水土保持工作方针是“预防为主，保护优先，全面规划，综合治理，因地制宜，突出重点，科学管理，注重效益。”“预防为主，保护优先”，体现的是预防保护在水土保持工作中的重要地位和作用，即在水土保持工作中，首要的是预防产生新的水土流失，要保护好原有植被和地貌，把人为活动产生的新的水土流失控制在最低程度，不能走先破坏后治理的老路。“全面规划，综合治理”，体现的是水土保持工作的全局性、长期性、重要性和水土流失治理措施的综合性。对水土流失防治工作必须进行全面规划，统筹预防和治理、统筹治理的需要与投入的可能、统筹各区域的治理需求、统筹治理的各项措施。“因地制宜，突出重点”，体现的是水土保持措施要因地制宜，防治工程要突出重点。水土流失治理，要根据各地的自然和社会经济条件，分类指导，科学确定当地水土流失防治工作的目标和关键措施。当前，我国水土流失防治任务十分艰巨，国家财力还较为有限，因此，水土流失治理一定要突出重点，由点带面，整体推进。“科学管理，注重效益”，体现的是对水土保持管理手段和水土保持工作效果的要求。随着现代化、信息化的发展，水土保持管理也要与时俱进，引入现代管理科学的理念和先进技术手段，促进水土保持由传统向现代的转变，提高管理效率。注重效益是水土保持工作的生命力。

1.2.2.2 我国水土保持执法与监督机构沿革

新《水土保持法》第五条规定："国务院水行政主管部门主管全国的水土保持工作。国务院水行政主管部门在国家确定的重要江河、湖泊设立的流域管理机构(以下简称流域管理机构)，在所管辖范围内依法承担水土保持监督管理职责。县级以上地方人民政府水行政主管部门主管本行政区域的水土保持工作。县级以上人民政府林业、农业、国土资源等有关部门按照各自职责，做好有关的水土流失预防和治理工作。"这条是对水土保持管理体制的规定。

水行政主管部门主管水土保持工作是由水土保持工作的特点决定并经过长期实践形成的。1949 年，水土保持管理工作由农业部负责。1952 年，水土保持工作划归水利部管理。1957 年，为了加强水土保持工作的统一领导和部门之间的密切配合，国务院发布《中华人民共和国水土保持暂行纲要》，决定在国务院领导下成立全国水土保持委员会，统一管理全国的水土保持工作，办公室设在水利部。1958 年，水利部与电力工业部合并成立水利电力部，国务院决定除黄河流域水土保持日常工作仍由黄河水利委员会负责外，将原由水利部主管的农田水利(含水土保持)工作划归农业部统一管理。1965 年，国务院批准了将农田水利业务和水土保持工作移交水利电力部管理。同年，水利电力部成立了农田水利局，主管农田水利和水土保持工作。1979 年，国家撤销水利电力部，分设水利部和电力工业部，水利部在农田水利局设立了水土保持处。1982 年，水利部与电力工业部合并，成立水利电力部，农田水利局改名为农田水利司，规划管理全国水土保持工作。同年出台的《水土保持工作条例》明确水利电力部主管全国水土保持工作，并成立全国水土保持工作协调小组，协调小组办公室设在水利电力部。1986 年，水利电力部决定农田水利司更名为农村水利水土保持司。1988 年，国务院撤销全国水土保持工作协调小组，成立全国水资源与水土保持工作领导小组，办公室设在水利部农村水利水土保持司，并将水土保持处分设为治理处和监督处。1991 年《水土保持法》出台，明确水行政主管部门主管水土保持工作。1993 年，水利部在机构改革时单设了水土保持司，下设生态处、监督处和规划处，主要职能是：主管全国水土保持工作，组织全国水土流失重点治理区的工作，协调水土流失综合治理；对有关法律、法规的执行情况依法实施监督。我国现有水土保持机构主要包括水利部水土保持司，七大流域机构水土保持局(处)，省、市、县级水行政主管部门水土保持局(处、办)，还有协调机构、监测机构和有关科研院所、大专院校、学会等事业单位。全国大部分县级以上地方人民政府的水土保持管理机构都设在水行政主管部门，一些水土流失面积大、治理任务重的地(市)、县(旗)还单设了水土保持管理机构(与水行政主管部门同级)，直接归政府管理。这些部门和机构，维系着我国水土保持工作的正常运转。

2008 年，国务院新制定的关于国务院组成部门、直属机构和部委管理国家局的《主要职责、内设机构和人员编制规定》(国务院"三定"规定)明确水利部是水土保持工作的主管部门，负责防治水土流失，拟订水土保持规划并监督实施，组织实施水土流失的综合防治、监测预报并定期公告，负责有关重大建设项目水土保持方案的审批、监督实施及水土保持设施的验收工作，指导国家重点水土保持建设项目的实施。

1.3 水土保持执法与监督在国民经济建设中的作用及展望

1.3.1 水土保持执法与监督在国民经济建设中的作用

水土保持执法与监督属于行政管理范畴，是国家意志的表达功能和执行功能的重要组成部分和具体表现形式之一。水土保持执法与监督是水行政主管部门及其所属执法与监督机构按照有关水土保持方面法律、法规规定的权限、程序和方式，对有关公民、法人和其他组织的行为活动的合法性、有效性进行的监察督导。水土保持法律、法规和措施能否得到有效贯彻落实，取决于是否符合国家和社会经济发展的要求，并为经济发展服务的目的。

(1)贯彻执行水土保持相关法律、法规的需要

1991年《水土保持法》颁布实施以来，随着一系列配套法规和规章的制定和颁布，已经形成了比较完善的水土保持执法与监督体系。这些法律、法规，只有得到认真贯彻执行，才能使其在国民经济发展中发挥应有的作用。但是从实际情况看，人们对有关水土保持法律、法规的贯彻执行，还存在着认识的差异和利益矛盾的问题，影响了法律、法规的贯彻执行。因此，为了有效控制不合理的人为活动所造成的水土流失和生态环境的破坏，必须强化水土保持执法与监督。

(2)促进国民经济持续、稳定、协调发展的需要

自然资源和生态环境是人类生存和发展的重要前提和条件，是经济、社会发展的基础。合理利用自然资源，保护好生态环境，实现可持续发展，是我国经济建设中必须始终坚持的一项基本方针。由于我国人口多，自然资源贫乏，生态环境恶化的趋势尚未得到有效遏制，因此，通过开展水土保持执法与监督，开发建设与保护自然资源环境同步进行，为国民经济的持续、快速、健康发展提供保障。

(3)保护自然资源和生态环境的重要措施

自然资源大多为非再生资源，生态环境破坏容易、恢复困难。中华人民共和国成立60年来的实践证明，开展水土保持执法与监督是一项行之有效的保护自然资源和生态环境工作。不断制定和完善相关法规和政策，广泛深入地宣传有关法律、法规和政策，提高全民的法制观念，加强水土保持执法与监督，可以防患于未然，减少对自然资源和生态环境的破坏。

(4)巩固现有水土保持成果的有效措施

保护好生态环境并合理利用自然资源，巩固现有成果，是水土保持执法与监督的主要内容。对自然资源合理利用和环境的有效保护，是经过几十年人民群众和各级人民政府投入大量的财力、物力、劳力等巨大代价所得来的，如果不加强有效执法与监督，不仅影响到自然资源的合理利用，而且将使生态环境遭到破坏，进而影响到人民群众的积极性、社会稳定和可持续发展。因此，加强水土保持执法与监督，依法打击各种违法犯罪行为，对于巩固现有成果是一项极为重要的措施。

1.3.2 水土保持执法与监督展望

新《水土保持法》在总结过去水土保持生产实践的基础上，对新时期水土保持工作方针、规划、预防、治理、监督、执法等方面作了详细的规定，为了充分发挥水土保持执法与监督在国民经济发展和环境保护中的作用，以下几方面有待完善。

(1) 完善配套法规，增强可操作性

新《水土保持法》颁布并施行后，在原则性、方向性进行国家意志表达，在可操作性方面，原有形成的一系列法规、规章和规范性文件需要作出重新调整和修改，便于在水土保持执法与监督中通过宣传普及水土保持法，增强全社会参与水土保持意识，完善配套的水土保持法规体系，建立较为完整的符合社会主义市场经济和水土保持生态建设要求的法律制度环境。

(2) 健全执法机构，加强执法人员能力建设

健全执法机构，提高执法队伍素质，全面提高水土保持执法与监督能力，才能做到全面、正确地履行水土保持执法与监督职能。针对目前监督管理工作中存在的问题与不足，将水土保持执法与监督人员的培训制度化，严格进行上岗培训，做到持证上岗；不断改进水保执法与监督人员的思想作风，提高执法水平；充实执法与监督人员水土保持和行政执法基础知识和水土保持实用技术，提高执法与监督人员的综合素质和业务能力，树立水土保持执法与监督的良好形象。

(3) 开展水土保持执法与监督规范化建设活动

促进了执法监督管理工作的制度化、标准化、程序化，保证了水土保持执法与监督工作的深入、健康发展。力求使生产建设项目水土保持监督检查工作常态化，及早发现问题，及时提出整改意见，切实落实生产建设项目水土保持的各项目标。

1.4 水土保持执法与监督与其他课程的关系

水土保持执法与监督是一门专业法律课程，是水土保持专业课程体系中重要的组成部分，涵盖了规划、预防、治理、监督、执法等方面内容，学习和进行水土保持执法与监督，首要掌握水土保持的相关知识，同时，水土保持执法与监督还与一些其他基础性自然学科、应用学科和环境学科均有紧密的关系。

1.4.1 水土保持执法与监督与自然基础学科的关系

1.4.1.1 与气象学、水文学的关系

各种气候因素和不同气候类型对水土流失有直接和间接的影响，并形成不同的水文特征。各地水行政主管部门，根据气象、气候对水土流失的影响，采取相应的法律规范措施，对暴雨、洪水、干旱所造成的危害采取综合整治，并加强整治效果。

1.4.1.2 与地貌学的关系

地形条件是影响水土流失的重要因素之一，生产建设项目等人为作用对重塑地形地貌起重要作用，进而造成不同程度、不同类型的水土流失。水行政主管部门根据不同类型生产建设项目造成不同水土流失特点，进行有针对性的执法与监督检查，明确监督检查重点，能有效督促生产建设单位落实水土保持方案，防治水土流失。

1.4.1.3 与土壤学的关系

土壤是水力侵蚀和风力侵蚀作用破坏的重要对象，不同的土壤具有不同的贮水、渗水和抗蚀能力，各种水土保持设施具有改良土壤结构、提高土壤肥力等作用。执法监督部门通过对水土保持设施加强管理、落实管护责任，对造成水土保持设施破坏的依法进行处罚，保持各种水土保持设施功能，进而能改良土壤结构，提高土壤肥力，减轻水土流失。

1.4.1.4 与测量学的关系

水土保持执法与监督中一项重要的工作就是水土流失调查取证，包括扰动土地面积、弃土弃渣量、损坏水土保持设施面积和数量等，这些物证资料的获取需要测量学中一些技术手段，如全球定位系统(GPS)、遥感(RS)、地理信息系统(GIS)等。正确的调查取证，才能保证水土保持执法与监督部门在行政处罚时准确行使自由裁量权。

1.4.2 水土保持执法与监督与相关专业课程的关系

1.4.2.1 与农学的关系

坡耕地既是重要农业用地，同时也是水土流失的主要策源地之一，加强坡耕地水土流失预防和治理，减少水土流失，保持和培育土地农业生产能力。在水土保持执法监督中除禁止陡坡开荒外，坡耕地的水土流失预防和治理要采取以下 3 个方面的措施：将坡耕地修建为梯田，退耕还林还草；采用保土耕作措施(免耕、等高耕作、轮耕轮作、草田轮作、间作套种等)；建设坡面水系工程(排蓄水池、灌渠、沉沙凼等)。

1.4.2.2 与林学的关系

水土保持执法与监督涉及采伐林木必须因地制宜，采用合理采伐方式，严格控制皆伐；对水源涵养林、水土保持林、防风固沙林等防护林只能进行抚育和更新性质的采伐；对采伐区和集材道应当采取防止水土流失的措施，并在采伐后及时更新造林；在林区采伐林木的，采伐方案中应当有水土保持措施。

1.4.2.3 与自然资源学的关系

水土保持执法与监督本身就是保护、改善和合理利用水土资源。在执法、监督过程中，涉及了其他的资源利用的相关知识，如草原法、森林法、土地管理法、水法等等。所以，需要了解不同资源的利用，调整人与自然资源和环境的关系，因此，在掌握基本法律知识的基础上，不仅需要掌握本专业法律知识，还需要借鉴和掌握相关法律的知识内容，协调水土保持与其他资源利用和环境保护的关系。

1.4.3 水土保持执法与监督与其他学科的关系

水土保持执法监督涉及的领域较多，包括交通、电力、煤炭、铁路、石油、农林开发、水利等等不同的行业，要做好水土保持监督执法工作，就必须了解其他领域的相关知识，如生产建设项目的施工组织、施工技术和施工工艺等相关行业技术标准。

思 考 题

1. 新时期水土保持工作方针是什么？
2. 试述我国水土保持执法与监督机构沿革。
3. 水土保持执法与监督在国民经济建设中的作用有哪些？

第2章

行政执法概述

【本章提要】本章主要介绍行政执法的概念、分类、作用及效力；行政执法的基本原则；行政执法的主体、依据和程序；并简要介绍了行政处罚法、行政复议法、行政诉讼法等相关法律。

2.1 我国的法律体系框架

我国的法律体系大体由在宪法统领下的宪法及宪法相关法、民法商法、行政法、经济法、社会法、刑法、诉讼与非诉讼程序法7个部门构成，包括法律、行政法规、地方性法规3个层次。

2.1.1 法律

(1)宪法及宪法相关法

宪法及宪法相关法是我国法律体系的主导法律部门，它是我国社会制度、国家制度、公民的基本权利和义务及国家机关的组织与活动的原则等方面法律规范的总和。它规定国家和社会生活的根本问题，不仅反映我国社会主义法律的本质和基本原则，而且确立各项法律的基本原则。最基本的规范体现在宪法中。除此之外，还包括了国家机构的组织和行为方面的法律，民族区域自治方面的法律，特别行政区方面的基本法律，保障和规范公民政治权利方面的法律，以及有关国家领域、国家主权、国家象征、国籍等方面的法律。

(2)民法和商法

民法和商法是规范社会民事和商事活动的基础性法律。我国采取的是民商合一的立法模式。民法是调整平等主体的自然人之间、法人之间、自然人和法人之间的财产关系和人身关系的法律规范的总和。民法是市场经济的基本法律，包括自然人制度、法人制度、代理制度、时效制度、物权制度、债权制度、知识产权制度、人身权制度、亲属和继承制度等，如民法通则、婚姻法、合同法等。商法调整的是自然人、法人之间的商事关系，主要包括公司、破产、证券、期货、保险、票据、海商等方面的法律。

(3)行政法

行政法是调整国家行政管理活动的法律规范的总和。它包括有关行政管理主体、行政行为、行政程序、行政监察与监督以及国家公务员制度等方面的法律规范。行政法涉及的范围很广，包括国防、外交、人事、民政、公安、国家安全、民族、宗教、侨务、教育、科学技术、文化体育卫生、城市建设、环境保护等行政管理方面的法律等。主要的行政法包括海洋环境保护法、文物保护法、海上交通安全法、水污染防治法、兵役法、药品管理法、外国人入境出境管理法、公民出境入境管理法、义务教育法、海关法、大气污染防治法、档案法、保守国家秘密法、野生动物保护法、传染病防治法、环境保护法、军事设施保护法、人民警察警衔条例、测绘法、国家安全法、科学技术进步法、教师法、母婴保健法、监狱法、人民警察法、教育法、预备役军官法、体育法、行政处罚法、律师法、职业教育法、枪支管理法、环境噪声污染防治法、人民防空法、行政监察法、献血法、防震减灾法、消防法、执业医师法、高等教育法、行政复议法、现役军官法、国防教育法、防沙治沙法、人口与计划生育法、科学技术普及法、民办教育促进法、居民身份证法、行政许可法、道路交通安全法、公务员法、治安管理处罚法、公证法、护照法、突发事件应对法、城乡规划法、禁毒法、食品安全法、人民武装警察法、国防动员法、非物质文化遗产法等。

(4)经济法

经济法是调整因国家从社会整体利益出发对经济活动实行管理或调控所产生的社会经济关系的法律规范的总和。经济法大体包含两个部分，一是创造平等竞争环境，维护市场秩序方面的法律，主要是有关反垄断、反不正当竞争、反倾销和反补贴等方面的法律；二是国家宏观调控和经济管理方面的法律，主要是有关财政、税务、金融、审计、统计、物价、技术监督、工商管理、对外贸易等方面的法律。

经济法主要有个人所得税法、统计法、森林法、会计法、草原法、计量法、渔业法、矿产资源法、土地管理法、邮政法、水法、标准化法、进出口商品检验法、铁路法、烟草专卖法、水土保持法、进出境动植物检疫法、税收征收管理法、产品质量法、农业技术推广法、农业法、反不正当竞争法、注册会计师法、台湾同胞投资保护法、预算法、对外贸易法、城市房地产管理法、审计法、广告法、中国人民银行法、民用航空法、电力法、煤炭法、乡镇企业法、公路法、动物防疫法、防洪法、节约能源法、建筑法、价格法、种子法、海域使用管理法、政府采购法、中小企业促进法、港口法、银行业监督管理法、农业机械化促进法、可再生能源法、畜牧法、农产品质量安全法、反洗钱法、企业所得税法、反垄断法、循环经济促进法、企业国有资产法、石油天然气管道保护法、车船税法等。

(5)社会法

社会法是调整有关劳动关系、社会保障和社会福利关系的法律规范的总和，它主要是保障劳动者、失业者、丧失劳动能力的人和其他需要扶助的人的权益的法律。社会法的目的在于从社会整体利益出发，对上述各种人的权益实行必需的、切实的保障。它包括劳动用工、工资福利、职业安全卫生、社会保险、社会救济、特殊保障等方面的法律，如劳动法、职业病防治法、残疾人保障法等。

(6)刑法

刑法是规定犯罪、刑事责任和刑事处罚的法律规范的总和。刑法所调整的是因犯罪而产生的社会关系。它是在个人或单位的行为严重危害社会、触犯刑事法律的情况下，给予刑事处罚。刑法执行着保护社会和保护人民的功能，承担惩治各种刑事犯罪，维护社会正常秩序，保护国家利益、集体利益以及公民各项合法权利的重要任务。

(7)诉讼与非诉讼程序法

诉讼与非诉讼程序法是调整因诉讼活动和非诉讼活动而产生的社会关系的法律规范的总和。它包括民事诉讼、刑事诉讼、行政诉讼和仲裁等方面的法律。这方面的法律不仅是实体法的实现形式，而且也是人民权利实现的最重要保障，其目的在于通过程序公正保证实体法的公正实施。主要法律有：刑事诉讼法、全国人民代表大会常务委员会关于对中华人民共和国缔结或者参加的国际条约所规定的罪行行使刑事管辖权的决定、行政诉讼法、民事诉讼法、仲裁法、海事诉讼特别程序法、引渡法、劳动争议调解仲裁法、农村土地承包经营纠纷调解仲裁法、人民调解法等。

2.1.2 行政法规

行政法规是国务院为领导和管理国家各项行政工作，根据宪法和法律，并且按照《行政法规制定程序暂行条例》的规定而制定的政治、经济、教育、科技、文化、外事等各类法规的总称。

《中华人民共和国宪法》(以下简称《宪法》)第八十九条第一款明确规定：作为最高国家行政机关，国务院可以"根据宪法和法律，规定行政措施，制定行政法规，发布决定和命令"。因此，制定行政法规是宪法赋予国务院的一项重要职权，也是国务院推进改革开放，组织经济建设，实现国家管理职能的重要手段。

行政法规一般用条例、办法、规定等名称。行政法规和国务院发布的决定、命令，其地位低于法律，高于地方各级人大、人民政府及其部门制定、发布的各类规范性法律文件。

对某一方面的行政工作作比较全面、系统的规定，称为"条例"；对某一方面的行政工作作部分的规定，称为"规定"；对某一项行政工作作比较具体的规定，称为"办法"。它们之间的区别是：在范围上，条例、规定适用于某一方面的行政工作，办法仅用于某一项行政工作；在内容上，条例比较全面、系统，规定则集中于某个部分，办法比条例、规定要具体得多；在名称使用上，条例仅用于法规，规定和办法在规章中也常用到。

2.1.3 地方性法规

地方性法规，即地方立法机关制定或认可的，其效力不能及于全国，而只能在地方区域内发生法律效力的规范性法律文件。

《宪法》第一百条规定："省、直辖市的人民代表大会和它们的常务委员会，在不同宪法、法律、行政法规相抵触的前提下，可以制定地方性法规，报全国人民代表大会常务委员会备案。"

地方性法规是省、自治区、直辖市以及省级人民政府所在地的市和国务院批准的较大的市的人民代表大会及其常务委员会，根据宪法、法律和行政法规，结合本地区的实际情况制定的并不得与宪法、法律行政法规相抵触的规范性文件，并报全国人大常委会备案。

《宪法》第一百一十六条规定："民族自治地方的人民代表大会有权依照当地民族的政治、经济和文化的特点，制定自治条例和单行条例。自治区的自治条例和单行条例，报全国人民代表大会常务委员会批准后生效。自治州、自治县的自治条例和单行条例，报省或者自治区的人民代表大会常务委员会批准后生效，并报全国人民代表大会常务委员会备案。"

地方性法规大部分称作条例，有的为法律在地方的实施细则，部分为具有法规属性的文件，如决议、决定等。地方性法规是除宪法、法律、国务院行政法规外在地方具有最高法律属性和国家约束力的行为规范。

《中华人民共和国立法法》第七十二条规定："省、自治区、直辖市的人民代表大会及其常务委员会根据本行政区域的具体情况和实际需要，在不同宪法、法律、行政法规相抵触的前提下，可以制定地方性法规。

设区的市的人民代表大会及其常务委员会根据本市的具体情况和实际需要，在不同宪法、法律、行政法规和本省、自治区的地方性法规相抵触的前提下，可以制定地方性法规，报省、自治区的人民代表大会常务委员会批准后施行。省、自治区的人民代表大会常务委员会对报请批准的地方性法规，应当对其合法性进行审查，同宪法、法律、行政法规和本省、自治区的地方性法规不抵触的，应当在四个月内予以批准。

省、自治区的人民代表大会常务委员会在对报请批准的较大的市的地方性法规进行审查时，发现其同本省、自治区的人民政府的规章相抵触的，应当作出处理决定。"

2.1.4 规章

这里主要指行政性规章，指国务院各部委以及各省、自治区、直辖市的人民政府和省、自治区的人民政府所在地的市以及国务院批准的较大市的人民政府根据宪法、法律和行政法规等制定和发布的规范性文件。

国务院各部委制定的称为部门行政规章，其余的称为地方行政规章。部门规章是指国务院各部委、中国人民银行、审计署和具有行政管理职能的直属机构，根据法律和国务院的行政法规、决定、命令，在本部门的权限内按照规定程序所颁布实施的执行法律或者国务院的行政法规、决定、命令的各类规定、办法、细则、规则等规范性文件。地方规章是指由省、自治区、直辖市人民政府和较大的市的人民政府，根据法律、行政法规和本省、自治区、直辖市的地方性法规制定，为执行法律、行政法规、地方性法规的规定，或专门针对本行政区域的具体行政管理事项而颁布实施的决定、命令等规范性文件。

《规章制定程序条例》第六条：规章的名称一般称"规定""办法"，但不得称"条例"。行政法规是最高国家行政机关国务院制定的有关国家行政管理方面的规范性文件，其地位和效力低于宪法和法律。

规章是行政性法律规范文件，之所以是规章，是从其制定机关进行划分的。规章主要指国务院组成部门及直属机构，省、自治区、直辖市人民政府及省、自治区政府所在地的市和经国务院批准的较大的市的人民政府，在它们的职权范围内，为执行法律、法规，需要制定的事项或属于本行政区域的具体行政管理事项而制定的规范性文件。

2.1.5 规范性文件

规范性文件一般是指属于法律范畴(即宪法、法律、行政法规、地方性法规、自治条例、单行条例、国务院部门规章和地方政府规章)的立法性文件和除此以外的由国家机关和其他团体、组织制定的具有约束力的非立法性文件的总和。狭义的规范性文件仅指行政机关制定的，具有普遍适用效力的，非立法性文件。我们通常所说的规范性文件是指狭义上的规范性文件，也称行政规范性文件，就是老百姓俗称的"红头文件"，是指各级人民政府及其工作部门在权限范围内，为实施法律、法规、规章和上级规范性文件按规定程序发布的在一定时间内相对稳定，规定公民、法人或其他组织的权利义务，具有普遍约束力的行政措施，包括规定、办法、细则、通知、通告、布告等。

2.2 行政执法的概念和分类

2.2.1 行政执法的概念

行政执法概念可以概括为广义和狭义两种。广义上的行政执法，是指行政机关和其他享有行政管理职权的组织执行法律、法规和规章的行政行为。按照广义上的行政执法概念，行政机关和其他享有行政管理职权的组织管理经济、社会和文化等各项事业的行政行为基本上都是行政执法行为。因为宪法规定，各级政府是同级国家权力机关的执行机关，其主要职责就是执行法律、法规，代表国家进行行政管理。政府的管理活动除了制定行政法规、规章和规范性文件等抽象行政行为外，其他都是行政执法行为。狭义上的行政执法，是指行政机关和其他享有行政管理职权的组织，依照有关法律、法规和规章的规定，对行政管理相对人采取的直接影响其权利义务或者对其权利义务的行使和履行情况直接进行监督检查，以实现行政管理职能的具体行政行为。按照狭义上的行政执法概念，行政管理活动可以分为行政执法行为和行政司法行为。保证法律、法规和规章实施的直接的管理行为是行政执法行为；解决纠纷和争议的行政仲裁、行政调解、行政复议等行政行为是行政司法行为。

行政执法的概念，包括以下 4 个方面内涵。

(1)行政执法主体是特定的

行政执法主体必须是依法享有行政管理职权的机关或者其他经法律、法规和规章授权的组织。授权进行行政执法的组织，一般应当是具有管理公共事务职能的组织。这些组织有的是行政机关下属的事业单位，如水土保持监督站、卫生防疫站等；有的则是企业单位，如《铁路运输安全保护条例》规定铁路部门可以行使罚款、警告等行政处罚权。行政机关根据法律、法规和规章的规定，可以委托符合一定条件的组织行使行政执法权。这些被委托的组织是以行政机关的名义来进行行政执法活动的，不承担因此而发生的法律后果，它们不是行政执法主体。

(2)行政执法是行政机关对外实行管理的具体行政行为

行政行为可以分为外部行政行为和内部行政行为。内部行政行为是行政机关对内部行政事务的管理活动；外部行政行为也称为公共行政行为，是行政机关对社会行政事务的管理活动。行政执法是行政机关的外部行政行为，其对象是作为行政管理相对人的公民、法人和其他组织。行政行为又可以分为抽象行政行为和具体行政行为。抽象行政行为是行政机关制定行政规范的行为，如制定行政法规、规章和行政规范性文件等；具体行政行为是指行政机关对特定事件或者特定人所作的特定处理。行政执法是针对某一具体事项，对特定的公民、法人或者其他组织采取的，具有约束特定相对人的法律效果的行政行为，是行政机关实施的具体行政行为。

(3)行政执法是行政机关执行国家有关行政管理活动方面的法律、法规的行为

行政执法并不是执行所有的国家法律、法规的行为，而是执行那些涉及行政管理活动的法律、法规和规章的行为。

(4)行政执法的内容丰富，表现形式多样

行政执法从内容上看，不仅包括对相对人直接采取影响其权利义务的措施，如对违法的管理相对人给予行政处罚；对守法成绩显著的相对人给予奖励和表彰；同时还包括对管理相对人权利义务的行使和履行情况直接进行监督检查的活动等。从表现形式上看，行政机关所实施的行政决定、行政处置、行政强制执行、行政检查等具体行政行为都属于行政执法之列。

2.2.2 行政执法的特征

行政执法具有以下特征。

(1)法定性

该特征包含4个方面内容：①行政执法主体必须合法，即行政执法的主体只能是行政机关和法律、法规、规章授权的其他组织。②行政执法主体的权限必须是法律、法规和规章规定的。③行政执法的依据必须是现行有效的法律、法规和规章。④行政执法的程序、方式、手段也必须合法，不得超出法定范围。

(2)经常性

要实现“依法治国，建设社会主义法治国家”的基本方针，必然要求行政机关依法行政。依法行政的核心内容就是行政机关必须依法来对社会实行管理，这就使行政执法作为一项行政管理的基本手段在社会生活中经常性地发挥其效用。

(3)相对性

行政执法的法律关系为双方的法律关系，即以行政机关为一方，以管理相对人的公民、法人或者其他组织作为另一方。

(4)单方性

行政执法是一种引起行政机关与管理相对人之间双方法律关系的单方行为。行政执法由行政机关依单方意志作出，不受相对人意志影响。

(5)行政与执法的双重性

在行政执法过程中，行政执法主体既是法律的执行机关，又是行政管理机关。正是这种执法主体集执法与行政于一身的特点，决定了行政执法既有执法性，同时又带有行政性的特点。行政执法既要遵循法律实施的一般原则，如以事实为根据，以法律为准绳原则，法律面前人人平等的原则，依法行使职权的原则等；同时，又要遵循一些行政活动的原则，如首长负责制，下级服从上级的原则等。

(6)强制性

行政执法行为有效成立后，行政执法机关就有依法采取一定的手段使行政执法行为的内容得以全部实现的权力。特别是在行政执法行为时使相对人履行一定义务，相对人又不履行时，行政执法机关就可以主动采取或者通过人民法院采取强制措施，使其全面履行义务。对于那些妨碍行政执法的行为，法律规定将给予制裁。

2.2.3 行政执法的分类

行政执法的分类是按照行政执法行为一定的标准将其分成不同类别。按照不同的标准，行政执法的种类就会不同，因而行政执法的具体构成也就不同，同时对行政执法行为的要求也就会不同。以下选择几个主要的标准来介绍行政执法的分类。

(1)按照行政执法行为的表现形式

可以将行政执法行为分为行政决定、行政检查、行政强制执行和行政处置。这种分类体现了行政执法对管理相对人权利义务所引起的直接效果，是行政执法最基本的分类标准。行政决定是行政机关直接处分相对人权利义务的行政执法行为，其行为效果在于直接为相对人创设权利或者义务，包括行政许可、行政奖励、行政命令、行政处罚等。行政检查是指行政机关对相对人是否守法的事实进行单方强制性了解的行政执法行为。行政强制执行是指特定的行政执法主体以强制手段保障行政决定实现的一种执法行为。行政处置是指行政执法主体在紧急情形下对相对人权利义务给予即时强制限制的执法行为。

(2)按照行政执法行为受到法律拘束的程度

可以将行政执法行为分为羁束的和自由裁量的行政执法行为。羁束的行政执法行为，是指法律、法规和规章作了明确、具体的规定，行政执法主体必须严格按照这些规定来执行的具体行政行为，如税务机关征税时，一般只能根据法定的税种、税率计算税额来征税，多征少征都属违法、无效的行政执法行为。自由裁量的行政执法行为，是指法律、法规和规章在行政执法的范围、方式、数额等方面规定有一定幅度，行政执法机关在执行时，可以在幅度内有一定选择余地，根据具体情况来决定。水土保持行政执法属于自由裁量的行政执法行为。

(3)按照行政执法机关是否可以主动采取行政执法行为

可以把行政执法行为分为依职权的和依申请的行政执法行为。依职权的行政执法行为，也称为主动的行政执法行为，是指行政执法机关根据法定职权，无需相对人请求而主动进行的行政执法行为。依申请的行政执法行为，也称为被动的行政执法行为，是指行政执法机关只有在相对人提出申请后才能进行行政执法行为。行政许可制度方面的执法，是典型的依申请的行政执法行为。一般来说，依职权的行政执法行为，当行政执法机关不作为时，当事人通常不会提出异议；依申请的行政执法行为，如果行政执法机关不作为，则可能会引起行政诉讼或者行政复议。

(4)按照行政执法行为是否必须由相对人受领

可以将行政执法行为分为须受领的和不须受领的行政执法行为。一般来说，对相对人权利义务影响较大的行政执法行为，如行政处罚、行政强制执行等，都应该是须受领的。不须受领的行政执法行为，不要求相对人必须受领，只要行政执法机关作出决定或者发出通知即能生效。

(5)按照行政执法行为是否必须具备一定方式

可以将行政执法行为分为要式的和不要式的行政执法行为。要式的行政执法行为，行政执法机关在实施时必须依照法定的方式或者遵守一定的程序才能正式生效，如按照《中华人民共和国行政处罚法》(以下简称《行政处罚法》)第三十九条规定，行政机关给予相对人行政处罚，“应当制作行政处罚决定书”。有些要式条件可能与行政执法行为的内容并无关联，但它们都是行政执法行为能够生效的形式上的要件，并可能成为行政执法机关在行政诉讼中胜诉与否的关键。不要式的行政执法行为，则是法律规定可以不要特别形式的行政行为。这类行为一般用口头通知即可，如交通警察对违章骑自行车者的警告。划分要式和不要式行政执法行为的意义在于：要式行政执法行为如不符合法定的形式则构成形式违法，直接影响该行为的法律效力；而不要式的行政执法行为不发生形式违法问题。

(6)按照行政执法行为是否可以由行政执法机关直接实施

可以将行政执法行为分为独立的与附属的行政执法行为。独立的行政执法行为，行政执法机关可以依法直接进行而无需以其他行政执法行为作为前提条件。独立的行政执法行为所产生的效果完全归采取该行为的行政执法机关掌握，大多数的行政执法行为属于独立的行政执法行为。附属的行政执法行为法则是指行政执法机关必须以另一具体行政行为为前提才能采取的行政执法行为，如行政强制执行行为。

2.3 行政执法的地位和效力

2.3.1 行政执法的地位

行政执法是我国法律制度中的一个重要组成部分，它在我国的法律建设中占有十分重要的地位。行政执法的地位体现在两个方面。

(1)行政执法是社会主义法制的重要组成部分

社会主义法制的基本要求是有法可依、有法必依、执法必严、违法必究。其中，有法可依是前提，有法必依、执法必严是中心，违法必究是保障。在这四个环节中，有法必依、执法必严、违法必究都与行政执法密切相关。有法必依、执法必严、违法必究指的是法律适用问题，也就是说是对执法的要求。在我国，法律适用主要分为两大系列：一是司法，二是行政执法，分别由司法机关和行政机关承担。司法是指司法机关适用法律、法规审理各种刑事、民事和行政案件；行政执法是行政机关适用法律、法规和规章管理社会。这两大系列相辅相成，并行不悖。据统计，我国 80% 的法律、法规是由行政机关来执行的，没有行政执法，或者行政执法不健全、不完善，社会主义法制也就不可能健全、完善。由此可见，行政执法在我国法制建设中的地位是极为重要的。

(2)行政执法是行政管理活动中的重要环节

行政机关担负着重要的管理社会事务的职能，行政执法是行政机关管理社会事务的基本手段和方式。行政管理活动的全过程，一般分为事先管理和事后补救两个阶段。在前一个阶段中，行政机关根据法律、法规的规定，预先制定行为规则，主动地干预社会生活，调整各种社会关系。而在后一个阶段，由于相对人对行政行为提出不服，有关国家机关通过对具体行政行为的审查而作出维持或者撤销的决定，从而解决行政争议。在这两个过程中，行政执法起着承前启后的作用，它既是前一个过程的延续，又是后一个过程的前提。因为法律、法规和规章通过行政执法才能得以有效地贯彻实施，而相对人也只有对行政执法行为不服才有申请复议的可能。因此，行政执法实际上是行政管理活动中一个必不可少的中间环节，对把握行政管理的全过程，实现行政管理的合法化和高效率，具有十分重要的意义。

2.3.2 行政执法的作用

(1)保障法律、法规和规章的实施，实现行政管理职能

“徒法不足以自行”，国家权力机关制定的行政管理方面的法律、法规，行政机关依法制定的行政法规、规章，如果没有行政执法就不能得以实施。行政执法是立法的延续，法律、法规和规章只是为人们提供了具有普遍意义的静态的行为规范。这些法定行为规范的实现，主要是靠动态的行政执法来实现，因此，行政执法的好与不好，直接关系到法律、法规和规章作用的有效发挥。立法是行政执法的前提，行政执法又是立法目的得以实现的重要保障。因此，行政执法的首要作用是保障法律、法规和规章的实施。随着法制建设的不断完善，基本的、大量的行政管理事务都要由法律、法规和规章作出规定。行政机关进行行政执法，也就是在进行行政管理活动，二者是一体的。因此，行政执法还起着保障行政管理职能实现的作用。

(2)提高行政管理效率，促进政府职能的转变

行政执法是行政机关依据法律、法规和规章，管理政治、经济及各种社会事务的重要手段。行政机关运用这种手段进行管理，不但可以使行政管理活动规范化，提高行政管理的透明度，还可以促进行政机关从直接管理社会事务到间接管理社会事务的职能转变，从而大大提高行政管理效率。转变政府职能是我国政治体制改革的一项重要内容，它要求把过去那种主要采取直接管理经济运行，转变为主要运用经济手段和

法律手段间接控制和调节经济运行，实现政府职能的转变。

(3)支持司法，为司法创造良好的社会环境

司法和行政执法是我国两大执法系列，司法能够有力地支持行政执法，而行政执法也能够支持司法，为司法创造良好的社会环境。可以说二者是相辅相成、相互支持和促进的。行政执法涉及社会生活的各个方面，行政执法的过程就是依法管理社会，制止违法犯罪行为的发生，维护社会秩序的过程。行政执法搞好了，不仅可以解决许多纠纷、缓解各种矛盾，而且还可以提高人们自觉守法和依法行使权利的自觉性，减少各种违法行为的发生，这样便可以使许多行政违法行为被有效地遏制，大大减小其发展成为刑事犯罪的可能性，不仅可以减轻司法机关处理案件的压力，又为司法机关集中力量处理大案要案创造条件。

(4)促进立法的完善

立法虽然是法制的前提而不是最终目的，但立法是否完善却直接关系到法律、法规和规章的实施效果，直接关系到法制的完备。行政执法能够为立法提供重要的信息反馈，它能够将执法的经验与问题、立法的成功与不足，以及实践中出现的新情况、新问题及时反馈给立法机关，从而为完善立法提供大量翔实可靠的第一手材料。我国目前正处于经济体制改革时期，许多法律、法规和规章都随着改革的进程作了修正。这些修正工作是立法工作的一部分，修正工作很大程度上就是在行政执法反馈的信息的基础上进行的。

2.3.3 行政执法的效力

行政执法的效力是指有效的行政执法行为所发生的法律效力。有效的行政执法行为一般必须符合两方面的要件。

(1)实体要件

①行政执法主体合法　行政执法主体不论是行政机关或者是享有行政管理职权的其他组织，都必须是合法组成的。行政执法人员具有行政执法资格。

②内容合法　即行政执法主体必须在其法定的职权范围内进行行政执法，不得超越职权。执法行为的内容符合法律、法规和规章，如行政处罚的种类、范围和幅度不能超出规定。

③行政执法主体的意思表示真实　行政执法主体进行行政执法时的意思不是在被欺诈、胁迫等不真实情况下所表示的意思。行政执法人员的执法行为，确实代表和体现了行政执法主体的意思。

④行政管理相对人必须具有法定的权利能力和行为能力　如《行政处罚法》规定："不满十四周岁的人有违法行为的，不予行政处罚。"

⑤行政执法行为的标的物依法具有可执行性。

(2)程序要件

①程序合法　即行政执法行为是依照法定程序作出的。如行政机关作出责令停产停业、吊销许可证或者执照、较大数额罚款等行政处罚决定之前，按照行政处罚法的

规定，应当告知当事人有要求举行听证的权利，当事人要求听证的，行政机关应当组织听证。

②形式合法　凡是法定的要式行政执法行为，必须符合法定形式。如《行政处罚法》规定，行政执法人员当场作出行政处罚决定的，应当填写预定格式、编有号码的行政处罚决定书。

(3) *有效的行政执法行为具有以下法律效力*

①确定力　是指行政执法行为一经作出，就具有相对的稳定性，不经法定程序不能改变或者撤销。行政执法的效力不因行政执法主体的变动而变动，也不因行政执法人员的变动而变动。经法定程序改变或者撤销行政执法行为一般有 4 种情况：在行政执法行为有效成立后的法定期间内，相对人可向行为机关或者其上级机关申请复议，复议机关可以决定变更或者撤销该行为；行为机关的上级机关发现行政执法行为违法或者不当的，可以依照法定程序主动作出撤销或者变更决定；相对人在法定期限内向法院提起行政诉讼，法院可以依法判决撤销或者变更执法行为；原行政机关需要改变或者撤回已作出的行政执法行为的，必须经过与作出原行政执法行为相同的法律程序。

②拘束力　是指要求相对人和行政机关按照行政执法行为的内容各自履行义务的效力。它包括两个方面，一是对相对人具有拘束力，相对人对行政机关执法行为为其设定的义务必须全面地履行；二是对行政执法主体本身具有拘束力，无论是行政执法主体还是其上级机关或者下级机关在该行政执法行为被依法变更或者撤销之前，都必须受其拘束。

③执行力　是指行政机关有权采取法定手段使行政执法行为的内容得以实现的效力。相对人在不履行行政执法规定的义务时，行政机关可以依法强制执行或者申请法院强制执行。

2.4　行政执法的基本原则

行政执法的基本原则，是指行政执法活动必须遵守的基本准则，它是行政执法的内在要求，反映了行政执法的一般规律和特点，对整个行政执法活动或者行政执法的主要阶段起着普遍的指导作用。行政执法的基本原则，一般不是通过具体法律条文表现出来的，它是行政执法行为实质的体现，是对行政执法本质、特点、规律和宗旨的高度概括，反映出行政执法的总体要求，贯穿于行政执法的全过程。

(1) *行政合法性原则*

行政合法性原则是宪法所确定的社会主义法制原则在行政执法中的具体体现，它要求行政执法活动必须有法必依、执法必严、违法必究。行政执法机关在执法活动中，必须严格依照法律、法规和规章的规定办事，严格依照法定的权限和程序进行，不得超出法定允许的范围。具体地说，就是行政执法在主体、权限、内容、程序、形式等方面都必须合法，这是依法行政的重要体现和要求。

(2) 行政合理性原则

行政合理性原则是指行政执法在合法的基础上，要符合一般的公平观念，符合情理。虽然在立法的过程当中，已经充分考虑了公平合理的原则，但由于行政管理活动是一种极其复杂的管理活动，涉及纷繁复杂的社会关系，再加上我国地域辽阔，经济、文化和其他各项事业发展很不平衡，对行政机关管理事务的活动，法律、法规和规章不可能事无巨细地作出明确具体的规定，鉴于这种情况，立法过程中往往在一些方面要给予行政机关较大的自由裁量权。行政机关行使自由裁量权，应当做到客观、适度，不得显失公正。在行政执法中坚持行政合理性原则，应当把握这样 4 个方面：①要以事实为根据，这也是司法的原则之一。行政执法要在充分调查、取证，准确掌握客观实际情况的基础上进行。②要从全局利益出发。由于行政执法涉及面广，所以应当照顾各方面利益。③从当地的实际出发。如行政执法应当尽可能照顾当地的风情民俗。④处理好合理性与合法性之间的关系。一般来讲，合理性必须以合法性为前提，如果不具有合法性，便不可能再考虑合理性，行政执法不允许有合法性以外的合理性。

(3) 行政高效率原则

讲求高效率不仅是行政管理活动的一项基本原则，也是行政执法必须遵循的基本原则之一。行政高效率原则要求行政机关对各种违法行为及时制止，对相对人的各项请求及时作出反应，执法机关之间要相互配合、协调一致，正确及时运用自由裁量权等。行政机关具体管理国家政治、经济、文化等各项事务，其工作能否做到高效率，直接关系到政府的职能能否得以很好的发挥和实现。行政机关还要经常及时处理应急事件，因而行政机关与权力机关、司法机关等国家机关相比，更加要求保证高效率。行政执法是行政管理活动的重要组成部分，因此，也必须遵守高效率原则。行政执法的高效率要以高质量为前提，也就是在合法和合理基础上的高效率。坚持高效率原则，具体还要求行政执法机构设置合理，对执法人员的管理要科学，执法程序要规范，执法手段要现代化等。

(4) 管理就是服务原则

行政管理是行政机关依法对国家政治、经济、文化、外交等各方面事务进行规划、决策、指挥、领导、组织、协调，以实现国家意志的活动，是实现国家职能的基本手段。作为行政管理重要内容的行政执法，必须贯彻管理就是服务的原则，这不仅是我国政权性质所决定的，也是建立和完善社会主义市场经济体制的必然要求。在建立和完善社会主义市场经济的新形势下，政府转变职能的要求之一就是加强服务。服务与行政执法不是对立的，而是一体的。在我国目前的行政执法活动中，这个原则还没得以很好地贯彻，行政机关的服务意识还有待于加强。服务是一种职责，也是一种义务，但一些行政执法机关和执法人员，缺乏服务意识和作风，将行政执法完全当作是一种权力，从而产生了官僚主义以及其他腐败现象，使行政执法的服务功能不能得以正常发挥，这个问题应当引起足够的重视。

(5) 自觉接受监督原则

没有监督的权力，必然会产生腐败，这已形成了人们的共识。行政执法不仅是行政机关的一项职责，同时也是一项权力，必须被置于严格的监督之下。对行政执法的监督，可以分为外部监督和内部监督。外部监督主要有党的监督、权力机关的监督、司法机关的监督以及社会监督等。内部监督是指上级政府对下级政府、政府对其所属部门、部门对其执法人员的层级监督。目前行政执法中发生的不执法、乱执法等现象，造成这种情况的原因是多方面的，行政执法缺少监督是一个十分重要的原因。不论是外部监督还是内部监督，都是法定的对行政执法的监督约束机制，行政机关都必须认真自觉接受，这也是行政机关的义务。贯彻自觉接受监督原则，一方面是要加强监督力度，使各种对行政执法的监督机制充分发挥作用；另一方面是行政机关要充分认识接受监督的重大意义，正确对待各种监督，并以此作为改进执法工作的动力。

2.5 行政执法主体、依据和程序

2.5.1 行政执法主体

2.5.1.1 行政执法主体的概念

行政执法主体正是行政主体的一部分，是在行政管理中，有权适用法律、法规和规章，对相对人作出具体行政行为，并为这种行为承担法律后果的行政机关和其他组织。

2.5.1.2 行政执法主体的构成要件和种类

行政执法主体的构成要件有 4 个：①依法成立，并享有行政管理职权。②能对外行使行政管理职权，对相对人进行行政管理。③有权适用法律、法规和规章。④能够承担行政执法的后果。

按照上述构成要件，行政执法主体可以分为行政机关和授权的组织两类。

(1)行政机关

行政机关是行使国家行政管理权的机关，其主要职能就是执行法律、法规和规章。行政机关的工作性质本身就决定了它是行政执法主体，而且是最主要的行政执法主体。由于行政管理涉及面广，为了实现经常性和有效性的管理，行政机关往往将一些行政执法权委托给社会组织行使。这些受委托的组织必须以委托的行政机关的名义实施行政执法，不承担由此而发生的法律后果，因此它们不是行政执法主体。行政处罚法规定，行政机关可以依照法律、法规和规章的规定，在其法定权限内委托符合规定条件的组织实施行政处罚。这些条件是：①依法成立管理公共事务的事业组织。②具有熟悉有关法律、法规、规章和业务的人员。③对违法行为需要进行检查或者技术鉴定的，应当有条件组织进行相应的技术检查或者技术鉴定。

(2)授权的组织

这里所说的授权是指国家机关将某些行政执法权授予非行政机关的组织行使，使该组织取得了行政执法主体资格，即可以使其以自己的名义独立地行使行政执法权，并承担由此而发生的法律后果。

授权的组织必须是依法成立的具有管理公共事务职能的组织。依法成立是指取得民事上的法人资格或者有本组织的章程、办公地点并经合法程序予以登记。具有管理公共事务职能的组织，是指该组织承担着管理公共事务的责任，如铁路、民航、医院，以及一些公用事业机构等。

2.5.1.3 行政执法人员

行政执法人员是指享有行政执法权的国家工作人员。行政执法人员也有4个特征：①行政执法人员是个人，即自然人，而不是组织。②行政执法人员享有具体实施和适用法律、法规和规章的职权，能够进行某种行政执法活动。③行政执法人员在行政执法过程中，必须以其所属的行政执法主体的名义来进行，而不是以个人名义来进行。④行政执法人员实施行政执法行为所产生的法律后果，由其所属的行政执法主体来承担。

取得行政执法人员资格，一般应当具备6个条件：①必须是我国公民。②年满18周岁。我国宪法和选举法规定，公民年满18周岁才有选举权和被选举权。这说明公民18周岁以上才有担任国家事务的政治资格。③具有行为能力。行为能力是指能够以自己行为从事法律行为，从而使法律关系产生、变更或者消灭。④具有行政执法的职责。行政执法人员所属的单位必须是行政执法主体，即具有行政执法职能的行政机关或者授权的组织。行政执法人员所在岗位必须是享有行政执法职责的岗位。⑤熟悉有关法律、法规、规章和业务。行政执法工作一般都具有一定的专业性和技术性，这就要求行政执法人员不仅要熟悉有关法律、法规和规章，而且还要熟悉本专业的业务，而要达到这一标准，必须加强对行政执法人员的培训工作，对经培训合格的行政执法人员，还要发给行政执法证，做到持证上岗。⑥坚持原则，作风正派，办事公正，廉洁奉公。行政执法人员具体掌握着国家行政执法权力的运用，如果其在政治思想和道德品质上不过关，必然会导致乱执法、不执法等腐败现象的发生，有的甚至会走上犯罪的道路。

2.5.2 行政执法依据

2.5.2.1 行政执法依据的概念

行政执法依据是指行政执法主体在实施行政执法行为时所依据的法律和事实。

行政执法依据是否合法、准确、真实，直接关系到行政执法行为是否合法和有效。要求行政执法的依据合法、清楚，这是行政执法行为合法、有效的构成要件之一，也是“以事实为根据，以法律为准绳”原则的体现。行政执法依据包括法律根据和事实根据两个方面。法律根据是指行政执法时，所必须依据的现行有效的法律、法规和规章。如果没有现行有效的法律、法规和规章为根据，行政执法行为则不能成立。处罚的主体、行为、种类和幅度，都必须严格依照法律条文的规定进行，不得超越，否则不具有法律效力。事实根据是指作出行政执法活动所依据的事实证据。事实根据必须清楚，否则不能作为行政执法的根据。如《行政处罚法》第三十六条规定：“行政机关发现公民、法人或者其他组织有依法应当给行政处罚的行为的，必须全面、客观、公正地调查，收集有关证据；必要时，依照法律、法规的规定，可以进行检查。”

2.5.2.2 行政执法的法律根据

总体上讲，行政执法的法律根据包括法律、法规和规章。具体地讲，包括以下5种：

①宪法 它是国家的根本大法，是效力最高的法的表现形式，宪法中关于行政管理的组织与活动原则的规定，是行政执法的具有最高法律效力的依据。

②法律 全国人大及其常委会颁布的法律，以及有关法律问题的决定。

③行政法规 由国务院制定的行政法规，都是有关行政管理方面的，因此行政法全部是行政执法的法律根据。目前大量而具体的行政执法活动，都是由行政法规加以规定的。

④地方性法规 省、自治区、直辖市以及省、自治区人民政府所在地的市和国务院批准的较大市的人大及其常委会制定的地方性法规。

⑤规章 国务院各部委，省、自治区、直辖市人民政府，省、自治区人民政府所在地的市和国务院批准的较大市的人民政府制定的规章。

没有立法权的行政机关，如县级人民政府为实施法律、法规和规章而制定的行政规范性文件，也应当视为行政执法的依据之一，但它不是法律根据，而是政策根据。

行政执法的法律根据存在一个效力等级问题，即谁比谁的效力高。根据宪法有关规定精神，我国法的表现形式的效力等级可以排列成为这样的不等式：宪法 > 法律 > 行政法规 > 地方性法规 > 规章。

2.5.2.3 行政执法的事实根据

“以事实为根据，以法律为准绳”是行政执法的基本原则之一，行政执法不仅要准确掌握和适用法律根据，而且还必须准确掌握事实根据，在事实根据的基础上，作出行政执法行为。可见，执法行为要合法、有效，必须有法定的事实要件。《中华人民共和国行政诉讼法》(以下简称《行政诉讼法》)规定，人民法院对具体行政行为主要证据不足的，判决撤销或者部分撤销，并可以判决行政机关重新作出具体行政行为。《中华人民共和国行政复议法》(以下简称《行政复议法》)规定，作出具体行政行为所依据的主要事实不清的，复议机关决定撤销、变更原具体行政行为，并可以责令原作出具体行政行为的机关重新作出具体行政行为。由此可见，行政执法主体不论是保证其行政执法行为的合法、有效，还是在行政诉讼和行政复议中立于不败之地，必须充分重视行政执法中的事实根据。

对行政执法所依据的事实根据的总体要求是清楚，并有相应的证据作为证明，因此，行政执法过程中，必须十分重视调查取证工作，然后方可作出行政处理决定。在行政执法过程中，行政执法主体应当围绕事实要件来进行调查取证，如书证、物证、视听资料、证人证言、相对人陈述、鉴定结论和勘验笔录等。调查取证的总体要求是全面、客观、公正、合法，所取得的证据必须具有客观性、相关性、合法性。如《行政处罚法》第三十七条规定，行政机关在调查或者进行检查时，执法人员不得少于两人，并应当向当事人或者有关人员出示证件。证据的形式也必须符合法定要求，如《行政处罚法》第三十七条规定，执法人员询问和调查应当制作笔录。

2.5.3 行政执法程序

行政执法程序是指行政执法主体适用有关法律、法规和规章的全过程，具体是指行政执法主体在行政执法过程中采取的方式和步骤。行政执法程序合法是行政执法行为有效的构成要件之一，是行政执法所必须遵循的方式和步骤。

行政执法本身带有较强的复杂性和多样性，行政执法的内容和表现形式不同，程序也就会有所不同，因此目前尚没有一部统一的行政程序法。行政执法的程序，按照行政执法的种类可以分为行政决定程序、行政处置程序、行政强制执行程序、行政检查程序等。目前只有行政处罚程序比较健全，这是由于行政处罚法的制定出台使行政处罚的程序有了明确和较为具体的规定。虽然行政执法程序因行政执法的种类不同而有一定差异，但行政执法的程序还是有一定规律性的，根据行政执法的实践和现行法律、法规和规章的规定，可以将行政执法程序从总体上概括为受理、审查、调查取证、作出决定、执行等几个步骤。

受理是行政执法的第一个步骤，既包括行政执法主体主动地执行法律、法规和规章，决定其对管辖范围内的事项依法管理，也包括对相对人提出的申请予以接受。审查是行政执法主体对其主动管辖或者接受的相对人申请的事项进行全面、严格的查证核实。在审查中，行政执法主体可以询问证人、相对人，可以进行调查取证。这是正确作出处理决定的基础。作出处理决定是行政执法的核心环节，行政执法主体的受理和审查环节，都是为作出处理决定所进行的准备工作。作出处理决定，一般情况下，都会直接影响行政管理相对人的权利和义务，如设定或者免除相对人的义务，赋予或者剥夺相对人某项权力，许可或者撤销某一行为，对相对人处以处罚等。执行是保证作出的处理决定得以实现的措施和手段。行政执法主体作出处理决定后，相对人必须履行，如果相对人不履行，行政执法主体可以申请人民法院强制执行或者依法强制执行。

行政执法的表现形式通常采取：①行政监督检查。为了实现行政职能，行政机关监督检查管理相对人行使权利和履行义务的情况。②行政处理决定。行政执法一般通过行政处理决定的形式表现。关于权利的决定可分为奖励性和非奖励性。奖励性行政决定是行政机关对遵守法律、法规、完成任务作出贡献的组织和个人给予的精神和物质鼓励。非奖励性行政决定是指行政机关赋予公民以一般权利和权能的处理决定，其中以行政许可比较突出。关于义务的决定可以分为惩戒性和非惩戒性。惩戒性行政决定主要是行政处罚。非惩戒性行政决定是对公民科以诸如纳税等一般义务的处理。③行政强制执行。在行政管理中行政机关对不履行法定义务的当事人，用强制措施迫使其履行义务。

2.6　行政执法相关法律

2.6.1　行政处罚法

《行政处罚法》由第八届全国人民代表大会第四次会议于 1996 年 3 月 17 日通过，自 1996 年 10 月 1 日施行，依据《全国人民代表大会常务委员会关于修改部分法律的决定》修订，最新的一次修订于 2017 年 9 月 1 日第十二届全国人民代表大会常务委员会第二十九次会议通过，自 2018 年 1 月 1 日起施行。行政处罚法的设定和实施，保障和监督行政机关有效实施行政管理，维护公共利益和社会秩序，保护公民、法人或者其他组织的合法权益，根据宪法规定制定的法律。《行政处罚法》主要包括行政处罚的法定原则、种类和设定、主体、程序、听证制度、相对人的权利、处罚决定及追究时效，是一部程序法。

《行政处罚法》节录：

第三条　公民、法人或者其他组织违反行政管理秩序的行为，应当给予行政处罚的，依照本法由法律、法规或者规章规定，并由行政机关依照本法规定的程序实施。

没有法定依据或者不遵守法定程序的，行政处罚无效。

第六条　公民、法人或者其他组织对行政机关所给予的行政处罚，享有陈述权、申辩权；对行政处罚不服的，有权依法申请行政复议或者提起行政诉讼。

公民、法人或者其他组织因行政机关违法给予行政处罚受到损害的，有权依法提出赔偿要求。

第八条　行政处罚的种类：

（一）警告；

（二）罚款；

（三）没收违法所得、没收非法财物；

（四）责令停产停业；

（五）暂扣或者吊销许可证、暂扣或者吊销执照；

（六）行政拘留；

（七）法律、行政法规规定的其他行政处罚。

第十八条　行政机关依照法律、法规或者规章的规定，可以在其法定权限内委托符合本法第十九条规定条件的组织实施行政处罚。行政机关不得委托其他组织或者个人实施行政处罚。

委托行政机关对受委托的组织实施行政处罚的行为应当负责监督，并对该行为的后果承担法律责任。

受委托组织在委托范围内，以委托行政机关名义实施行政处罚；不得再委托其他任何组织或者个人实施行政处罚。

第十九条　受委托组织必须符合以下条件：

（一）依法成立的管理公共事务的事业组织；

(二)具有熟悉有关法律、法规、规章和业务的工作人员；

(三)对违法行为需要进行技术检查或者技术鉴定的，应当有条件组织进行相应的技术检查或者技术鉴定。

第二十条 行政处罚由违法行为发生地的县级以上地方人民政府具有行政处罚权的行政机关管辖。法律、行政法规另有规定的除外。

第二十四条 对当事人的同一个违法行为，不得给予两次以上罚款的行政处罚。

第二十九条 违法行为在二年内未被发现的，不再给予行政处罚。法律另有规定的除外。

前款规定的期限，从违法行为发生之日起计算；违法行为有连续或者继续状态的，从行为终了之日起计算。

第三十条 公民、法人或者其他组织违反行政管理秩序的行为，依法应当给予行政处罚的，行政机关必须查明事实；违法事实不清的，不得给予行政处罚。

第三十一条 行政机关在作出行政处罚决定之前，应当告知当事人作出行政处罚决定的事实、理由及依据，并告知当事人依法享有的权利。

第三十二条 当事人有权进行陈述和申辩。行政机关必须充分听取当事人的意见，对当事人提出的事实、理由和证据，应当进行复核；当事人提出的事实、理由或者证据成立的，行政机关应当采纳。

行政机关不得因当事人申辩而加重处罚。

第三十六条 除本法第三十三条规定的可以当场作出的行政处罚外，行政机关发现公民、法人或者其他组织有依法应当给予行政处罚的行为的，必须全面、客观、公正地调查，收集有关证据；必要时，依照法律、法规的规定，可以进行检查。

第三十七条 行政机关在调查或者进行检查时，执法人员不得少于两人，并应当向当事人或者有关人员出示证件。当事人或者有关人员应当如实回答询问，并协助调查或者检查，不得阻挠。询问或者检查应当制作笔录。

行政机关在收集证据时，可以采取抽样取证的方法；在证据可能灭失或者以后难以取得的情况下，经行政机关负责人批准，可以先行登记保存，并应当在七日内及时作出处理决定，在此期间，当事人或者有关人员不得销毁或者转移证据。

执法人员与当事人有直接利害关系的，应当回避。

第三十八条 调查终结，行政机关负责人应当对调查结果进行审查，根据不同情况，分别作出如下决定：

(一)确有应受行政处罚的违法行为的，根据情节轻重及具体情况，作出行政处罚决定；

(二)违法行为轻微，依法可以不予行政处罚的，不予行政处罚；

(三)违法事实不能成立的，不得给予行政处罚；

(四)违法行为已构成犯罪的，移送司法机关。

对情节复杂或者重大违法行为给予较重的行政处罚，行政机关的负责人应当集体讨论决定。

第三十九条 行政机关依照本法第三十八条的规定给予行政处罚，应当制作行政处罚决定书。行政处罚决定书应当载明下列事项：

（一）当事人的姓名或者名称、地址；

（二）违反法律、法规或者规章的事实和证据；

（三）行政处罚的种类和依据；

（四）行政处罚的履行方式和期限；

（五）不服行政处罚决定，申请行政复议或者提起行政诉讼的途径和期限；

（六）作出行政处罚决定的行政机关名称和作出决定的日期。

行政处罚决定书必须盖有作出行政处罚决定的行政机关的印章。

第四十一条　行政机关及其执法人员在作出行政处罚决定之前，不依照本法第三十一条、第三十二条的规定向当事人告知给予行政处罚的事实、理由和依据，或者拒绝听取当事人的陈述、申辩，行政处罚决定不能成立；当事人放弃陈述或者申辩权利的除外。

第四十二条　行政机关作出责令停产停业、吊销许可证或者执照、较大数额罚款等行政处罚决定之前，应当告知当事人有要求举行听证的权利；当事人要求听证的，行政机关应当组织听证。当事人不承担行政机关组织听证的费用。听证依照以下程序组织：

（一）当事人要求听证的，应当在行政机关告知后三日内提出；

（二）行政机关应当在听证的七日前，通知当事人举行听证的时间、地点；

（三）除涉及国家秘密、商业秘密或者个人隐私外，听证公开举行；

（四）听证由行政机关指定的非本案调查人员主持；当事人认为主持人与本案有直接利害关系的，有权申请回避；

（五）当事人可以亲自参加听证，也可以委托一至二人代理；

（六）举行听证时，调查人员提出当事人违法的事实、证据和行政处罚建议；当事人进行申辩和质证；

（七）听证应当制作笔录；笔录应当交当事人审核无误后签字或者盖章。

当事人对限制人身自由的行政处罚有异议的，依照治安管理处罚条例有关规定执行。

第四十五条　当事人对行政处罚决定不服申请行政复议或者提起行政诉讼的，行政处罚不停止执行，法律另有规定的除外。

第四十六条　作出罚款决定的行政机关应当与收缴罚款的机构分离。

除依照本法第四十七条、第四十八条的规定当场收缴的罚款外，作出行政处罚决定的行政机关及其执法人员不得自行收缴罚款。

当事人应当自收到行政处罚决定书之日起十五日内，到指定的银行缴纳罚款。银行应当收受罚款，并将罚款直接上缴国库。

第五十四条　行政机关应当建立健全对行政处罚的监督制度。县级以上人民政府应当加强对行政处罚的监督检查。

公民、法人或者其他组织对行政机关作出的行政处罚，有权申诉或者检举；行政机关应当认真审查，发现行政处罚有错误的，应当主动改正。

2.6.2 行政复议法

《行政复议法》由第九届全国人民代表大会常务委员会第九次会议于1999年4月29日通过，自1999年10月1日起实施。它是当管理相对人的合法权益受到行政损害时，请求行政救济的主要便捷途径，包括行政复议范围、申请、受理、决定及法律责任等内容。依据《全国人民代表大会常务委员会关于修改部分法律的决定》修订，由中华人民共和国第十一届全国人民代表大会常务委员会第十次会议于2009年8月27日通过，2009年8月27日中华人民共和国主席令第18号予以公布，自公布之日起施行。

《行政复议法》节录：

第二条　公民、法人或者其他组织认为具体行政行为侵犯其合法权益，向行政机关提出行政复议申请，行政机关受理行政复议申请、作出行政复议决定，适用本法。

第四条　行政复议机关履行行政复议职责，应当遵循合法、公正、公开、及时、便民的原则，坚持有错必纠，保障法律、法规的正确实施。

第五条　公民、法人或者其他组织对行政复议决定不服的，可以依照行政诉讼法的规定向人民法院提起行政诉讼，但是法律规定行政复议决定为最终裁决的除外。

第六条　有下列情形之一的，公民、法人或者其他组织可以依照本法申请行政复议：

（一）对行政机关作出的警告、罚款、没收违法所得、没收非法财物、责令停产停业、暂扣或者吊销许可证、暂扣或者吊销执照、行政拘留等行政处罚决定不服的；

（二）对行政机关作出的限制人身自由或者查封、扣押、冻结财产等行政强制措施决定不服的；

（三）对行政机关作出的有关许可证、执照、资质证、资格证等证书变更、中止、撤销的决定不服的；

（四）对行政机关作出的关于确认土地、矿藏、水流、森林、山岭、草原、荒地、滩涂、海域等自然资源的所有权或者使用权的决定不服的；

（五）认为行政机关侵犯合法的经营自主权的；

（六）认为行政机关变更或者废止农业承包合同，侵犯其合法权益的；

（七）认为行政机关违法集资、征收财物、摊派费用或者违法要求履行其他义务的；

（八）认为符合法定条件，申请行政机关颁发许可证、执照、资质证、资格证等证书，或者申请行政机关审批、登记有关事项，行政机关没有依法办理的；

（九）申请行政机关履行保护人身权利、财产权利、受教育权利的法定职责，行政机关没有依法履行的；

（十）申请行政机关依法发放抚恤金、社会保险金或者最低生活保障费，行政机关没有依法发放的；

（十一）认为行政机关的其他具体行政行为侵犯其合法权益的。

第九条　公民、法人或者其他组织认为具体行政行为侵犯其合法权益的，可以自知道该具体行政行为之日起六十日内提出行政复议申请；但是法律规定的申请期限超过六十日的除外。

因不可抗力或者其他正当理由耽误法定申请期限的，申请期限自障碍消除之日起继续计算。

第十九条　法律、法规规定应当先向行政复议机关申请行政复议、对行政复议决定不服再向人民法院提起行政诉讼的，行政复议机关决定不予受理或者受理后超过行政复议期限不作答复的，公民、法人或者其他组织可以自收到不予受理决定书之日起或者行政复议期满之日起十五日内，依法向人民法院提起行政诉讼。

第二十一条　行政复议期间具体行政行为不停止执行；但是，有下列情形之一的，可以停止执行：

（一）被申请人认为需要停止执行的；

（二）行政复议机关认为需要停止执行的；

（三）申请人申请停止执行，行政复议机关认为其要求合理，决定停止执行的；

（四）法律规定停止执行的。

第二十四条　在行政复议过程中，被申请人不得自行向申请人和其他有关组织或者个人收集证据。

第二十八条　行政复议机关负责法制工作的机构应当对被申请人作出的具体行政行为进行审查，提出意见，经行政复议机关的负责人同意或者集体讨论通过后，按照下列规定作出行政复议决定：

（一）具体行政行为认定事实清楚，证据确凿，适用依据正确，程序合法，内容适当的，决定维持；

（二）被申请人不履行法定职责的，决定其在一定期限内履行；

（三）具体行政行为有下列情形之一的，决定撤销、变更或者确认该具体行政行为违法；决定撤销或者确认该具体行政行为违法的，可以责令被申请人在一定期限内重新作出具体行政行为：

（1）主要事实不清、证据不足的；

（2）适用依据错误的；

（3）违反法定程序的；

（4）超越或者滥用职权的；

（5）具体行政行为明显不当的。

（四）被申请人不按照本法第二十三条的规定提出书面答复、提交当初作出具体行政行为的证据、依据和其他有关材料的，视为该具体行政行为没有证据、依据，决定撤销该具体行政行为。

行政复议机关责令被申请人重新作出具体行政行为的，被申请人不得以同一的事实和理由作出与原具体行政行为相同或者基本相同的具体行政行为。

第二十九条　申请人在申请行政复议时可以一并提出行政赔偿请求，行政复议机关对符合国家赔偿法的有关规定应当给予赔偿的，在决定撤销、变更具体行政行为或者确认具体行政行为违法时，应当同时决定被申请人依法给予赔偿。

申请人在申请行政复议时没有提出行政赔偿请求的，行政复议机关在依法决定撤销或者变更罚款，撤销违法集资、没收财物、征收财物、摊派费用以及对财产的查封、扣押、冻结等具体行政行为时，应当同时责令被申请人返还财产，解除对财产的查封、扣押、冻结措施，或者赔偿相应的价款。

第三十条 公民、法人或者其他组织认为行政机关的具体行政行为侵犯其已经依法取得的土地、矿藏、水流、森林、山岭、草原、荒地、滩涂、海域等自然资源的所有权或者使用权的，应当先申请行政复议；对行政复议决定不服的，可以依法向人民法院提起行政诉讼。

根据国务院或者省、自治区、直辖市人民政府对行政区划的勘定、调整或者征用土地的决定，省、自治区、直辖市人民政府确认土地、矿藏、水流、森林、山岭、草原、荒地、滩涂、海域等自然资源的所有权或者使用权的行政复议决定为最终裁决。

第三十一条 行政复议机关应当自受理申请之日起六十日内作出行政复议决定；但是法律规定的行政复议期限少于六十日的除外。情况复杂，不能在规定期限内作出行政复议决定的，经行政复议机关的负责人批准，可以适当延长，并告知申请人和被申请人；但是延长期限最多不超过三十日。

行政复议机关作出行政复议决定，应当制作行政复议决定书，并加盖印章。

行政复议决定书一经送达，即发生法律效力。

第三十四条 行政复议机关违反本法规定，无正当理由不予受理依法提出的行政复议申请或者不按照规定转送行政复议申请的，或者在法定期限内不作出行政复议决定的，对直接负责的主管人员和其他直接责任人员依法给予警告、记过、记大过的行政处分；经责令受理仍不受理或者不按照规定转送行政复议申请，造成严重后果的，依法给予降级、撤职、开除的行政处分。

第三十五条 行政复议机关工作人员在行政复议活动中，徇私舞弊或者有其他渎职、失职行为的，依法给予警告、记过、记大过的行政处分；情节严重的，依法给予降级、撤职、开除的行政处分；构成犯罪的，依法追究刑事责任。

第三十六条 被申请人违反本法规定，不提出书面答复或者不提交作出具体行政行为的证据、依据和其他有关材料，或者阻挠、变相阻挠公民、法人或者其他组织依法申请行政复议的，对直接负责的主管人员和其他直接责任人员依法给予警告、记过、记大过的行政处分；进行报复陷害的，依法给予降级、撤职、开除的行政处分；构成犯罪的，依法追究刑事责任。

第三十七条 被申请人不履行或者无正当理由拖延履行行政复议决定的，对直接负责的主管人员和其他直接责任人员依法给予警告、记过、记大过的行政处分；经责令履行仍拒不履行的，依法给予降级、撤职、开除的行政处分。

2.6.3 行政诉讼法

《行政诉讼法》由第七届全国人民代表大会第二次会议于 1989 年 4 月 4 日通过，自 1990 年 10 月 1 日起实施。根据 2014 年 11 月 1 日第十二届全国人民代表大会常务委员会第十一次会议《全国人民代表大会常务委员会关于修改〈中华人民共和国行政诉讼法〉的决定》修正，自 2015 年 5 月 1 日起施行。立法目的是为保证人民法院正确、及时审理行政案件，保护公民、法人和其他组织的合法权益，维护和监督行政机关依法行使行政职权。包括受案范围、管辖、诉讼参加人、证据、起诉和受理、审理和判决、执行及侵权赔偿责任几部分内容。

《行政诉讼法》节录：

第十二条　人民法院受理公民、法人或者其他组织提起的下列诉讼：

（一）对行政拘留、暂扣或者吊销许可证和执照、责令停产停业、没收违法所得、没收非法财物、罚款、警告等行政处罚不服的；

（二）对限制人身自由或者对财产的查封、扣押、冻结等行政强制措施和行政强制执行不服的；

（三）申请行政许可，行政机关拒绝或者在法定期限内不予答复，或者对行政机关作出的有关行政许可的其他决定不服的；

（四）对行政机关作出的关于确认土地、矿藏、水流、森林、山岭、草原、荒地、滩涂、海域等自然资源的所有权或者使用权的决定不服的；

（五）对征收、征用决定及其补偿决定不服的；

（六）申请行政机关履行保护人身权、财产权等合法权益的法定职责，行政机关拒绝履行或者不予答复的；

（七）认为行政机关侵犯其经营自主权或者农村土地承包经营权、农村土地经营权的；

（八）认为行政机关滥用行政权力排除或者限制竞争的；

（九）认为行政机关违法集资、摊派费用或者违法要求履行其他义务的；

（十）认为行政机关没有依法支付抚恤金、最低生活保障待遇或者社会保险待遇的；

（十一）认为行政机关不依法履行、未按照约定履行或者违法变更、解除政府特许经营协议、土地房屋征收补偿协议等协议的；

（十二）认为行政机关侵犯其他人身权、财产权等合法权益的。

除前款规定外，人民法院受理法律、法规规定可以提起诉讼的其他行政案件。

第十三条　人民法院不受理公民、法人或者其他组织对下列事项提起的诉讼：

（一）国防、外交等国家行为；

（二）行政法规、规章或者行政机关制定发布的具有普遍约束力的决定、命令；

（三）行政机关对行政机关工作人员的奖惩、任免等决定；

（四）法律规定由行政机关最终裁决的具体行政行为。

第二十六条　公民、法人或者其他组织直接向人民法院提起诉讼的，作出行政行为的行政机关是被告。

经复议的案件，复议机关决定维持原行政行为的，作出原行政行为的行政机关和复议机关是共同被告；复议机关改变原行政行为的，复议机关是被告。

复议机关在法定期限内未作出复议决定，公民、法人或者其他组织起诉原行政行为的，作出原行政行为的行政机关是被告；起诉复议机关不作为的，复议机关是被告。

两个以上行政机关作出同一行政行为的，共同作出行政行为的行政机关是共同被告。

行政机关委托的组织所作的行政行为，委托的行政机关是被告。

行政机关被撤销或者职权变更的，继续行使其职权的行政机关是被告。

第二十七条 当事人一方或双方为二人以上，因同一行政行为发生的行政案件，或者因同类行政行为发生的行政案件、人民法院认为可以合并审理并经当事人同意的，为共同诉讼。

第二十八条 当事人一方人数众多的共同诉讼，可以由当事人推选代表人进行诉讼。代表人的诉讼行为对其所代表的当事人发生效力，但代表人变更、放弃诉讼请求或者承认对方当事人的诉讼请求，应当经被代表的当事人同意。

第三十三条 证据包括：

（一）书证；

（二）物证；

（三）视听资料；

（四）证人证言；

（五）当事人的陈述；

（六）鉴定意见；

（七）勘验笔录、现场笔录。

以上证据经法庭审查属实，才能作为认定案件事实的根据。

第三十六条 被告在作出行政行为时已经收集了证据，但因不可抗力等正当事由不能提供的，经人民法院准许，可以延期提供。

原告或者第三人提出了其在行政处理程序中没有提出的理由或者证据的，经人民法院准许，被告可以补充证据。

第三十七条 原告可以提供证明行政行为违法的证据。原告提供的证据不成立的，不免除被告的举证责任。

第三十八条 在起诉被告不履行法定职责的案件中，原告应当提供其向被告提出申请的证据。但有下列情形之一的除外：

（一）被告应当依职权主动履行法定职责的；

（二）原告因正当理由不能提供证据的。

在行政赔偿、补偿的案件中，原告应当对行政行为造成的损害提供证据。因被告的原因导致原告无法举证的，由被告承担举证责任。

第四十条 人民法院有权向有关行政机关以及其他组织、公民调取证据。但是，不得为证明行政行为的合法性调取被告作出行政行为时未收集的证据。

第四十一条 与本案有关的下列证据，原告或者第三人不能自行收集的，可以申请人民法院调取：

（一）由国家机关保存而须由人民法院调取的证据；

（二）涉及国家秘密、商业秘密和个人隐私的证据；

（三）确因客观原因不能自行收集的其他证据。

第四十二条 在证据可能灭失或者以后难以取得的情况下，诉讼参加人可以向人民法院申请保全证据，人民法院也可以主动采取保全措施。

第四十七条 公民、法人或者其他组织申请行政机关履行保护其人身权、财产权等合法权益的法定职责，行政机关在接到申请之日起两个月内不履行的，公民、法人或者其他组织可以向人民法院提起诉讼。法律、法规对行政机关履行职责的期限另有规定的，从其规定。

公民、法人或者其他组织在紧急情况下请求行政机关履行保护其人身权、财产权等合法权益的法定职责，行政机关不履行的，提起诉讼不受前款规定期限的限制。

第四十八条 公民、法人或者其他组织因不可抗力或者其他不属于其自身的原因耽误起诉期限的，被耽误的时间不计算在起诉期限内。

公民、法人或者其他组织因前款规定以外的其他特殊情况耽误起诉期限的，在障碍消除后十日内，可以申请延长期限，是否准许由人民法院决定。

第五十九条 诉讼参与人或者其他人有下列行为之一的，人民法院可以根据情节轻重，予以训诫、责令具结悔过或者处一万元以下的罚款、十五日以下的拘留；构成犯罪的，依法追究刑事责任：

（一）有义务协助调查、执行的人，对人民法院的协助调查决定、协助执行通知书，无故推拖、拒绝或者妨碍调查、执行的；

（二）伪造、隐藏、毁灭证据或者提供虚假证明材料，妨碍人民法院审理案件的；

（三）指使、贿买、胁迫他人作伪证或者威胁、阻止证人作证的；

（四）隐藏、转移、变卖、毁损已被查封、扣押、冻结的财产的；

（五）以欺骗、胁迫等非法手段使原告撤诉的；

（六）以暴力、威胁或者其他方法阻碍人民法院工作人员执行职务，或者以哄闹、冲击法庭等方法扰乱人民法院工作秩序的；

（七）对人民法院审判人员或者其他工作人员、诉讼参与人、协助调查和执行的人员恐吓、侮辱、诽谤、诬陷、殴打、围攻或者打击报复的。

人民法院对有前款规定的行为之一的单位，可以对其主要负责人或者直接责任人员依照前款规定予以罚款、拘留；构成犯罪的，依法追究刑事责任。

罚款、拘留须经人民法院院长批准。当事人不服的，可以向上一级人民法院申请复议一次。复议期间不停止执行。

第六十条 人民法院审理行政案件，不适用调解。但是，行政赔偿、补偿以及行政机关行使法律、法规规定的自由裁量权的案件可以调解。

调解应当遵循自愿、合法原则，不得损害国家利益、社会公共利益和他人合法权益。

第六十一条 在涉及行政许可、登记、征收、征用和行政机关对民事争议所作的裁决的行政诉讼中，当事人申请一并解决相关民事争议的，人民法院可以一并审理。

在行政诉讼中，人民法院认为行政案件的审理需以民事诉讼的裁判为依据的，可以裁定中止行政诉讼。

第七十条　行政行为有下列情形之一的，人民法院判决撤销或者部分撤销，并可以判决被告重新作出行政行为：

（一）主要证据不足的；

（二）适用法律、法规错误的；

（三）违反法定程序的；

（四）超越职权的；

（五）滥用职权的；

（六）明显不当的。

第七十四条　行政行为有下列情形之一的，人民法院判决确认违法，但不撤销行政行为：

（一）行政行为依法应当撤销，但撤销会给国家利益、社会公共利益造成重大损害的；

（二）行政行为程序轻微违法，但对原告权利不产生实际影响的。

行政行为有下列情形之一，不需要撤销或者判决履行的，人民法院判决确认违法：

（一）行政行为违法，但不具有可撤销内容的；

（二）被告改变原违法行政行为，原告仍要求确认原行政行为违法的；

（三）被告不履行或者拖延履行法定职责，判决履行没有意义的。

第九十五条　公民、法人或者其他组织拒绝履行判决、裁定、调解书的，行政机关或者第三人可以向第一审人民法院申请强制执行，或者由行政机关依法强制执行。

第九十六条　行政机关拒绝履行判决、裁定、调解书的，第一审人民法院可以采取下列措施：

（一）对应当归还的罚款或者应当给付的款额，通知银行从该行政机关的账户内划拨；

（二）在规定期限内不履行的，从期满之日起，对该行政机关负责人按日处五十元至一百元的罚款；

（三）将行政机关拒绝履行的情况予以公告；

（四）向监察机关或者该行政机关的上一级行政机关提出司法建议。接受司法建议的机关，根据有关规定进行处理，并将处理情况告知人民法院；

（五）拒不履行判决、裁定、调解书，社会影响恶劣的，可以对该行政机关直接负责的主管人员和其他直接责任人员予以拘留；情节严重，构成犯罪的，依法追究刑事责任。

2.6.4　国家赔偿法

《中华人民共和国国家赔偿法》（以下简称《国家赔偿法》）由第十一届全国人民代表大会常务委员会第十四次会议于2010年4月29日通过，自2010年12月1日起施行。根据2012年10月26日第十一届全国人民代表大会常务委员会第29次会议通过、2012年10月26日中华人民共和国主席令第68号公布、自2013年1月1日起施行的

《全国人民代表大会常务委员会关于修改〈中华人民共和国国家赔偿法〉的决定》第 2 次修正。国家机关和国家机关工作人员违法行使职权侵犯公民、法人和其他组织的合法权益造成损害的，受害人有依照本法取得国家赔偿的权利。包括赔偿范围、赔偿请求人和赔偿义务机关、赔偿程序、赔偿方式和计算标准、时效等内容。

《国家赔偿法》节录：

第三条 行政机关及其工作人员在行使行政职权时有下列侵犯人身权情形之一的，受害人有取得赔偿的权利：

（一）违法拘留或者违法采取限制公民人身自由的行政强制措施的；

（二）非法拘禁或者以其他方法非法剥夺公民人身自由的；

（三）以殴打、虐待等行为或者唆使、放纵他人以殴打、虐待等行为造成公民身体伤害或者死亡的；

（四）违法使用武器、警械造成公民身体伤害或者死亡的；

（五）造成公民身体伤害或者死亡的其他违法行为。

第四条 行政机关及其工作人员在行使行政职权时有下列侵犯财产权情形之一的，受害人有取得赔偿的权利：

（一）违法实施罚款、吊销许可证和执照、责令停产停业、没收财物等行政处罚的；

（二）违法对财产采取查封、扣押、冻结等行政强制措施的；

（三）违法征收、征用财产的；

（四）造成财产损害的其他违法行为。

第八条 经复议机关复议的，最初造成侵权行为的行政机关为赔偿义务机关，但复议机关的复议决定加重损害的，复议机关对加重的部分履行赔偿义务。

第九条 赔偿义务机关有本法第三条、第四条规定的情形之一的，应当给予赔偿。

赔偿请求人要求赔偿应当先向赔偿义务机关提出，也可以在申请行政复议和提起行政诉讼时一并提出。

第十条 赔偿请求人可以向共同赔偿义务机关中的任何一个赔偿义务机关要求赔偿，该赔偿义务机关应当先予赔偿。

第十一条 赔偿请求人根据受到的不同损害，可以同时提出数项赔偿要求。

第十三条 赔偿义务机关应当自收到申请之日起两个月内，作出是否赔偿的决定。赔偿义务机关作出赔偿决定，应当充分听取赔偿请求人的意见，并可以与赔偿请求人就赔偿方式、赔偿项目和赔偿数额依照本法第四章的规定进行协商。

赔偿义务机关决定赔偿的，应当制作赔偿决定书，并自作出决定之日起十日内送达赔偿请求人。

赔偿义务机关决定不予赔偿的，应当自作出决定之日起十日内书面通知赔偿请求人，并说明不予赔偿的理由。

第十六条 赔偿义务机关赔偿损失后，应当责令有故意或者重大过失的工作人员或者受委托的组织或者个人承担部分或者全部赔偿费用。

对有故意或者重大过失的责任人员，有关机关应当依法给予行政处分；构成犯罪的，应当依法追究刑事责任。

第二十四条　赔偿义务机关在规定期限内未作出是否赔偿的决定，赔偿请求人可以自期限届满之日起三十日内向赔偿义务机关的上一级机关申请复议。

赔偿请求人对赔偿的方式、项目、数额有异议的，或者赔偿义务机关作出不予赔偿决定的，赔偿请求人可以自赔偿义务机关作出赔偿或者不予赔偿决定之日起三十日内，向赔偿义务机关的上一级机关申请复议。

赔偿义务机关是人民法院的，赔偿请求人可以依照前款规定向其上一级人民法院赔偿委员会申请作出赔偿决定。

第二十五条　复议机关应当自收到申请之日起两个月内作出决定。

赔偿请求人不服复议决定的，可以在收到复议决定之日起三十日内向复议机关所在地的同级人民法院赔偿委员会申请作出赔偿决定；复议机关逾期不作决定的，赔偿请求人可以自期限届满之日起三十日内向复议机关所在地的同级人民法院赔偿委员会申请作出赔偿决定。

第三十二条　国家赔偿以支付赔偿金为主要方式。

能够返还财产或者恢复原状的，予以返还财产或者恢复原状。

第三十三条　侵犯公民人身自由的，每日赔偿金按照国家上年度职工日平均工资计算。

第三十四条　侵犯公民生命健康权的，赔偿金按照下列规定计算：

（一）造成身体伤害的，应当支付医疗费、护理费，以及赔偿因误工减少的收入。减少的收入每日的赔偿金按照国家上年度职工日平均工资计算，最高额为国家上年度职工年平均工资的五倍；

（二）造成部分或者全部丧失劳动能力的，应当支付医疗费、护理费、残疾生活辅助具费、康复费等因残疾而增加的必要支出和继续治疗所必需的费用，以及残疾赔偿金。残疾赔偿金根据丧失劳动能力的程度，按照国家规定的伤残等级确定，最高不超过国家上年度职工年平均工资的二十倍。造成全部丧失劳动能力的，对其扶养的无劳动能力的人，还应当支付生活费；

（三）造成死亡的，应当支付死亡赔偿金、丧葬费，总额为国家上年度职工年平均工资的二十倍。对死者生前扶养的无劳动能力的人，还应当支付生活费。

前款第二项、第三项规定的生活费的发放标准，参照当地最低生活保障标准执行。被扶养的人是未成年人的，生活费给付至十八周岁止；其他无劳动能力的人，生活费给付至死亡时止。

第三十六条　侵犯公民、法人和其他组织的财产权造成损害的，按照下列规定处理：

（一）处罚款、罚金、追缴、没收财产或者违法征收、征用财产的，返还财产；

（二）查封、扣押、冻结财产的，解除对财产的查封、扣押、冻结，造成财产损坏或者灭失的，依照本条第三项、第四项的规定赔偿；

（三）应当返还的财产损坏的，能够恢复原状的恢复原状，不能恢复原状的，按照损害程度给付相应的赔偿金；

（四）应当返还的财产灭失的，给付相应的赔偿金；

（五）财产已经拍卖或者变卖的，给付拍卖或者变卖所得的价款；变卖的价款明显低于财产价值的，应当支付相应的赔偿金；

（六）吊销许可证和执照、责令停产停业的，赔偿停产停业期间必要的经常性费用开支；

（七）返还执行的罚款或者罚金、追缴或者没收的金钱，解除冻结的存款或者汇款的，应当支付银行同期存款利息；

（八）对财产权造成其他损害的，按照直接损失给予赔偿。

第三十七条 赔偿费用列入各级财政预算。

赔偿请求人凭生效的判决书、复议决定书、赔偿决定书或者调解书，向赔偿义务机关申请支付赔偿金。

赔偿义务机关应当自收到支付赔偿金申请之日起七日内，依照预算管理权限向有关的财政部门提出支付申请。财政部门应当自收到支付申请之日起十五日内支付赔偿金。

赔偿费用预算与支付管理的具体办法由国务院规定。

第三十九条 赔偿请求人请求国家赔偿的时效为两年，自其知道或者应当知道国家机关及其工作人员行使职权时的行为侵犯其人身权、财产权之日起计算，但被羁押等限制人身自由期间不计算在内。在申请行政复议或者提起行政诉讼时一并提出赔偿请求的，适用行政复议法、行政诉讼法有关时效的规定。

赔偿请求人在赔偿请求时效的最后六个月内，因不可抗力或者其他障碍不能行使请求权的，时效中止。从中止时效的原因消除之日起，赔偿请求时效期间继续计算。

思考题

1. 行政执法的概念是什么？包括哪些内涵？
2. 行政执法有哪些特征？
3. 行政执法的基本原则有哪些？
4. 行政执法的法律根据是什么？
5. 行政执法需要遵循哪些程序？

第3章

水土保持法律与执法监督体系

【本章提要】水土保持执法与监督体系包括水土保持法律、法规体系和水土保持执法与监督管理体系，水土保持法律、法规体系是指水土保持执法与监督所依据的法律、法规、规章和规范性文件；水土保持执法与监督管理体系是指根据法律规定行使水土保持执法与监督职能的各级机构及其执法与监督人员。

3.1 水土保持法律、法规体系

1991年全国人大常委会通过的《中华人民共和国水土保持法》和1993年国务院颁布实施的《中华人民共和国水土保持法实施条例》(以下简称《水土保持法实施条例》)，为水土保持法律、法规体系的建设和进一步完善奠定了坚实的基础，使我国的水土保持工作进入了法制化的轨道。2010年12月25日，第十一届全国人民代表大会常务委员会第十八次会议对《水土保持法》进行了修订，于2011年3月1日正式开始施行。

水土保持法律体系共分4个层次，第一层次即为法律，主要指《水土保持法》以及和《水土保持法》相衔接的其他法律，如《中华人民共和国土地管理法》(以下简称《土地管理法》)、《中华人民共和国水法》(以下简称《水法》)、《中华人民共和国森林法》(以下简称《森林法》)、《中华人民共和国水污染防治法》(以下简称《水污染防治法》)、《中华人民共和国防洪法》(以下简称《防洪法》)、《中华人民共和国草原法》(以下简称《草原法》)、《中华人民共和国野生动物保护法》(以下简称《野生动物保护法》)、《中华人民共和国矿产资源法》(以下简称《矿产资源法》)、《中华人民共和国环境影响评价法》(以下简称《环境影响评价法》)等；第二层次是水土保持法规，包括如1991年国务院颁布的《水土保持法实施条例》《建设项目环境保护管理条例》以及地方性法规；第三层次为水土保持规章，主要指部门规章；第四层次为规范性文件，即各级人大、政府或其组成部门为进一步落实法定要求而制定的相关文件。其中，《水土保持法》的效力最高。层次越低，效力越低。法律效力低的水土保持法规不得与比其法律效力高的水土保持法规相抵触，否则，其相应规定将被视为无效。

3.1.1 法律

《水土保持法》于1991年6月29日，全国人民代表大会常务委员会第二十次会议通过，以中华人民共和国主席令 49 号发布。《水土保持法》(1991) 是水土保持领域的基本法律，共 6 章 42 条，分别对水土保持工作方针、管理机构、预防和治理水土流失等作了规定。

2010 年 12 月 25 日，第十一届全国人大常委会第十八次会议通过了修订后的《水土保持法》。新《水土保持法》于 2011 年 3 月 1 日起开始施行。从水土保持法的类别来讲，水土保持法属于经济法类，资源与资源利用中的水及水利类别。新《水土保持法》共 7 章 60 条，较原法 6 章 42 条分别增加了 1 章 18 条。

第一章，总则部分。由原法 11 条修订为 9 条，对立法宗旨、调整对象、基本原则和适用范围等重要内容进行了补充和完善。一是在第一条立法目的中，增加了保障经济社会可持续发展的内容，体现了生态建设与保护以及经济社会发展对水土保持的新要求，有助于全面贯彻落实科学发展观、构建资源节约型和环境友好型社会。二是在第三条水土保持工作方针中，增加了保护优先的内容，进一步强化了“预防”的地位，有助于实现从事后治理向事前预防的根本性转变。三是在第四条中，增加了在水土流失重点预防区和重点治理区实行政府水土保持目标责任制和考核奖惩制度的规定，进一步强化了地方政府的水土保持责任。四是在第五条中，增加了关于流域管理机构水土保持职责的内容，充分发挥流域机构在水土保持工作中的作用。

第二章，规划部分。针对原法中第七条关于规划的规定过于简单、笼统，操作性不强，一些地方对水土保持规划制定、实施和统筹协调重视不够等问题，新法专门增加了规划一章，共 6 条，对规划的编制、审批、实施等做出明确规定，进一步强化了规划的法律地位。一是规定了规划编制的基础条件，确立了统筹协调、分类指导的编制原则。二是将水土保持规划作为水土流失预防和治理、水土保持方案编制、水土保持补偿费征收的依据。三是明确规定，规划一经批准，应当严格执行。四是要求基础设施建设、矿产资源开发等规划中要提出水土流失预防和治理的对策和措施，并征求同级人民政府水行政主管部门意见。

第三章，预防部分。本章共 14 条，较原法增加 5 条，进一步强化了预防为主、保护优先的水土保持工作方针。一是增加了对特定区域人为活动的禁止性或限制性规定。第十八条规定：“在水土流失严重、生态脆弱的地区，应当限制或禁止可能造成水土流失的活动。”二是增加了对生产建设项目选址选线的要求。第二十四条规定：“生产建设项目选址、选线应当避让水土流失重点预防区和重点治理区。”三是完善了水土保持方案制度。第二十五条规定：“编报范围在原法规定的山区、丘陵区、风沙区的基础上，增加了‘水土保持规划确定的容易发生水土流失的其他区域’；编报对象由铁路、公路、水工程，开办矿山企业、电力企业和其他大中型工业企业等‘五类工程’修改为‘可能造成水土流失的生产建设项目’。水土保持方案经批准后，生产建设项目的地点、规模发生重大变化的，应当补充或者修改水土保持方案，并报原审批机关批准。”第二十六条规定：“未编制水土保持方案或者未经水行政主管部门批准的生产建设项目，不得开工建设。”第二十九条规定：“县级以上人民政府水行政主管部门、流域管理机构，应当对生产建设项目水土保持方案的实施情况进行跟踪检查，发现问题及时处理。”四是明确了水土保持方案编制机构应具备相应技术条件。

第四章，治理部分。本章共 10 条，虽仅增加 2 条，但内容更加丰富。一是强化了国家重点治理工程。第三十条规定："国家增强了水土流失重点预防区和重点治理区的坡耕地改梯田、淤地坝等水土保持重点工程建设，加大生态修复力度。"二是完善水土保持投入保障机制，增加了水土保持补偿的规定。第三十一条规定："多渠道筹集资金，将水土保持生态效益补偿纳入国家建立的生态效益补偿制度。"第三十二条规定："建立水土保持补偿费制度，并明确补偿费专项用于水土流失预防和治理。"三是细化了水力和风力侵蚀地区水土流失防治的技术路线，总结了近年来实践中的成功经验，增加了防治重力侵蚀和生产建设项目水土流失，以及控制面源污染的具体规定。四是明确了有利于水土保持的激励措施。第三十九条规定："国家鼓励和支持在山区、丘陵区、风沙区以及容易发生水土流失的其他区域，采取免耕、封禁抚育、能源替代、生态移民等措施。"

第五章，监测和监督部分。本章共 7 条，比原法增加 4 条。一是明确了监测工作的法律地位和经费保障。第四十条规定："县级以上人民政府水行政主管部门应当加强水土保持监测工作，发挥水土保持监测工作在政府决策、经济社会发展和社会公众服务中的作用。县级以上人民政府应当保障水土保持监测工作经费。"二是规定了生产建设单位的水土流失监测义务和监测单位监测资质的要求。三是明确了公益性监测和生产建设项目监测的关系。公益性监测主要是为政府和社会服务，生产建设项目监测主要是对本项目造成的水土流失进行监测，为防治提供技术支撑。四是明确了水土保持监督检查的主体，细化了监督检查措施。新法规定的水政监督检查是水行政监督检查的简称。水土保持监督检查是水行政监督检查的重要组成部分。水行政主管部门中负责水土保持监督检查的人员在依法实施监督检查时，有权要求被检查单位或者个人提供有关文件资料，对有关情况作出说明，可以进入现场进行调查、取证；被检查单位或者个人拒不停止违法行为，造成严重水土流失的，报经水行政主管部门批准，可以查封、扣押实施违法行为的工具及施工机械、设备等。五是规定了行政区域间水土流失纠纷解决的协调机制。

第六章，罚则部分。本章共 12 条，比原法 9 条增加了 3 条，从完善法律责任种类、增加责任追究方式、提高处罚力度、增强可操作性等方面，重点解决了守法成本高、违法成本低、执法难度大的问题。一是增加了责任追究方式。新法增加了滞纳金制度、代履行制度、查扣违法机械设备制度，强化了对单位(法人)、直接负责的主管人员和其他直接责任人员的违法责任追究等。二是提高了处罚力度。新法显著提高了罚款的标准，罚款最高限额由原法的 1 万元提高到了 50 万元，对在水土保持方案确定的专门存放地以外的区域倾倒砂、石、土、矸石、尾矿、废渣等的，按照倾倒数量可处每立方米 10 元以上 20 元以下的罚款。三是明确了代治理制度。第五十六条规定："开办生产建设项目或者从事其他生产建设活动造成水土流失，不进行治理的，由县级以上人民政府水行政主管部门责令限期治理；逾期仍不治理的，县级以上人民政府水行政主管部门可以指定有治理能力的单位代为治理，所需费用由违法行为人承担。"四是增强了可操作性。新法规定罚款等处罚措施可由水行政主管部门直接进行，不用报请政府批准，减少了环节，提高了效率。

此外，《水法》《防洪法》《环境影响评价法》等相关法律也提及水土保持的相关要求，但均与《水土保持法》的规定相一致。

3.1.2 法规

(1)水土保持法实施条例

1993年8月1日，国务院以120号令颁布了《水土保持法实施条例》，自发布之日起施行。根据《水土保持法》的规定，制定本条例。水土流失防治区的地方人民政府应当实行水土流失防治目标责任制。该条例于2011年1月8日修订，对其中一些内容作了补充规定，共6章35条，分别就水土流失的预防、治理、监督和法律责任等作出更为详细的规定。

(2)建设项目环境保护管理条例

1998年11月29日，国务院以253号令发布《建设项目环境保护管理条例》，后于2017年6月21日，国务院第177次常务会议通过《国务院关于修改〈建设项目环境保护管理条例〉的决定》，自2017年10月1日起施行。

(3)地质灾害防治条例

该条例于2003年11月24日中华人民共和国国务院令第394号公布，2004年3月1日起施行。地质灾害，包括自然因素或者人为活动引发的危害人民生命和财产安全的山体崩塌、滑坡、泥石流、地面塌陷、地裂缝、地面沉降等与地质作用有关的灾害。其中，崩塌、滑坡、泥石流易发区是水土流失防治的重点区域。

(4)开发建设晋陕蒙接壤地区水土保持规定

在《水土保持法》颁布之前的1988年9月1日，国务院以国函〔1998〕113号文件批准并授权国家计划委员会和水利部联合发布《开发建设晋陕蒙地区水土保持规定》，于2011年1月8日根据《国务院关于废止和修改部分行政法规的决定》修订。本规定就晋陕蒙接壤地区(山西省河曲县、保德县、偏关县，陕西省神木县、府谷县、榆林县，内蒙古自治区准格尔旗、伊金霍洛旗、达拉特旗和东胜市)的开发建设活动进行了规范。这是一个专门针对部分地区开发建设行为而制定的水土保持法规，地域性明确，可操作性强。该规定在促进合理开发和利用晋陕蒙接壤地区资源，防止水土流失，保护生态环境中发挥了重要作用。

此外，《河道管理条例》《水库大坝安全管理条例》也明确了一些水土保持要求。如《河道管理条例》明确提出“在河道管理范围内，禁止弃置矿渣、石渣、煤灰、泥土、垃圾等”，以及《水库大坝安全管理条例》明确提出“禁止在大坝的集水区域内乱伐林木、陡坡开荒等导致水库淤积的活动。禁止在库区内围垦和进行采石、取土等危及山体的活动。”这些也是生产建设项目水土流失防治的一个重要要求。

(5)其他地方性法规

1991年《水土保持法》颁布实施后，除上海外的30个省(自治区、直辖市)的人大常委会相继发布并施行了《实施〈中华人民共和国水土保持法〉办法》。27个省会城市中，哈尔滨、长春、石家庄、呼和浩特、太原、南昌等7个城市出台了实施水土保持法的地方性法规。4 个经济特区中，深圳出台了地方性法规。其他 17 个较大城市中，大同、包头、大连、鞍山、抚顺、吉林、齐齐哈尔、青岛、淄博、邯郸 10 个城市出台了水土保持的地方性法规。这些法规的实施，建立了水土保持规划管理、陡坡禁垦、“四荒”治理、监督检查、监测公告制度，水土保持方案、水土保持补偿、监理监测等制度，强化了水土保持监督管理工作，有力地推动了水土保持监督管理工作。

3.1.3 规章

(1) 生产建设项目水土保持方案编报审批管理规定

1995 年 5 月 30 日，水利部发布了《开发建设项目水土保持方案编报审批管理规定》(水利部令第 5 号)，2005 年 7 月 8 日为满足新形势下水土保持工作的要求，水利部发布《关于修改部分水利行政许可规章的决定》(水利部令第 24 号)，对《开发建设项目水土保持方案编报审批管理规定》做了修改。修改后的规定共 16 条，包括编报方案的范围、后续设计的要求、分类分级管理、审批条件、方案变更、罚责等内容。目前，国家正根据新《水土保持法》有关规定，组织对第 5 号令进行修订。

(2) 水土保持生态环境监测网络管理办法

2000 年 1 月 31 日，水利部发布了《水土保持生态环境监测网络管理办法》(水利部令第 12 号)，该办法共 23 条，分 5 章。多个条款均提及了生产建设项目的水土保持监测问题。其中，第十条要求生产建设项目的建设和管理单位应设立专项监测点，依据批准的水土保持方案，对水土流失状况进行监测，并定期向项目所在地监测管理机构报告监测成果。该办法于 2014 年 8 月 19 日根据《水利部关于废止和修改部分规章的决定》修改。修改后将原第十二条“水土保持生态环境监测工作，须由具有水土保持生态环境监测资格证书单位承担”，修改为“水土保持生态环境监测工作，须由具有相应监测能力的单位承担”；将原第十三条“从事水土保持生态环境监测的专业技术人员须经专门技术培训，考试合格，取得水利部颁发的水土保持生态环境监测岗位证书，方可持证上岗”，修改为“从事水土保持生态环境监测的专业技术人员须经专门技术培训，具备相应的工作能力”。

(3) 生产建设项目水土保持设施验收管理办法

2002 年 10 月 14 日，水利部批准发布了《开发建设项目水土保持设施验收管理办法》(水利部令第 16 号)，2005 年 7 月 8 日，为满足新形势下水土保持工作的要求，水利部发布《关于修改部分水利行政许可规章的决定》(水利部令第 24 号)，对《开发建设项目水土保持设施验收管理办法》做了修改。

2015 年，12 月 16 日根据《水利部关于废止和修改部分规章的决定》(水利部令第 47 号)，将《开发建设项目水土保持设施验收管理办法》(2002 年 10 月 14 日水利部令第 16 号发布，2005 年 7 月 8 日水利部令第 24 号修改)第九条“县级以上人民政府水行政主管部门应当自收到验收申请之日起 3 个月内组织完成验收工作”，修改为“国务院水行政主管部门负责验收的生产建设项目，应当由国务院水行政主管部门委托有关技术机构进行技术评估省级水行政主管部门负责验收的开发建设项目，可以根据具体情况参照前款规定执行。地、县级水行政主管部门负责验收的开发建设项目，可以直接进行竣工验收。"

水利部于2016年发布了《水利部办公厅关于进一步加强生产建设项目水土保持设施验收工作的通知》(办水保〔2016〕227号)，以正确把握水土保持设施验收审批的性质和任务，切实落实生产建设单位的水土流失防治主体责任，进一步明确评估单位的技术支撑作用和把关责任，严格把好生产建设项目水土保持设施验收关，依法全面推进生产建设项目水土保持设施验收工作。

2017年，国务院发布了《国务院关于取消一批行政许可事项的决定》，取消40项国务院部门实施的行政许可事项和12项中央指定地方实施的行政许可事项，其中第38项：取消生产建设项目水土保持设施验收审批，取消审批后，水利部通过以下措施加强事中事后监管：①制定完善水土保持的有关标准和要求，生产建设单位按标准执行。②明确要求生产建设单位应当加强水土流失监测，在生产建设项目投产使用前，依据经批复的水土保持方案及批复意见，组织第三方机构编制水土保持设施验收报告，向社会公开并向水土保持方案审批机关报备。③水利部强化"生产建设项目水土保持方案审批"，加强对水土保持方案实施情况的跟踪检查，依法查处水土保持违法违规行为，处罚结果纳入国家信用平台，实行联合惩戒。该决定相当于取消了某些繁琐的流程及不必要的花费，减轻了建设单位(企业)的负担，但验收审批取消并不意味着验收工作的取消，是通过变更责任主体的方式理顺机制，逐步实施建设单位(企业)自行验收，以便更好地发挥验收的积极作用。

(4)水利工程建设监理规定

2006年12月18日，水利部发布《水利工程建设监理规定》(水利部令第28号)。该规定第三条规定，铁路、公路、城镇建设、矿山、电力、石油天然气、建材等生产建设项目的配套的水土保持工程，总投资超过200万元的，应当开展水土保持工程施工监理。该规定还明确了水利部及其流域机构和县级以上人民政府水行政主管部门对所辖区域内的建设监理工作实施监督管理。

(5)地方政府规章

省会(首府)城市中，南京、长沙、银川、西安、西宁、贵阳6个城市出台了关于水土保持工作的政府规章。经济特区厦门也出台了关于水土保持的政府规章。

3.1.4 规范性文件

水土保持的规范性文件一般是指国务院和水利部及相关部委颁布和发布的有关水土保持工作的文件。如1993年1月19日，国务院颁布了《国务院关于加强水土保持工作的通知》(国发〔1993〕5号)。

水利部于2013年发布了《全国水土保持规划国家级水土流失重点预防区和重点治理区复核划分成果》(办水保〔2013〕188号)，在原国家级水土流失重点防治区划分成果的基础上，根据《全国水土保持规划国家级水土流失重点防治区复核划分技术导则》，充分利用第一次全国水利普查成果，借鉴全国主体功能区规划和已批复实施的水土保持综合及专项规划等，进行对全国水土保持规划国家级水土流失重点预防区和重点治理区复核划分。

水利部还与原铁道部、原国家电力公司、原国家土地管理局、原国家有色金属工业局、国土资源部、原国家煤炭工业局、原地矿部、交通部、国务院三峡工程建设委员会办公室等部门联合发布了落实各行业生产建设项目水土保持工作的多项规定等。

3.2 水土保持执法监督管理体系

新《水土保持法》第四十三至四十六条，规定县级以上人民政府的水行政主管部门负责水土保持情况进行监督检查；并明确了监督检查的职权；第六章对相应的法律责任进行了明确的规定。

3.2.1 水土保持执法监督队伍体系框架

水土保持执法与监督队伍主要由3部分组成，一是各级水行政主管部门成立的专门水土保持执法与监督机构，设置专职水土保持执法与监督人员具体负责水土保持执法与监督工作，目前水利部、各流域机构、各省(自治区、直辖市)水利厅(局)、地(州、市)、县水行政主管部门都在机构内部设置了专门负责水土保持执法与监督的部门，或水行政执法机构行使水土保持执法与监督职能，如各级水行政主管部门的水土保持监督处(科、股)，水行政执法大队(中队、支队)，或委托水土保持监测站代行水土保持执法与监督职能。二是基层乡镇、村委会聘用的兼职水土保持监督检查人员，主要职能是水土流失预防和水土保持措施的管护。三是依靠各级人大、公检法、监察、发改委、银行、财政等部门以及广大群众对违反水土保持法规行为的公共监督。执法与监督人员在执法过程中，要佩戴执法标志，同时还必须持各级人民政府颁发的检查员证。

3.2.2 水土保持执法监督队伍现状

为加强水土保持监督执法体系建设，提高基层水土保持监督执法能力，近年来，水利部组织开展了两批水土保持监督管理能力建设活动，以县级为重点，通过完善配套法规体系，增强机构履职能力，规范行政管理行为等手段，全面提高水土保持依法行政水平。一是机构组建到位。两批能力建设县均设立了专门的水土保持机构，充实了人员队伍，共有专职监督管理人员7 000余人。二是人员素质明显提高。通过强化交流培训，举办各种不同层次和规模的培训班，全国累计培训监督管理人员2万多人(次)，基层队伍依法行政能力和水平明显提高。三是履职能力普遍提升。两批能力建设县全面落实了办公场所、工作经费、取证设备装备等保障措施。截至2015年，两批能力建设活动圆满完成，全国共有1 195个县按期达到了能力建设标准，通过了水利部组织的验收，涌现了诸如广东花都、湖北保康等一批能力建设先进县，地方水土保持部门监督管理能力得到显著提升。

3.2.3 水土保持执法监督机构基本职能

水土保持执法监督机构的职责和基本任务是贯彻水土保持法律、法规，围绕这个中心，其基本任务和具体职责主要包括以下几个方面。

(1)宣传水土保持法

要贯彻执行好水土保持法，首先要宣传好水土保持法，让广大民众了解水土保持法的基本内容，熟悉民众的水土保持责任和义务，知晓水土保持违法行为及其后果。水土保持执法与监督机构在整个执法过程中都应当将宣传工作贯穿始终，使人为造成水土流失的开发建设单位和个人知法、守法，并对破坏水土保持的行为进行检举、监督。

(2)依法保护和管理水土保持设施

中华人民共和国成立以来，全国治理水土流失面积 $1\times10^{6}km^{2}$，但由于缺乏有效管护手段，治理成果也受到破坏，因此，根据水土保持法赋予的权力，水土保持执法与监督机构对水土保持设施和治理成果的管护责任义不容辞。

(3)调解辖区内水土流失防治纠纷

水土流失防治工作中往往出现一些单位与单位之间、单位与个人之间、个人与个人之间矛盾和纠纷，这些矛盾一般因造成水土流失的诱因、防治责任范围或界限、水土保持设施管护等原因而起，可双方协商解决，协商不成的，水土保持监督机构有责任进行调解。

3.3 与水土保持法相关的自然资源和环境保护法律

与《水土保持法》紧密相关的法律有《水法》《土地管理法》《防沙治沙法》《森林法》《草原法》《野生动物保护法》和《矿产资源法》。其中，《水法》《土地管理法》《森林法》《草原法》《防洪法》和《矿产资源法》属于经济法；《防沙治沙法》和《野生动物保护法》属于行政法。

3.3.1 水法

水是重要的自然资源，随着人类社会的发展、科学的进步，水的供需矛盾越来越突出，水污染日益严重，洪涝灾害更加频繁。为此，许多国家通过立法加强对水资源的利用和保护。中国水资源丰富，但洪涝灾害也十分严重。因此，历代王朝都把治水列入重要公务活动，进行了大量的关于治水的立法。

《水法》是我国水资源方面的基本法律，是国家调整水的开发、利用、管理、保护、除害过程中发生的各种社会经济关系的法律规范的总称。主要内容有：①界定范围。在中华人民共和国领域内开发、利用、保护、管理水资源，防治水害，必须遵守水法。水资源包括地表水和地下水。②明确水资源所有权，即水资源属于全民所有和集体所有。③通过征收水费和水资源费等经济手段加强对水资源利用的管理。④加强政府对防汛抗洪工作的领导，规定了防汛指挥机构在紧急情况下可采取的措施。《水法》共分为8章82条。其中，8章分别为总则，水资源规划，水资源开发利用，水资源、水域和水工程的保护，水资源配置和节约使用，水事纠纷处理与执法监督检查，法律责任，附则。《水法》通篇都涉及水资源的保护，而与水土保持法相关的法律规定则集中体现在下列内容：

第四条　开发、利用、节约、保护水资源和防治水害，应当全面规划、统筹兼顾、标本兼治、综合利用、讲求效益，发挥水资源的多种功能，协调好生活、生产经营和生态环境用水。

第五条　县级以上人民政府应当加强水利基础设施建设，并将其纳入本级国民经济和社会发展计划。

第十一条　在开发、利用、节约、保护、管理水资源和防治水害等方面成绩显著的单位和个人，由人民政府给予奖励。

第十三条　国务院有关部门按照职责分工，负责水资源开发、利用、节约和保护的有关工作。

县级以上地方人民政府有关部门按照职责分工，负责本行政区域内水资源开发、利用、节约和保护的有关工作。

第十五条　流域范围内的区域规划应当服从流域规划，专业规划应当服从综合规划。

流域综合规划和区域综合规划以及与土地利用关系密切的专业规划，应当与国民经济和社会发展规划以及土地利用总体规划、城市总体规划和环境保护规划相协调，兼顾各地区、各行业的需要。

第十九条　建设水工程，必须符合流域综合规划。在国家确定的重要江河、湖泊和跨省、自治区、直辖市的江河、湖泊上建设水工程，未取得有关流域管理机构签署的符合流域综合规划要求的规划同意书的，建设单位不得开工建设；在其他江河、湖泊上建设水工程，未取得县级以上地方人民政府水行政主管部门按照管理权限签署的符合流域综合规划要求的规划同意书的，建设单位不得开工建设。水工程建设涉及防洪的，依照防洪法的有关规定执行；涉及其他地区和行业的，建设单位应当事先征求有关地区和部门的意见。

第二十条　开发、利用水资源，应当坚持兴利与除害相结合，兼顾上下游、左右岸和有关地区之间的利益，充分发挥水资源的综合效益，并服从防洪的总体安排。

第二十五条　地方各级人民政府应当加强对灌溉、排涝、水土保持工作的领导，促进农业生产发展；在容易发生盐碱化和渍害的地区，应当采取措施，控制和降低地下水的水位。

农村集体经济组织或者其成员依法在本集体经济组织所有的集体土地或者承包土地上投资兴建水工程设施的，按照谁投资建设谁管理和谁受益的原则，对水工程设施及其蓄水进行管理和合理使用。

农村集体经济组织修建水库应当经县级以上地方人民政府水行政主管部门批准。

第二十七条　国家鼓励开发、利用水运资源。在水生生物洄游通道、通航或者竹木流放的河流上修建永久性拦河闸坝，建设单位应当同时修建过鱼、过船、过木设施，或者经国务院授权的部门批准采取其他补救措施，并妥善安排施工和蓄水期间的水生生物保护、航运和竹木流放，所需费用由建设单位承担。

在不通航的河流或者人工水道上修建闸坝后可以通航的，闸坝建设单位应当同时修建过船设施或者预留过船设施位置。

第二十八条 任何单位和个人引水、截(蓄)水、排水，不得损害公共利益和他人的合法权益。

第三十一条 从事水资源开发、利用、节约、保护和防治水害等水事活动，应当遵守经批准的规划；因违反规划造成江河和湖泊水域使用功能降低、地下水超采、地面沉降、水体污染的，应当承担治理责任。

开采矿藏或者建设地下工程，因疏干排水导致地下水水位下降、水源枯竭或者地面塌陷，采矿单位或者建设单位应当采取补救措施；对他人生活和生产造成损失的，依法给予补偿。

第三十四条 禁止在饮用水水源保护区内设置排污口。

在江河、湖泊新建、改建或者扩大排污口，应当经过有管辖权的水行政主管部门或者流域管理机构同意，由环境保护行政主管部门负责对该建设项目的环境影响报告书进行审批。

第三十五条 从事工程建设，占用农业灌溉水源、灌排工程设施，或者对原有灌溉用水、供水水源有不利影响的，建设单位应当采取相应的补救措施；造成损失的，依法给予补偿。

第三十七条 禁止在江河、湖泊、水库、运河、渠道内弃置、堆放阻碍行洪的物体和种植阻碍行洪的林木及高秆作物。

禁止在河道管理范围内建设妨碍行洪的建筑物、构筑物以及从事影响河势稳定、危害河岸堤防安全和其他妨碍河道行洪的活动。

第三十八条 在河道管理范围内建设桥梁、码头和其他拦河、跨河、临河建筑物、构筑物，铺设跨河管道、电缆，应当符合国家规定的防洪标准和其他有关的技术要求，工程建设方案应当依照防洪法的有关规定报经有关水行政主管部门审查同意。

因建设前款工程设施，需要扩建、改建、拆除或者损坏原有水工程设施的，建设单位应当负担扩建、改建的费用和损失补偿。但是，原有工程设施属于违法工程的除外。

第三十九条 国家实行河道采砂许可制度。河道采砂许可制度实施办法，由国务院规定。

在河道管理范围内采砂，影响河势稳定或者危及堤防安全的，有关县级以上人民政府水行政主管部门应当划定禁采区和规定禁采期，并予以公告。

第四十条 禁止围湖造地。已经围垦的，应当按照国家规定的防洪标准有计划地退地还湖。

禁止围垦河道。确需围垦的，应当经过科学论证，经省、自治区、直辖市人民政府水行政主管部门或者国务院水行政主管部门同意后，报本级人民政府批准。

第四十一条　单位和个人有保护水工程的义务，不得侵占、毁坏堤防、护岸、防汛、水文监测、水文地质监测等工程设施。

第四十三条　国家对水工程实施保护。国家所有的水工程应当按照国务院的规定划定工程管理和保护范围。

国务院水行政主管部门或者流域管理机构管理的水工程，由主管部门或者流域管理机构商有关省、自治区、直辖市人民政府划定工程管理和保护范围。

前款规定以外的其他水工程，应当按照省、自治区、直辖市人民政府的规定，划定工程保护范围和保护职责。

在水工程保护范围内，禁止从事影响水工程运行和危害水工程安全的爆破、打井、采石、取土等活动。

此外，在“法律责任”一章中，对违反《水法》规定的单位、个人及其水土保持监督人员作出了明确的处罚规定。

第五十三条　新建、扩建、改建建设项目，应当制订节水措施方案，配套建设节水设施。节水设施应当与主体工程同时设计、同时施工、同时投产。

供水企业和自建供水设施的单位应当加强供水设施的维护管理，减少水的漏失。

3.3.2　土地管理法

土地法是国家为调整人们在土地的开发、利用、整治、保护和管理活动中所发生的各种社会关系而制定的法律规范的总称。即国家宪法、民法、行政法、经济法、刑法及其诉讼法中有关土地的规定，以及国家为调整土地方面的社会关系而专门制定的土地法律、法规和其他规范性文件。目的是维护统治阶级的土地经济利益，稳定有利于统治阶级的社会经济秩序和政治统治。

在我国，主要的土地法有《土地管理法》《中华人民共和国土地管理法实施条例》《土地登记规则》《中华人民共和国农村土地承包法》《中华人民共和国城市房地产管理法》《中华人民共和国土地增值税暂行条例》等。其中，《土地管理法》共8章86条，8章分别包括：总则、土地的所有权和使用权、土地利用总体规划、耕地保护、建设用地、监督检查、法律责任和附则，与水土保持法相关的法律规定则集中体现在下列方面：

第一条　为了加强土地管理，维护土地的社会主义公有制，保护、开发土地资源，合理利用土地，切实保护耕地，促进社会经济的可持续发展，根据宪法，制定本法。

第三条　十分珍惜、合理利用土地和切实保护耕地是我国的基本国策。各级人民政府应当采取措施，全面规划，严格管理，保护、开发土地资源，制止非法占用土地的行为。

第十九条　土地利用总体规划按照下列原则编制：

（一）严格保护基本农田，控制非农业建设占用农用地；

（二）提高土地利用率；

（三）统筹安排各类、各区域用地；

（四）保护和改善生态环境，保障土地的可持续利用；

（五）占用耕地与开发复垦耕地相平衡。

第二十三条　江河、湖泊综合治理和开发利用规划，应当与土地利用总体规划相衔接。在江河、湖泊、水库的管理和保护范围以及蓄洪滞洪区内，土地利用应当符合江河、湖泊综合治理和开发利用规划，符合河道、湖泊行洪、蓄洪和输水的要求。

第三十条　国家建立全国土地管理信息系统，对土地利用状况进行动态监测。

第三十二条　县级以上地方人民政府可以要求占用耕地的单位将所占用耕地耕作层的土壤用于新开垦耕地、劣质地或者其他耕地的土壤改良。

第三十五条　各级人民政府应当采取措施，维护排灌工程设施，改良土壤，提高地力，防止土地荒漠化、盐渍化、水土流失和污染土地。

第三十八条　国家鼓励单位和个人按照土地利用总体规划，在保护和改善生态环境，防止水土流失和土地荒漠化的前提下，开发未利用的土地；适宜开发为农用地的，应当优先开发成农用地。国家依法保护开发者的合法权益。

第三十九条　开垦未利用的土地，必须经过科学论证和评估，在土地利用总体规划划定的可开垦的区域内，经依法批准后进行。禁止毁坏森林、草原开垦耕地，禁止围湖造田和侵占江河滩地。根据土地利用总体规划，对破坏生态环境开垦、围垦的土地，有计划有步骤地退耕还林、还牧、还湖。

第四十条　开发未确定使用权的国有荒山、荒地、荒滩从事种植业、林业、畜牧业、渔业生产的，经县级以上人民政府依法批准，可以确定给开发单位或者个人长期使用。

第四十一条　国家鼓励土地整理。县、乡（镇）人民政府应当组织农村集体经济组织，按照土地利用总体规划，对田、水、路、林、村综合整治，提高耕地质量，增加有效耕地面积，改善农业生产条件和生态环境。地方各级人民政府应当采取措施，改造中、低产田，整治闲散地和废弃地。

另外，在“法律法规”一章中，对违反《土地管理法》有关规定的单位、组织及个人，制定了相应的制裁措施，以切实有效地保护和合理利用土地资源。

3.3.3　森林法

为了保护、培育和合理利用森林资源，加快国土绿化，发挥森林蓄水保土、调节气候、改善环境和提供林产品的作用，适应社会主义建设和人民生活的需要，特制定《森林法》。

《森林法》是林业法律、法规体系中的核心法律，也是林业的基本法律。该法对于我国林业事业的发展和森林资源的保护起到了重要的保障作用，为推动我国林业的健康发展提供了有力的法律保障。《森林法》规范了森林、林木、林地使用权流转，是森林资源使用权流转的法律依据，有力促进了林业改革和森林资源保护工作。经第九届全国人民代表大会常务委员会第二次会议于 1998 年 4 月 29 日审议通过的《关于修改〈中华人民共和国森林法〉的决定》修正，自 1998 年 7 月 1 日起施行。《森林法》共 7 章 49 条，7 章分别包括：总则、森林经营管理、森林保护、植树造林、森林采伐、法律责任和附则，其中与水土保持法相关的法律规定则集中体现在下列方面：

第一条　为了保护、培育和合理利用森林资源，加快国土绿化，发挥森林蓄水保土、调节气候、改善环境和提供林产品的作用，适应社会主义建设和人民生活的需要，特制定本法。

第二条　在中华人民共和国领域内从事森林、林木的培育种植、采伐利用和森林、林木、林地的经营管理活动，都必须遵守本法。

第四条　森林分为以下五类：

(一)防护林：以防护为主要目的的森林、林木和灌木丛，包括水源涵养林，水土保持林，防风固沙林，农田、牧场防护林，护岸林，护路林；

(二)用材林：以生产木材为主要目的的森林和林木，包括以生产竹材为主要目的的竹林；

(三) 经济林：以生产果品，食用油料、饮料、调料，工业原料和药材等为主要目的的林木；

(四)薪炭林：以生产燃料为主要目的的林木；

(五)特种用途林：以国防、环境保护、科学实验等为主要目的的森林和林木，包括国防林、实验林、母树林、环境保护林、风景林，名胜古迹和革命纪念地的林木，自然保护区的森林。

第五条　林业建设实行以营林为基础，普遍护林，大力造林，采育结合，永续利用的方针。

第十条　国务院林业主管部门主管全国林业工作。县级以上地方人民政府林业主管部门，主管本地区的林业工作。乡级人民政府设专职或者兼职人员负责林业工作。

第十一条　植树造林、保护森林，是公民应尽的义务。各级人民政府应当组织全民义务植树，开展植树造林活动。

第十三条　各级林业主管部门依照本法规定，对森林资源的保护、利用、更新，实行管理和监督。

第二十三条　禁止毁林开垦和毁林采石、采砂、采土以及其他毁林行为。禁止在幼林地和特种用途林内砍柴、放牧。进入森林和森林边缘地区的人员，不得擅自移动或者损坏为林业服务的标志。

第二十六条　各级人民政府应当制定植树造林规划，因地制宜地确定本地区提高森林覆盖率的奋斗目标。各级人民政府应当组织各行各业和城乡居民完成植树造林规划确定的任务。宜林荒山荒地，属于国家所有的，由林业主管部门和其他主管部门组织造林；属于集体所有的，由集体经济组织组织造林。铁路公路两旁、江河两侧、湖泊水库周围，由各有关主管单位因地制宜地组织造林；工矿区，机关、学校用地，部队营区以及农场、牧场、渔场经营地区，由各该单位负责造林。国家所有和集体所有的宜林荒山荒地可以由集体或者个人承包造林。

第二十八条　新造幼林地和其他必须封山育林的地方，由当地人民政府组织封山育林。

第三十一条　采伐森林和林木必须遵守下列规定：

（一）成熟的用材林应当根据不同情况，分别采取择伐、皆伐和渐伐方式，皆伐应当严格控制，并在采伐的当年或者次年内完成更新造林；

（二）防护林和特种用途林中的国防林、母树林、环境保护林、风景林，只准进行抚育和更新性质的采伐；

（三）特种用途林中的名胜古迹和革命纪念地的林木、自然保护区的森林，严禁采伐。

第三十五条 采伐林木的单位或者个人，必须按照采伐许可证规定的面积、株数、树种、期限完成更新造林任务，更新造林的面积和株数不得少于采伐的面积和株数。

最后，在第六章“法律责任”中，还对违反《森林法》的单位、个人及其执法与监督人员作了详细的惩处规定。

3.3.4 草原法

广义的草原法指国家为调整人们在开发、利用、保护、建设和管理草原资源过程中所产生的各种社会关系而制定的法律规范的总称。《草原法》是为了保护、建设和合理利用草原，改善生态环境，维护生物多样性，发展现代畜牧业，促进经济和社会的可持续发展，制定的法律法规。2013年6月29日第十二届全国人民代表大会常务委员会第三次会议通过《关于修改〈中华人民共和国文物保护法〉等十二部法律的决定》，自公布之日起施行。为了保护、建设和合理利用草原，改善生态环境，维护生物多样性，发展现代畜牧业，促进经济和社会的可持续发展，制定本法。

《草原法》共9章75条，这9章分别为：总则、草原权属、规划、建设、利用、保护、监督检查、法律责任和附则，其中与水土保持法相关的法律规定则集中体现在下列方面：

第三条 国家对草原实行科学规划、全面保护、重点建设、合理利用的方针，促进草原的可持续利用和生态、经济、社会的协调发展。

第十八条 编制草原保护、建设、利用规划，应当依据国民经济和社会发展规划并遵循下列原则：

（一）改善生态环境，维护生物多样性，促进草原的可持续利用；

（二）以现有草原为基础，因地制宜，统筹规划，分类指导；

（三）保护为主、加强建设、分批改良、合理利用；

（四）生态效益、经济效益、社会效益相结合。

第二十条 草原保护、建设、利用规划应当与土地利用总体规划相衔接，与环境保护规划、水土保持规划、防沙治沙规划、水资源规划、林业长远规划、城市总体规划、村庄和集镇规划以及其他有关规划相协调。

第二十五条 国家建立草原生产、生态监测预警系统。县级以上人民政府草原行政主管部门对草原的面积、等级、植被构成、生产能力、自然灾害、生物灾害等草原基本状况实行动态监测，及时为本级政府和有关部门提供动态监测和预警信息服务。

第二十八条 县级以上人民政府应当支持、鼓励和引导农牧民开展草原围栏、饲草饲料储备、牲畜圈舍、牧民定居点等生产生活设施的建设。县级以上地方人民政府应当支持草原水利设施建设，发展草原节水灌溉，改善人畜饮水条件。

第三十一条　对退化、沙化、盐碱化、石漠化和水土流失的草原，地方各级人民政府应当按照草原保护、建设、利用规划，划定治理区，组织专项治理。大规模的草原综合治理，列入国家国土整治计划。

第三十八条　进行矿藏开采和工程建设，应当不占或者少占草原；确需征用或者使用草原的，必须经省级以上人民政府草原行政主管部门审核同意后，依照有关土地管理的法律、行政法规办理建设用地审批手续。

第四十二条　国家实行基本草原保护制度。下列草原应当划为基本草原，实施严格管理：

（一）重要放牧场；

（二）割草地；

（三）用于畜牧业生产的人工草地、退耕还草地以及改良草地、草种基地；

（四）对调节气候、涵养水源、保持水土、防风固沙具有特殊作用的草原；

（五）作为国家重点保护野生动植物生存环境的草原；

（六）草原科研、教学试验基地；

（七）国务院规定应当划为基本草原的其他草原。

基本草原的保护管理办法，由国务院制定。

第四十五条　国家对草原实行以草定畜、草畜平衡制度。县级以上地方人民政府草原行政主管部门应当按照国务院草原行政主管部门制定的草原载畜量标准，结合当地实际情况，定期核定草原载畜量。各级人民政府应当采取有效措施，防止超载过牧。

第四十六条　禁止开垦草原。对水土流失严重、有沙化趋势、需要改善生态环境的已垦草原，应当有计划、有步骤地退耕还草；已造成沙化、盐碱化、石漠化的，应当限期治理。

第四十七条　对严重退化、沙化、盐碱化、石漠化的草原和生态脆弱区的草原，实行禁牧、休牧制度。

第四十九条　禁止在荒漠、半荒漠和严重退化、沙化、盐碱化、石漠化、水土流失的草原以及生态脆弱区的草原上采挖植物和从事破坏草原植被的其他活动。

第五十条　在草原上从事采土、采砂、采石等作业活动，应当报县级人民政府草原行政主管部门批准；开采矿产资源的，并应当依法办理有关手续。

经批准在草原上从事本条第一款所列活动的，应当在规定的时间、区域内，按照准许的采挖方式作业，并采取保护草原植被的措施。

在他人使用的草原上从事本条第一款所列活动的，还应当事先征得草原使用者的同意。

第五十一条　在草原上种植牧草或者饲料作物，应当符合草原保护、建设、利用规划；县级以上地方人民政府草原行政主管部门应当加强监督管理，防止草原沙化和水土流失。

第六十条　对违反草原法律、法规的行为，应当依法作出行政处理，有关草原行政主管部门不作出行政处理决定的，上级草原行政主管部门有权责令有关草原行政主管部门作出行政处理决定或者直接作出行政处理决定。

此外，在第八章“法律责任”中，还对违反《草原法》的单位、个人及其执法与监督人员作了详细的惩处规定。

3.3.5　野生动物保护法

历来，中国政府十分重视野生动物资源保护工作，也曾颁布过许多有关野生动物保护的法律、法规和文件。如《宪法》《刑法》《森林法》《草原法》《环境保护法》等中都规定了野生动物资源保护的有关内容。为了进一步保护、拯救珍贵、濒危野生动物，保护、发展和合理利用野生动物资源，维护生态平衡，我国于 1988 年 11 月正式颁布了《中华人民共和国野生动物保护法》，经 2004 年 8 月 28 日《关于修改〈中华人民共和国野生动物保护法〉的决定》第二次修正。2016 年 7 月 2 日第十二届全国人民代表大会常务委员会第二十一次会议修订，自 2017 年 1 月 1 日起施行。此外，中国政府还加入了《濒危野生动植物种轨迹贸易公约》，并通过了《关于惩治捕杀国家重点保护的珍贵、濒危野生动物犯罪的补充规定》等，有效保障了我国野生动物保护工作的全面落实。

《野生动物保护法》共 5 章 58 条，5 章分别为：总则、野生动物及栖息地保护、野生动物管理、法律责任和附则，其中与水土保持法相关的法律规定则集中体现在下列方面：

第十二条　国务院野生动物保护主管部门应当会同国务院有关部门，根据野生动物及其栖息地状况的调查、监测和评估结果，确定并发布野生动物重要栖息地名录。

省级以上人民政府依法划定相关自然保护区域，保护野生动物及其重要栖息地，保护、恢复和改善野生动物生存环境。对不具备划定相关自然保护区域条件的，县级以上人民政府可以采取划定禁猎（渔）区、规定禁猎（渔）期等其他形式予以保护。

禁止或者限制在相关自然保护区域内引入外来物种、营造单一纯林、过量施洒农药等人为干扰、威胁野生动物生息繁衍的行为。

相关自然保护区域，依照有关法律法规的规定划定和管理。

第十三条　县级以上人民政府及其有关部门在编制有关开发利用规划时，应当充分考虑野生动物及其栖息地保护的需要，分析、预测和评估规划实施可能对野生动物及其栖息地保护产生的整体影响，避免或者减少规划实施可能造成的不利后果。

禁止在相关自然保护区域建设法律法规规定不得建设的项目。机场、铁路、公路、水利水电、围堰、围填海等建设项目的选址选线，应当避让相关自然保护区域、野生动物迁徙洄游通道；无法避让的，应当采取修建野生动物通道、过鱼设施等措施，消除或者减少对野生动物的不利影响。

建设项目可能对相关自然保护区域、野生动物迁徙洄游通道产生影响的，环境影响评价文件的审批部门在审批环境影响评价文件时，涉及国家重点保护野生动物的，应当征求国务院野生动物保护主管部门意见；涉及地方重点保护野生动物的，应当征求省、自治区、直辖市人民政府野生动物保护主管部门意见。

3.3.6 矿产资源法

有用的矿物在地壳中或地表聚集起来达到工农业利用要求时，便成为矿产。矿产资源是重要的自然资源，属于不可再生资源。矿产资源是人类生活和生产的重要物质基础。矿产资源的数量是有限的，随着人类不断地开采利用，有些矿产可能会短缺甚至枯竭。一个国家对矿产资源的开发利用程度，代表着这个国家的经济发展水平。同样，我国也十分重视矿产资源的合理利用与保护，先后颁布、通过、发布了《中华人民共和国矿业法》《矿产资源法》《矿产资源勘察登记管理暂行办法》《全民所有制企业采矿登记暂行管理办法》《矿产资源监督管理暂行办法》等法律、法规体系。尤其是1986年3月通过的《矿产资源法》，在发展我国矿业，加强矿产资源的勘查、开发利用和保护工作等方面，起到了极其重要的作用。

《矿产资源法》共7章53条，7章分别为：总则、矿产资源勘查的登记和开采的审批、矿产资源的勘查、矿产资源的开采、集体矿山企业和个体采矿、法律责任和附则，其中与水土保持法相关的法律规定则集中体现在下列方面：

第七条　国家对矿产资源的勘查、开发实行统一规划、合理布局、综合勘查、合理开采和综合利用的方针。

第二十条　非经国务院授权的有关主管部门同意，不得在下列地区开采矿产资源：

（一）港口、机场、国防工程设施圈定地区以内；

（二）重要工业区、大型水利工程设施、城镇市政工程设施附近一定距离以内；

（三）铁路、重要公路两侧一定距离以内；

（四）重要河流、堤坝两侧一定距离以内；

（五）国家划定的自然保护区、重要风景区，国家重点保护的不能移动的历史文物和名胜古迹所在地；

（六）国家规定不得开采矿产资源的其他地区。

第二十一条　关闭矿山，必须提出矿山闭坑报告及有关采掘工程、不安全隐患、土地复垦利用、环境保护的资料，并按照国家规定报请审查批准。

第三十二条　开采矿产资源，必须遵守有关环境保护的法律规定，防止污染环境。开采矿产资源，应当节约用地。耕地、草原、林地因采矿受到破坏的，矿山企业应当因地制宜地采取复垦利用、植树种草或者其他利用措施。

3.3.7 防沙治沙法

《中华人民共和国法防沙治沙法》自2002年1月1日起施行。其主要目的是为预防土地沙化，治理沙化土地，维护生态安全，促进经济和社会的可持续发展而制定的法律。它具有特定的范围。《防沙治沙法》共7章47条，7章分别为总则、防沙治沙规划、土地沙化的预防、沙化土地的治理、保障措施、法律责任和附则。其中与水土保持法相关的法律规定则集中体现在下列方面：

第一条　为预防土地沙化，治理沙化土地，维护生态安全，促进经济和社会的可持续发展，制定本法。

第二条　在中华人民共和国境内，从事土地沙化的预防、沙化土地的治理和开发利用活动，必须遵守本法。

土地沙化是指因气候变化和人类活动所导致的天然沙漠扩张和沙质土壤上植被破坏、沙土裸露的过程。本法所称土地沙化，是指主要因人类不合理活动所导致的天然沙漠扩张和沙质土壤上植被及覆盖物被破坏，形成流沙及沙土裸露的过程。本法所称沙化土地，包括已经沙化的土地和具有明显沙化趋势的土地。具体范围，由国务院批准的全国防沙治沙规划确定。

第三条　防沙治沙工作应当遵循以下原则：

（一）统一规划，因地制宜，分步实施，坚持区域防治与重点防治相结合；

（二）预防为主，防治结合，综合治理；

（三）保护和恢复植被与合理利用自然资源相结合；

（四）遵循生态规律，依靠科技进步；

（五）改善生态环境与帮助农牧民脱贫致富相结合；

（六）国家支持与地方自力更生相结合，政府组织与社会各界参与相结合，鼓励单位、个人承包防治；

（七）保障防沙治沙者的合法权益。

第四条　国务院和沙化土地所在地区的县级以上地方人民政府，应当将防沙治沙纳入国民经济和社会发展计划，保障和支持防沙治沙工作的开展。

沙化土地所在地区的地方各级人民政府，应当采取有效措施，预防土地沙化，治理沙化土地，保护和改善本行政区域的生态质量。

国家在沙化土地所在地区，建立政府行政领导防沙治沙任期目标责任考核奖惩制度。沙化土地所在地区的县级以上地方人民政府，应当向同级人民代表大会及其常务委员会报告防沙治沙工作情况。

第五条　在国务院领导下，国务院林业行政主管部门负责组织、协调、指导全国防沙治沙工作。

国务院林业、农业、水利、土地、环境保护等行政主管部门和气象主管机构，按照有关法律规定的职责和国务院确定的职责分工，各负其责，密切配合，共同做好防沙治沙工作。

县级以上地方人民政府组织、领导所属有关部门，按照职责分工，各负其责，密切配合，共同做好本行政区域的防沙治沙工作。

第六条　使用土地的单位和个人，有防止该土地沙化的义务。

使用已经沙化的土地的单位和个人，有治理该沙化土地的义务。

第七条　国家支持防沙治沙的科学研究和技术推广工作，发挥科研部门、机构在防沙治沙工作中的作用，培养防沙治沙专门技术人员，提高防沙治沙的科学技术水平。国家支持开展防沙治沙的国际合作。

第九条　沙化土地所在地区的各级人民政府应当组织有关部门开展防沙治沙知识

的宣传教育，增强公民的防沙治沙意识，提高公民防沙治沙的能力。

第十条 防沙治沙实行统一规划。从事防沙治沙活动，以及在沙化土地范围内从事开发利用活动，必须遵循防沙治沙规划。

防沙治沙规划应当对遏制土地沙化扩展趋势，逐步减少沙化土地的时限、步骤、措施等作出明确规定，并将具体实施方案纳入国民经济和社会发展五年计划和年度计划。

第十一条 国务院林业行政主管部门会同国务院农业、水利、土地、环境保护等有关部门编制全国防沙治沙规划，报国务院批准后实施。

省、自治区、直辖市人民政府依据全国防沙治沙规划，编制本行政区域的防沙治沙规划，报国务院或者国务院指定的有关部门批准后实施。

沙化土地所在地区的市、县人民政府，应当依据上一级人民政府的防沙治沙规划，组织编制本行政区域的防沙治沙规划，报上一级人民政府批准后实施。

防沙治沙规划的修改，须经原批准机关批准；未经批准，任何单位和个人不得改变防沙治沙规划。

第十二条 编制防沙治沙规划，应当根据沙化土地所处的地理位置、土地类型、植被状况、气候和水资源状况、土地沙化程度等自然条件及其所发挥的生态、经济功能，对沙化土地实行分类保护、综合治理和合理利用。

在规划期内不具备治理条件的以及因保护生态的需要不宜开发利用的连片沙化土地，应当规划为沙化土地封禁保护区，实行封禁保护。沙化土地封禁保护区的范围，由全国防沙治沙规划以及省、自治区、直辖市防沙治沙规划确定。

第十三条 防沙治沙规划应当与土地利用总体规划相衔接；防沙治沙规划中确定的沙化土地用途，应当符合本级人民政府的土地利用总体规划。

第十六条 沙化土地所在地区的县级以上地方人民政府应当按照防沙治沙规划，划出一定比例的土地，因地制宜地营造防风固沙林网、林带，种植多年生灌木和草本植物。由林业行政主管部门负责确定植树造林的成活率、保存率的标准和具体任务，并逐片组织实施，明确责任，确保完成。

除了抚育更新性质的采伐外，不得批准对防风固沙林网、林带进行采伐。在对防风固沙林网、林带进行抚育更新性质的采伐之前，必须在其附近预先形成接替林网和林带。

对林木更新困难地区已有的防风固沙林网、林带，不得批准采伐。

第十七条 禁止在沙化土地上砍挖灌木、药材及其他固沙植物。

沙化土地所在地区的县级人民政府，应当制定植被管护制度，严格保护植被，并根据需要在乡(镇)、村建立植被管护组织，确定管护人员。

在沙化土地范围内，各类土地承包合同应当包括植被保护责任的内容。

第十八条 草原地区的地方各级人民政府，应当加强草原的管理和建设，由农(牧)业行政主管部门负责指导、组织农牧民建设人工草场，控制载畜量，调整牲畜结构，改良牲畜品种，推行牲畜圈养和草场轮牧，消灭草原鼠害、虫害，保护草原植被，防止草原退化和沙化。

草原实行以产草量确定载畜量的制度。由农(牧)业行政主管部门负责制定载畜量的标准和有关规定，并逐级组织实施，明确责任，确保完成。

第十九条 沙化土地所在地区的县级以上地方人民政府水行政主管部门，应当加强流域和区域水资源的统一调配和管理，在编制流域和区域水资源开发利用规划和供水计划时，必须考虑整个流域和区域植被保护的用水需求，防止因地下水和上游水资源的过度开发利用，导致植被破坏和土地沙化。该规划和计划经批准后，必须严格实施。

沙化土地所在地区的地方各级人民政府应当节约用水，发展节水型农牧业和其他产业。

第二十条 沙化土地所在地区的县级以上地方人民政府，不得批准在沙漠边缘地带和林地、草原开垦耕地；已经开垦并对生态产生不良影响的，应当有计划地组织退耕还林还草。

第二十一条 在沙化土地范围内从事开发建设活动的，必须事先就该项目可能对当地及相关地区生态产生的影响进行环境影响评价，依法提交环境影响报告；环境影响报告应当包括有关防沙治沙的内容。

第二十二条 在沙化土地封禁保护区范围内，禁止一切破坏植被的活动。

禁止在沙化土地封禁保护区范围内安置移民。对沙化土地封禁保护区范围内的农牧民，县级以上地方人民政府应当有计划地组织迁出，并妥善安置。沙化土地封禁保护区范围内尚未迁出的农牧民的生产生活，由沙化土地封禁保护区主管部门妥善安排。

未经国务院或者国务院指定的部门同意，不得在沙化土地封禁保护区范围内进行修建铁路、公路等建设活动。

第二十三条 沙化土地所在地区的地方各级人民政府，应当按照防沙治沙规划，组织有关部门、单位和个人，因地制宜地采取人工造林种草、飞机播种造林种草、封沙育林育草和合理调配生态用水等措施，恢复和增加植被，治理已经沙化的土地。

第二十四条 国家鼓励单位和个人在自愿的前提下，捐资或者以其他形式开展公益性的治沙活动。

县级以上地方人民政府林业或者其他有关行政主管部门，应当为公益性治沙活动提供治理地点和无偿技术指导。

从事公益性治沙的单位和个人，应当按照县级以上地方人民政府林业或者其他有关行政主管部门的技术要求进行治理，并可以将所种植的林、草委托他人管护或者交由当地人民政府有关行政主管部门管护。

第二十五条 使用已经沙化的国有土地的使用权人和农民集体所有土地的承包经营权人，必须采取治理措施，改善土地质量；确实无能力完成治理任务的，可以委托他人治理或者与他人合作治理。委托或者合作治理的，应当签订协议，明确各方的权利和义务。

沙化土地所在地区的地方各级人民政府及其有关行政主管部门、技术推广单位，应当为土地使用权人和承包经营权人的治沙活动提供技术指导。

采取退耕还林还草、植树种草或者封育措施治沙的土地使用权人和承包经营权人，按照国家有关规定，享受人民政府提供的政策优惠。

第二十六条 不具有土地所有权或者使用权的单位和个人从事营利性治沙活动的，应当先与土地所有权人或者使用权人签订协议，依法取得土地使用权。

在治理活动开始之前，从事营利性治沙活动的单位和个人应当向治理项目所在地的县级以上地方人民政府林业行政主管部门或者县级以上地方人民政府指定的其他行政主管部门提出治理申请，并附具下列文件：

(一)被治理土地权属的合法证明文件和治理协议；

(二)符合防沙治沙规划的治理方案；

(三)治理所需的资金证明。

第二十七条 本法第二十六条第二款第二项所称治理方案，应当包括以下内容：

(一)治理范围界限；

(二)分阶段治理目标和治理期限；

(三)主要治理措施；

(四)经当地水行政主管部门同意的用水来源和用水量指标；

(五)治理后的土地用途和植被管护措施；

(六)其他需要载明的事项。

第二十八条 从事营利性治沙活动的单位和个人，必须按照治理方案进行治理。

国家保护沙化土地治理者的合法权益。在治理者取得合法土地权属的治理范围内，未经治理者同意，其他任何单位和个人不得从事治理或者开发利用活动。

第三十条 已经沙化的土地范围内的铁路、公路、河流和水渠两侧，城镇、村庄、厂矿和水库周围，实行单位治理责任制，由县级以上地方人民政府下达治理责任书，由责任单位负责组织造林种草或者采取其他治理措施。

第三十一条 沙化土地所在地区的地方各级人民政府，可以组织当地农村集体经济组织及其成员在自愿的前提下，对已经沙化的土地进行集中治理。农村集体经济组织及其成员投入的资金和劳力，可以折算为治理项目的股份、资本金，也可以采取其他形式给予补偿。

第三十二条 国务院和沙化土地所在地区的地方各级人民政府应当在本级财政预算中按照防沙治沙规划通过项目预算安排资金，用于本级人民政府确定的防沙治沙工程。在安排扶贫、农业、水利、道路、矿产、能源、农业综合开发等项目时，应当根据具体情况，设立若干防沙治沙子项目。

第三十三条 国务院和省、自治区、直辖市人民政府应当制定优惠政策，鼓励和支持单位和个人防沙治沙。

县级以上地方人民政府应当按照国家有关规定，根据防沙治沙的面积和难易程度，给予从事防沙治沙活动的单位和个人资金补助、财政贴息以及税费减免等政策优惠。

单位和个人投资进行防沙治沙的，在投资阶段免征各种税收；取得一定收益后，可以免征或者减征有关税收。

第三十四条 使用已经沙化的国有土地从事治沙活动的，经县级以上人民政府依法批准，可以享有不超过七十年的土地使用权。具体年限和管理办法，由国务院规定。

使用已经沙化的集体所有土地从事治沙活动的，治理者应当与土地所有人签订土地承包合同。具体承包期限和当事人的其他权利、义务由承包合同双方依法在土地承包合同中约定。县级人民政府依法根据土地承包合同向治理者颁发土地使用权证书，保护集体所有沙化土地治理者的土地使用权。

第三十五条 因保护生态的特殊要求，将治理后的土地批准划为自然保护区或者沙化土地封禁保护区的，批准机关应当给予治理者合理的经济补偿。

第三十六条 国家根据防沙治沙的需要，组织设立防沙治沙重点科研项目和示范、推广项目，并对防沙治沙、沙区能源、沙生经济作物、节水灌溉、防止草原退化、沙地旱作农业等方面的科学研究与技术推广给予资金补助、税费减免等政策优惠。

第三十八条 违反本法第二十二条第一款规定，在沙化土地封禁保护区范围内从事破坏植被活动的，由县级以上地方人民政府林业、农(牧)业行政主管部门按照各自的职责，责令停止违法行为；有违法所得的，没收其违法所得；构成犯罪的，依法追究刑事责任。

第三十九条 违反本法第二十五条第一款规定，国有土地使用权人和农民集体所有土地承包经营权人未采取防沙治沙措施，造成土地严重沙化的，由县级以上地方人民政府农(牧)业、林业行政主管部门按照各自的职责，责令限期治理；造成国有土地严重沙化的，县级以上人民政府可以收回国有土地使用权。

第四十条 违反本法规定，进行营利性治沙活动，造成土地沙化加重的，由县级以上地方人民政府负责受理营利性治沙申请的行政主管部门责令停止违法行为，可以并处每公顷五千元以上五万元以下的罚款。

第四十二条 违反本法第二十八条第二款规定，未经治理者同意，擅自在他人的治理范围内从事治理或者开发利用活动的，由县级以上地方人民政府负责受理营利性治沙申请的行政主管部门责令停止违法行为；给治理者造成损失的，应当赔偿损失。

第四十三条 违反本法规定，有下列情形之一的，对直接负责的主管人员和其他直接责任人员，由所在单位、监察机关或者上级行政主管部门依法给予行政处分：

(一)违反本法第十五条第一款规定，发现土地发生沙化或者沙化程度加重不及时报告的，或者收到报告后不责成有关行政主管部门采取措施的；

(二)违反本法第十六条第二款、第三款规定，批准采伐防风固沙林网、林带的；

(三)违反本法第二十条规定，批准在沙漠边缘地带和林地、草原开垦耕地的；

(四)违反本法第二十二条第二款规定，在沙化土地封禁保护区范围内安置移民的；

(五)违反本法第二十二条第三款规定，未经批准在沙化土地封禁保护区范围内进行修建铁路、公路等建设活动的。

第四十六条 本法第五条第二款中所称的有关法律，是指《中华人民共和国森林法》《中华人民共和国草原法》《中华人民共和国水土保持法》《中华人民共和国土地管理法》《中华人民共和国环境保护法》和《中华人民共和国气象法》。

3.3.8 防洪法

《防洪法》自1997年11月1日第八届全国人民代表大会常务委员会第二十八次会议通过，2007年10月28日第十届全国人民代表大会常务委员会第三十次会议修订，根据2016年7月2日第十二届全国人民代表大会常务委员会第二十一次会议通过的《全国人民代表大会常务委员会关于修改〈中华人民共和国节约能源法〉等六部法律的决定》修改。其包括总则、防洪规划、治理与防护、防洪区和防洪工程设施的管理、防汛抗洪、保障措施、法律责任和附则共8章65条。其中与水土保持法相关的法律规定则集中体现在下列方面：

第一条 为了防治洪水，防御、减轻洪涝灾害，维护人民的生命和财产安全，保障社会主义现代化建设顺利进行，制定本法。

第二条 防洪工作实行全面规划、统筹兼顾、预防为主、综合治理、局部利益服从全局利益的原则。

第三条 防洪工程设施建设，应当纳入国民经济和社会发展计划。

防洪费用按照政府投入同受益者合理承担相结合的原则筹集。

第四条 开发利用和保护水资源，应当服从防洪总体安排，实行兴利与除害相结合的原则。

江河、湖泊治理以及防洪工程设施建设，应当符合流域综合规划，与流域水资源的综合开发相结合。

本法所称综合规划是指开发利用水资源和防治水害的综合规划。

第十三条 山洪可能诱发山体滑坡、崩塌和泥石流的地区以及其他山洪多发地区的县级以上地方人民政府，应当组织负责地质矿产管理工作的部门、水行政主管部门和其他有关部门对山体滑坡、崩塌和泥石流隐患进行全面调查，划定重点防治区，采取防治措施。

城市、村镇和其他居民点以及工厂、矿山、铁路和公路干线的布局，应当避开山洪威胁；已经建在受山洪威胁的地方的，应当采取防御措施。

第十四条 平原、洼地、水网圩区、山谷、盆地等易涝地区的有关地方人民政府，应当制定除涝治涝规划，组织有关部门、单位采取相应的治理措施，完善排水系统，发展耐涝农作物种类和品种，开展洪涝、干旱、盐碱综合治理。

城市人民政府应当加强对城区排涝管网、泵站的建设和管理。

第十八条 防治江河洪水，应当蓄泄兼施，充分发挥河道行洪能力和水库、洼淀、湖泊调蓄洪水的功能，加强河道防护，因地制宜地采取定期清淤疏浚等措施，保持行洪畅通。

防治江河洪水，应当保护、扩大流域林草植被，涵养水源，加强流域水土保持综合治理。

思 考 题

1. 简述水土保持执法监督队伍体系框架。
2.《水法》规定的水资源开发利用原则有哪些？
3. 我国土地利用总体规划的编制原则有哪些？
4. 简述《森林法》规定的森林保护措施。
5. 简述《草原法》规定的合理利用和保护草原的措施。
6. 我国对矿产资源在勘查、开采过程中的保护管理制度和措施有哪些？
7. 防沙治沙规划的治理方案的内容有哪些？

第4章

水土保持规划

【本章提要】新《水土保持法》强化了水土保持规划的法律地位，增加了“规划”专章，对水土保持规划的编制依据和基础、内容、程序及规划要点作了明确规定。本章依据新《水土保持法》，对水土保持规划作出详细说明。

4.1 水土保持规划的基础

4.1.1 水土保持规划编制的原则和基础

(1)水土流失调查结果和重点防治区的划定是编制水土保持规划的基础

水土保持是一项复杂的、综合性很强的系统工程，涉及水利、国土、农业、林业、交通、能源等多学科、多领域、多行业、多部门。编制水土保持规划一定要坚持统筹协调的原则，充分考虑自然、经济和社会等多方面的影响因素，协调好各方面关系，规划好水土保持目标、措施和重点，最大限度地提高水土流失防治水平和综合效益。

(2)统筹协调、分类指导是水土保持规划编制应遵循的原则

我国幅员辽阔，自然、经济、社会条件差异大，水土流失范围广、面积大，形式多样、类型复杂。水力、风力、重力、冻融及混合侵蚀特点各异，防治对策和治理模式各不相同。因此，必须从实际出发，坚持分类指导的原则，对不同区域、不同侵蚀类型区水土流失的预防和治理区别对待，因地施策、因势利导，不能“一刀切”。

4.1.2 水土流失调查

水土流失调查是指在全国范围内定期开展普查的一项制度。定期开展水土流失调查一般要求调查周期与国民经济和社会发展规划相协调，如国家特殊需要也可适时开展调查。

水土流失面积、分布状况有着明显的时段特征，存在一个从量变到质变的过程，定期在全国范围内开展调查的频次要适度。过于频繁，不能反映水土流失的宏观变化，实际意义也不大，一定程度上还会造成人力、物力和财力的浪费；间隔过长，无法掌握水土流失变化情况，也会淡化社会对水土流失的警觉和关注，很大程度上影响政府的宏观决策。根据我国以往开展全国调查的经验，5年开展一次比较适宜。

水土流失调查结果的公告内容主要应包括：水土流失面积、侵蚀类型(包括水力侵蚀、重力侵蚀、风力侵蚀、冻融侵蚀)、分布状况(行政区域和流域)、流失程度(土壤侵蚀模数和土壤侵蚀强度)、水土流失成因(自然因素与人为因素)、水土流失造成危害及其趋势、水土流失防治情况及其效益等。

4.1.2.1 水土流失调查的内容

水土流失调查的内容一般是根据事先明确的规划、设计、监督、监测等任务确定的。以水土流失综合调查为例，简述调查的内容。

(1) 自然情况

①地质 包括地质构造，地层的地质浓度、产状和岩性，分布面积范围，风化程度，风化层厚度以及突发性和灾害性地质现象，如地震、新构造运动、地下水活动及各种不良地质运动等。

②地貌与地形 大中尺度地貌调查：了解山地(高山、中山、低山)、高原、丘陵、平原、阶地、沙漠等地形以及大面积的森林、草原等天然植被，作为大面积水土保持规划中划分类型区的主要依据之一；小尺度地貌调查：如塬面、梁峁顶、梁峁坡、沟坡、沟道、山坡、冲洪积扇、阶地、水域、坡麓等；地形及小流域特征和形态调查：以小流域为单元进行地形测量或利用现有的地形图进行有关项目的量算，并在上、中、下游各选有代表性的坡面和沟道、逐坡逐沟地进行现场调查，了解以下情况：流域地理位置、面积、高程、高差、流域干沟、支沟长度、宽度、沟底平均比降、流域形状、地貌类型、坡面坡度、坡形、坡长、坡向、坡位、沟壑密度等。

③土壤和地表物质 主要有土壤类型、土壤质地、土壤厚度、土壤养分等；地表组成物质一般可用风化岩壳组成来说明。

(2) 自然资源

①土地资源 一般主要是土地利用现状调查。土地利用现状调查按照国家标准进行分类调查，确定不同土地类型的土地利用方式、面积、土地的质量等。对于水土保持而言，需要在国家二级分类的基础上，根据有关因子或指标进一步进行分类和分级。一般将坡度分为六级，将耕地中的旱地分为旱平地、梯田、坡耕地、沟川坝地等；坡耕地再根据坡度划分，梯田可分为水平和坡式两类。

②水资源 以调查地面水为主，同时调查地下水。包括：年径流量、暴雨量、洪峰流量、洪水过程线、年际及年内分布、可利用的水量等；地下水资源类型，储量、分布、可开发利用量等；地表水和地下水资源的水质，是否符合生活饮用水质标准或农田灌溉用水水质标准。

此外，对于人畜饮水困难地区还要调查其分布范围、面积，涉及的县、乡、村与人口、牲畜数量，困难具体程度和解决的途径。

③气候资源 光能包括有太阳辐射和日照时数；热量包括农业界限温度稳定出现的始现、终止日期、持续日期、积温、无霜期、最热月和最冷月的平均气温等；降水包括多年平均降水量及其分配情况；年均及最大、最小蒸发量，干燥度等；风包括平均和最大风速、风向、风季等以及气象灾害，主要指涝灾、旱灾、风灾、冻灾及病虫

等灾害天气出现时间、频率及危险程度等。

④生物资源　着重调查有开发利用价值的植物资源和动物资源，以植物资源为主。主要包括森林，如森林的起源、结构、类型、树种、年龄、平均树高、平均胸径、林冠郁闭度；灌草的覆盖度、生长势、枯枝落叶层等；草地，如草地的起源、类型、覆盖度、草种、生长势、草原高度、草场利用方式和利用程度、轮牧、轮作周期等；农作物，如作物的种类、品种、播种面积、作物产量等。动物资源主要指野生动物和人工饲养动物的种类、数量、用途、饲养方式、价值等。

⑤矿产资源　包括矿产资源的类别、储量、品种、质量、分布、开发利用条件等。着重了解煤、铁、铝、铜、石油、天然气等各类矿藏分布范围、蕴藏量、开发情况、矿业开发对当地群众生产生活和水土流失、水土保持的影响、发展前景等。对因开矿造成水土流失的，应选有代表性的位置，具体测算其废土、弃石剥离量与年均新增土壤流失量。

⑥旅游资源　包括旅游资源的类型、数量，质量，特点，开发利用条件及其价值等。

(3)水土流失

①水土流失现状情况调查　包括水土流失的类型、分布、强度、潜在危险程度。着重调查不同侵蚀类型(水力侵蚀、重力侵蚀、风力侵蚀)及其侵蚀强度(微度、轻度、中度、强度、极强度、剧烈)的分布面积、位置与相应的侵蚀模数，并据此推算调查区的年均侵蚀总量。

②水土流失危害的调查　包括对当地的危害和对下游的危害两方面。对当地的危害着重调查降低土壤肥力和破坏地面完整。

降低土壤肥力主要了解由于水土流失，使土壤含水量和氮、磷、钾、有机质等含量变低、孔隙率变小、容重增大等情况，同时，相应地调查由于土壤肥力下降增加了干旱威胁，使农作物产量低而不稳等问题。

破坏地面完整主要对侵蚀活跃的沟头，现场调查其近几十年来的前进速度(m/a)，年均吞蚀土地的面积(hm^2/a)。

③对下游的危害的调查　包括加剧洪涝灾害，泥沙淤塞水库、塘坝、农田、河道、湖泊、港口等。

④水土流失成因调查　结合自然条件的调查，了解地形、降水、土壤(地面组成物质)、植被等主要自然因素对水土流失的影响以及人为活动(如开矿、修路、陡坡开荒、滥牧、滥伐等)破坏地貌和植被而新增的水土流失量。

⑤水土保持情况调查　包括各项水土保持生态环境建设水土保持现状，水土保持措施的数量、质量及其分布，投入定额、效益、经验和存在问题。

(4)社会经济调查

①人口情况调查　包括人口和劳动力调查，如户数、总人口、男女人口、人口年龄结构、人口密度、出生率、死亡率和人口自然增长率、平均年龄、老龄化指数、抚养指数、城镇人口、农村人口、农村人口中从事农业和非农业的人口等。劳动力包括总劳动力、劳动力结构、劳动力使用情况等；人口质量包括人口的文化素质(文化程

度、科技水平、劳动技能、生产经验等)、人口体力等。

②生产情况调查　包括产业结构，如农林牧、副、工商业的产值结构；产品结构，土地利用结构等；生产水平和技术，如种植业中的耕地组成、作物组成、各类作物的投入和产出状况、生产方式、生产工具和管理水平等；林果业中的林种、树种、产值、产品及投入产出状况、管理技术、作业工具、方式等；畜牧业中的畜群结构、畜产品及产值、投入产出状况、饲养规模、水平等；副业的类型、投入产出状况等；渔业中的人工养殖和天然捕捞的产品种类、利用或捕捞水面的面积、产品产值、投入产出状况和技术水平等；其他产业，包括工业、建筑业、交通运输业、服务行业的产品、产值、发展前景等。

③群众生活水平　包括收入水平，如人均收入、收入来源；生活、消费水平包括人均居住面积、平均寿命、适龄儿童入学率、消费支出、消费结构、能源消耗的种类、来源等；人畜饮水困难和燃料、饲料、肥料缺乏情况等。

④社会、经济环境　包括政策环境，如国家目前所采取的有关水土保持生态环境建设、资源保护、投资等方面的政策；流域内外的交通条件和市场条件等。

4.1.2.2 综合调查的方法

(1)询问调查

询问调查是将拟调查事项，有计划地以多种询问方式向被调查者提出问题，通过他们的回答来获得有关信息和资料的一种调查方法。询问调查是一种广泛应用于社会和市场调查的方法，也是国际上通用的一种调查方法。

询问调查主要应用于调查公众对水土保持政策法规的了解和认识程度，对水土流失及其防治的观点和看法，对水土流失危害和水土保持的认识与评价，以及公众对水土保持的参与程度；调查专家对水土保持政策、法规及水土保持科学技术的研究、推广和应用的认识、看法与观点；总结水土流失及其防治方面的经验、存在的问题和解决的办法。同时，通过询问可进一步了解和掌握与水土保持有关的一些社会经济情况，弥补统计资料的遗漏与不足。

询问调查可分为面谈、电话访问、发表调查、问卷调查、邮送或网络调查等多种形式。

询问调查的最大特点在于整个访问过程是调查者与被调查者直接(或间接)见面，相互影响、相互作用。因此，询问调查要取得成功，不仅要求调查者做好各种调查准备工作，熟练掌握访谈技巧，还要求被调查者的密切配合。

(2)收集资料

收集资料是调查中最便捷的一种方法，它能够有效利用已有的各种资料，为水土保持监测服务，其费用低，效率高。但在众多的资料中分析出有用的数据和成分是收集资料的关键。收集资料主要是指收集、取得并利用现有资料，对某一专题进行研究的一种调查形式。

收集资料应用于水土保持可调查以下内容：

①项目区的水土流失影响因子，包括地质、地貌、气候、土壤、植被、水文、土

地利用等。

②与水土保持有关的一些社会经济指标，如人口、经济发展指标、土地利用情况等。

③其他相关资料，如现场调查需要使用的图件、遥感资料以及区域水土保持规划、措施及防治效果等。

(3)典型调查

典型调查是一种非全面调查，即从众多调查研究对象中有意识地选择若干具有代表性的对象进行深入、周密、系统的调查研究。

典型调查可应用于：①水土流失典型事例及灾害性事故调查，包括滑坡、崩岗、泥石流、山洪等。②小流域综合治理调查，包括水土保持措施新技术推广示范调查及水土保持政策、经验调查。③全国重点流域治理、重点示范流域及试点城市和生产建设项目水土流失及防治调查。重点或示范流域的典型调查内容应根据每次调查的任务确定，包括自然条件、社会经济、土地利用、水土流失及其危害、水土保持等。

(4)重点调查

重点调查是一种非全面调查，它是在调查总体中选择一部分重点对象作为样本进行调查：重点调查对象的标志在于其在总体标志总量中占的比重较大，因此能够反映总体情况或基本趋势。但重点调查的对象与一般对象有较大的差异，不具有普遍性，并不能以此来推算总体。

重点调查适用于全国或大区域范围内对重点治理流域、重点示范流域及重点城市和生产建设项目水土流失及其防治、水土保持执法监督规范化建设等项目的详细调查，以便掌握全国或大区域范围内的水土保持总体情况。采用方法可参照典型调查。重点调查可以是一次性调查，也可以定期进行调查。

(5)普查

普查也称全面调查，指对调查总体中的每一个对象进行调查的一种调查组织形式。普查相比其他调查方法，取得的资料更全面、更系统。普查的主要作用是为国家或部门制订长期计划、宏伟发展目标、重大决策提供全面、详细的信息和资料，为搞好定期调查和开展抽样调查奠定基础。

普查可分为逐级普查、快速普查、全面详查、线路调查。逐级普查是按照部门分级，从最基层全面调查开始，一级一级向上汇总，各级部门可根据规定或需求汇总和分析相应级别的资料，如人口普查；快速普查则是根据需要以报表、网络、电话等多种形式进行快速调查汇总的一种方法；全面详查是对某一区域进行非常详尽的全面调查，如全国土地详查，由村一级起，采用万分之一的地形图野外调绘，结合室内航片判读进行；线路调查是地质、地貌、植被、土壤普查的一种特殊方式，是以线代面的一种调查方法。

普查在水土保持工作中应用广泛，主要有：①逐级普查方法应用于大面积的定期或不定期的水土流失普查或水土保持调查，如土壤侵蚀遥感调查就是以省为单元，利用全国已有的土地利用资料，开展一种逐级普查。②快速普查应用于水土流失监测站网的例行调查，一般采用报表形式或电传、网传形式进行。③全面详查适用于小流域水土流失与水土保持综合调查以及生产建设项目水土流失与水土保持综合调查。④线路调查适用于与水土保持相关的地质、土壤、植被的调查。

(6)抽样调查

抽样调查是一种非全面调查，是在被调查对象总体中，抽取一定数量的样本，对样本指标进行测量和调查，以样本统计特征值(样本统计量)对总体的相应特征值(总体参数)作出具有一定可靠性的估计和推断的调查方法。

抽样调查可用于：①抽样调查在监测样点布设不足的情况下，补充布设监测样点，开展对遥感监测的实地检验。②在一定区域范围内土地利用类型变动和土壤侵蚀类型及程度的监测。③综合治理和生产建设项目中水土保持措施质量的监测。④水土保持措施防治情况及植被状况调查。

4.1.2.3 水土流失重点防治区

按照“预防为主，保护优先”的原则，优先对重点区域实施保护，力求达到费省效宏的效果，突出重点，根据国家投资的可能，进行划分。水利部发布了全国水土流失重点防治区公告，对全国的水上流失重点防治分区进行了划分。

(1)重点预防区

重点预防区主要指目前水土流失较轻，林草覆盖度较大，但存在潜在水土流失危险的区域。可参照以下标准：①土壤侵蚀强度属轻度以下[侵蚀模数在2 500t/(km^2·a)以下]。②植被覆盖度在40%以上。③土壤侵蚀潜在危险度在轻险型以下。

全国共23个国家级水土流失重点预防区，包括大小兴安岭、呼伦贝尔、长白山、燕山、祁连山黑河、子午岭六盘山、阴山北麓、桐柏山大别山、三江源、雅鲁藏布江中下游、金沙江岷江上游及三江并流区、丹江口库区及上游、嘉陵江上游、武陵山、新安江、湘资沅上游、东江上中游、海南岛中部山区、黄泛平原风沙区、阿尔金山、塔里木河、天山北坡、阿勒泰山国家级水土流失重点预防区，总面积$3.3\times10^6km^2$，其中水土流失面积$4.4\times10^5km^2$。本区目前水土流失较轻，林草覆盖度较高，但存在水土流失加剧的潜在危险，主要为次生林区、草原区、重要水源区、萎缩的自然绿洲区等。要坚持预防为主、保护优先的方针，建立健全管护机构，制定有力措施，强化监督管理。要实施封山禁牧、舍饲养畜、草场封育轮牧、生态修复、大面积保护等措施，坚决限制开发建设活动，有效避免人为破坏，保护植被和生态。

(2)重点治理区

重点治理区指原生的水土流失较为严重，对当地和下游造成严重水土流失危害的区域。可参照以下标准：①已列入和计划列入国家及地方重点治理的流域和区域。②大江大河大湖中上游。③土壤侵蚀强度在中度以上[侵蚀模数在2 500t/(km^2·a)以上]。

全国共17个重点治理区，包括东北漫川漫岗、大兴安岭东麓、西辽河大凌河中上游、永定河上游、太行山、黄河多沙粗沙、甘青宁黄土丘陵、伏牛山中条山、沂蒙山泰山、西南诸河高山峡谷、金沙江下游、嘉陵江及沱江、三峡库区、湘资沅中游、乌江赤水河上中游、滇黔桂岩溶石漠化、粤闽赣红壤区国家级水土流失重点治理区，

总面积 $1.6 \times 10^6 km^2$，其中水土流失面积 $4.94 \times 10^5 km^2$。本区原生的水土流失较为严重，对当地和下游造成严重水土流失危害，主要为大江、大河、大湖的中上游地区。要调动社会各方面的积极性，依靠政策、投入、科技，开展水土流失综合治理，改善生态环境，改善当地生产条件，提高群众生产和生活水平。

此外，各级地方政府也相应地公告了水土流失重点防治区。

4.2　水土保持规划的概述

4.2.1　水土保持规划概念

水土保持规划是对水土保持工作的总体部署，指一定地区范围内，为了防治土壤侵蚀，合理开发利用并保护水土资源、改善生态环境、促进农林牧生产和地区经济发展，根据土壤侵蚀状况、自然和社会经济条件，按特定时段或规定期限而制定的水土保持综合治理开发总体部署和分段、分期的实施安排。

4.2.2　我国水土保持规划发展概况

中华人民共和国成立以来，党中央、国务院高度重视水土保持工作，开展了大量的基础性工作。1955 年，中国科学院黄考队在综考的基础上编制了《黄河中游黄土高原的自然、农业、经济和水土保持土地合理利用区划》，标志水土保持规划的原则、内容和方法初步形成体系；1961 年，农业出版社出版《水土保持学》中，阐述了水土保持规划设计的一般原则和内容；80 年代以来，随着作为水利部重点科技项目《黄土高原水土保持规划手册》完成，标志着水土保持规划逐步走向成熟。1991 年，《水土保持法》颁布后，国家对水土保持规划的编制、审批、实施和法律地位都作出了明确规定，《水土保持法》第七条规定：“国务院和县级以上地方人民政府的水行政主管部门，应当在调查评价水土资源的基础上，会同有关部门编制水土保持规划。水土保持规划需经同级人民政府批准。县级以上人民政府批准的水土保持规划应当报上一级人民政府水行政主管部门备案。”水利部编制了《全国水土保持规划纲要(1991—2000 年)》，国务院于 1993 年予以批复，该纲要和规划成为以后各类规划的基础和依据。

1995—1996 年，在总结多年水土保持实践经验的基础上颁布了《水土保持综合治理规划通则》(GB/T 15772—1995)、《水土保持综合治理技术规范》(GB/T 16453.1 ~ 6—1996)等标准，水土保持规划设计工作有了技术依据，标志着水土保持工作已经走向标准化、制度化。

1998 年，水利部为了配合全国生态环境建设规划组织编制了《全国水土保持生态环境建设规划》，同年国务院批复了《全国生态环境建设规划(1998—2050 年)》。部分省(自治区)也编制了水土保持生态建设规划，黑龙江、云南、重庆、浙江等省(直辖市)水土保持生态建设规划经省级人民政府批准实施。另外，在七大流域综合规划中都包含有水土保持规划内容。2000 年，根据国家在水土保持工程实施基本建设项目的管理，水利部颁发了《水土保持规划编制暂行规定》(水利部[2000]第 187 号)，规定了规划、项目建议书、可行性研究报告、初步设计 4 个阶段水土保持规划与设计的要求，不同阶段规划的内容和深度各有侧重。

2006 年水利部发布了《水土保持规划编制规程》(SL 335—2006)，2009 年水利部批准发布了《水土保持工程可行性研究报告编制规程》(SL 448—2009)、《水土保持工程项目建议书编制规程》(SL 447—2009)、《水土保持工程初步设计报告编制规程》(SL 449—2009)，并于 2009 年 8 月 21 日起实施。与暂行规定相比，三阶段规程主要新增内容在于：①“总则”部分增加了三阶段设计文件主要内容和深度的规定，并作为强制性条文要求。②“术语”部分规定了水土保持单项工程、水土保持专项工程的定义，以便在规程条文中按水土保持工程的类型有针对性地提出技术要求。③明确了水土保持工程建设任务(针对综合治理项目)、建设目标、建设规模的范畴。④提出了项目区选择和确定的原则，必要时，应进行项目区比选。⑤明确了典型小流域与水土保持工程总体方案的关系，提出了不同阶段由典型设计推算工程量的精度要求。⑥明确了工程量推算有关规定，按工程措施、林草措施提出了工程量调整系数。⑦投资概(估)算中对于外资项目进行了专门规定。⑧在附录中，结合《土地利用现状分类》(GB/T 21010—2007)，提出了土地利用现状分类表(水土保持)。⑨在《初步设计编制规程》附录中，针对水土保持专项工程和水土保持单项工程，提出了初步设计报告编制提纲。至此，水土保持规划设计 4 个阶段都实现了有章可循，有据可依。

4.2.3　水土保持规划的作用

水土保持规划是国民经济和社会发展规划体系的重要组成部分，是依法加强水土保持管理的重要依据，是指导水土保持工作的纲领性文件。经批准的水土保持规划是水土保持工作的总体方案和行动指南，具有法律效力，违反了水土保持规划就是违法。主要表现在两个方面：一方面水土保持规划所确定的目标任务，应当纳入政府目标责任和考核奖惩体系，政府及相关部门如不采取有效措施予以实现，是一种行政不作为；另一方面水土保持规划所划定的水土流失重点防治区及其确定的对策措施，政府及有关部门、相关利害关系人应当服从和落实。

水土保持规划是各地开展水土保持工作的重要依据，其主要体现在以下几个方面。

(1)开展封育保护、自然修复和植树种草应当按照批准的水土保持规划

水土流失防治的工程措施、植物措施、保护性耕作措施都应按照经批准的水土保持规划统筹安排、科学配置。地方政府应按经批准的、完整统一的水土保持规划组织实施水土保持植被建设。

(2)开展水土流失治理应遵循经批准的水土保持规划

按照水土保持规划实施水土流失治理，可以避免治理工作的随意性和盲目性，保证治理工作科学、有序开展、发挥效益。水土保持工作综合性很强，涉及多部门、多行业，我国水土流失防治工作主要由各级水行政主管部门组织实施，农业、林业、国土等部门具体承担了部分水土保持生态建设任务，交通、能源、旅游等行业也承担了其生产建设项目水土流失防治责任。

(3)"容易发生水土流失的其他区域"应由水土保持规划确定

生产建设项目是否可能造成水土流失，不仅与项目所处的地貌类型有关，还与项目所在的微地貌(河道两侧、居民点周边等)及项目特点(规模、性质、挖填方量、施工周期等)有关，就平原地区而言，同样存在水土保持问题，只不过是表现方式、程度的不同。如平原电厂、平原煤矿等，不仅在建设期有挖填取弃问题，就是在生产期同样也有排弃废渣问题。

4.2.4 水土保持规划的任务和内容

作为指导水土保持工作的纲领性文件，水土保持规划的任务和内容主要包括水土流失状况、水土流失类型区划分、水土流失防治目标、任务和措施这五个关键要素。其主要任务为：

①开展综合调查和资料的整理分析。

②研究规划区水土流失状况、成因和规律。

③划分水土流失类型区。

④拟定水土流失防治目标、指导思想、原则。

⑤因地制宜地提出防治措施。

⑥拟定规划实施进度，明确近期安排。

⑦估算规划实施所需投资。

⑧预测规划实施后的综合效益并进行经济评价。

⑨提出规划实施的组织管理措施。

编制规划时，一是要系统分析评价区域水土流失的强度、类型、分布、原因、危害及发展趋势，全面反映水土流失状况；二是要根据规划范围内各地不同的自然条件、社会经济情况、水土流失及发展趋势，进行水土流失类型区划分和水土保持区划，确定水土流失防治的主攻方向；三是根据区域自然、经济、社会发展需求，因地制宜，合理确定水土流失防治目标，一般以量化指标表示，如新增水土流失治理面积、林草覆盖率、减少土壤侵蚀量、水土流失治理度等；四是分类施策，确定防治任务，提出防治措施，包括政策措施、预防措施、治理措施和管理措施等。

4.2.5 水土保持规划的分类

水土保持规划分为总体规划和专项规划两大类。对行政区域或者流域预防和治理水土流失、保护和合理利用水土资源作出的整体部署，是总体规划；根据整体部署对水土保持某一专项工作或者某一特定区域预防和治理水土流失作出的专项部署，是专项规划。相对而言，水土保持总体规划种类比较简单，是中央、省级、市级和县级政府为完成水土保持全面工作目标和任务，对水土保持各方面工作所作出的全局性、综合性的总体部署。水土保持专项规划种类则相对较多，如预防保护、监督管理、综合治理、生态清洁、监测预报、科研与技术推广、淤地坝建设、黑土地开发整治、崩岗侵蚀治理等专项规划。专项规划应当服从总体规划。

4.2.6 水土保持规划的法律效力

经批准的水土保持规划是水土保持工作的总体方案和行动指南，主要表现在两个方面：一方面水土保持规划所确定的目标任务，应当纳入政府目标责任和考核奖惩体系，政府及相关部门如不采取有效措施予以实现，是一种行政不作为；另一方面水土保持规划所划定的水土流失重点防治区及其确定的对策措施，政府及有关部门、相关利害关系人应当服从和落实。如水土保持规划明确重点预防保护区内禁止或限制的生产建设活动，公民、法人和其他组织都应遵守，政府及有关部门应当在行政审批、监督管理方面予以落实。对因形势发生变化，确需修改部分规划内容，必须按照规划编报程序报原批准机关批准，这样规定既维护了已经批准规划的严肃性、减少修订的随意性，又考虑到由于情况发生变化对规划某些内容确需修订的灵活性。

4.2.7 水土保持规划与相关规划的关系

（1）水土保持规划应当与其他发展规划相互协调

土地利用总体规划、水资源规划、城乡规划和环境保护规划等是根据自然及资源状况和经济社会发展的要求，对土地及水资源的保护、开发和利用的方向、规模、方式，以及对城市及村镇布局与建设、环境保护与治理等方面做出的全局性、整体性的统筹部署和安排。这些规划的实施，涉及大量的水土流失预防和治理的问题，规划编制时应当适应国家和区域水土保持的要求，安排好水土流失防治措施。同时，开展水土流失预防和治理也要考虑国家对土地和水资源的保护、开发利用，以及城乡建设和环境保护的需要，既要做好水土保持的支撑作用，也要确保水土资源得到有效保护和可持续利用。

（2）区域开发建设性规划应单设水土保持篇章

基础设施建设、矿产资源开发、城镇建设、公共服务设施建设等规划中，应提出水土流失预防和治理的对策和措施，并在规划报请审批前征求本级人民政府水行政主管部门的意见。

基础设施建设、矿产资源开发、城镇建设、公共服务设施建设等规划，是对各自领域发展方向和区域性开发、建设的总体安排和部署。列入这些规划的生产建设项目，实施时不可避免要扰动、破坏地貌植被，引起水土流失和生态环境的破坏。因此，编制有关基础设施、矿产资源开发、城镇建设和公共服务设施建设等规划时，组织编制机关应当从水土保持角度，分析论证这些规划所涉及的项目总体布局、规模以及建设的区域和范围对水土资源和生态环境的影响，并提出相应的水土流失预防和治理的对策和措施；对水土保持功能造成重大影响的，应在规划中单设水土保持篇章。同时，本条规定，规划的组织编制机关应当在规划报请批准前征求同级人民政府水行政主管部门意见，并采取有效措施，落实水土保持的有关要求，确保这些规划与批准的水土保持规划相衔接；确保规划确定的发展部署和水土保持安排，符合本法规定的禁止、限制、避让的规定，符合预防和治理水土流失、保护水土资源和生态环境的要求。

4.3 水土保持规划的编制程序及要求

4.3.1 水土保持规划编制的法律要求

(1)编制主体

水土保持规划由水行政主管部门牵头负责，会同发展与改革、财政、林业、农业等部门编制。这样安排的优点在于既能够从总体上把握水土保持工作的方向，又有利于多部门配合协调，促进防治任务的落实。

(2)编制的基础

水土流失调查结果和重点防治区的划定是编制水土保持规划的基础。水土流失调查结果主要包括水土流失的分布、类型、面积、成因、程度、危害、发生发展规律以及防治情况等。开展水土流失调查是因地制宜、因害设防、有针对性地开展水土保持工作的前提和基础。划定水土流失重点预防区和重点治理区，实行分区防治、分类管理，是统筹协调、突出重点，有效开展水土保持工作的重要依据。作为指导水土保持工作的纲领性文件，水土保持规划只有在水土流失调查结果和重点防治区划定的基础上进行编制，才更具有科学性、针对性、指导性和可操作性。

(3)编制的原则

水土保持规划编制应遵循统筹协调、分类指导的原则。一要坚持统筹协调。水土保持是一项复杂的、综合性很强的系统工程，涉及水利、国土、农业、林业、交通、能源等多学科、多领域、多行业、多部门。编制水土保持规划一定要坚持统筹协调的原则，充分考虑自然、经济和社会等多方面的影响因素，协调好各方面关系，规划好水土保持目标、措施和重点，最大限度地提高水土流失防治水平和综合效益。二要坚持分类指导。我国幅员辽阔，自然、经济、社会条件差异大，水土流失范围广、面积大，形式多样、类型复杂。水力、风力、重力、冻融及混合侵蚀特点各异，防治对策和治理模式各不相同。因此，必须从实际出发，坚持分类指导的原则，对不同区域、不同侵蚀类型区水土流失的预防和治理区别对待，因地施策、因势利导，不能“一刀切”。

(4)编制水土保持规划应当征求专家和公众的意见

决策的科学化和民主化是法治政府、服务型政府的重要体现。国际上许多发达国家，对涉及影响生态环境的各种行为，包括政府开展的规划活动和各类开发、生产、建设活动，在规划的编制和项目的可行性研究阶段，都广泛征求社会各方面的意见，提高规划或项目建设的科学性、可行性和可操作性。水土保持规划的编制不仅是政府行为，也是社会行为。征求有关专家意见，目的是提高规划的前瞻性、综合性和科学性；征求公众意见，目的是听取群众的意愿和呼声，维护群众的利益，提高规划的针对性、可操作性和广泛性。在规划过程中，让社会各界广泛参与，对水土保持规划出谋献策，才可以做到民主集智、协调利益、达成共识，使政府决策充分体现人民群众的意愿，使水土保持规划所确定的目标和任务转化为社会各界的自觉行动，也是落实群众的知情权、参与权、监督权的重要途径。如果没有公众参与，不广泛听取意见，所制定的水土保持规划就难以被社会公众所认同，在实施过程中就难以得到全社会广泛支持和配合，水土保持规划的实施就难以达到预期的效果。

4.3.2 水土保持规划编制的程序

4.3.2.1 准备工作

(1)组织综合性规划小组

由于水土保持规划工作涉及面广，综合性强，需要组织一个具有农、林、牧、水等业务部门的技术人员和领导参加的规划小组。

(2)制定工作细则和开展物质准备

明确规划的任务、工作量、要求；确定规划工作进度、方法、步骤，人员组成与分工；做好物质准备、经费预算及制订必要的规章制度。

(3)制订规划报告大纲

根据规划的任务、要求，制订规划报告大纲。

一般水土保持规划报告大纲主要包括以下内容：

①规划概要 综述规划区的自然与社会经济条件水土流失状况和分区情况，简述规划的指导思想原则与目标措施的总体布局投资进度安排与效益等。

②基本情况 包括自然条件、自然资源、社会经济、水土流失情况、水土保持现状情况。

③规划依据、原则和目标 说明编制规划所依据的法律法规、标准和主要文件资料等；规划区适宜的编制原则；规划期水平年以及规划的目标，包括近期目标和远期目标。

④水土保持分区和总体布局 在水土流失综合调查的基础上根据规划范围内各地不同的自然条件、自然资源、社会经济和水土流失特点划分不同的水土流失类型区；同时提出不同水土流失类型区各项措施的总体布置方案。

⑤综合防治规划 包括生态修复规划、预防保护和监督管理规划、综合治理规划、监测规划和示范推广规划。

⑥环境影响评价 包括现状与影响分析，提出针对环境影响采取的预防或者减轻不良环境影响的对策、措施和评价结论。

⑦投资估算 说明投资估算编制的依据方法及采用的价格水平年，水土保持工程措施费、林草措施费、封育治理措施费和独立费用等各项投资以及资金筹措方案。

⑧效益分析和经济评价 说明效益计算采用的标准、方法和效益计算采用的指标，对规划实施后所产生的水土保持效益分别进行计算和分析，并计算规划实施后水土保持目标各项指标的达到值。说明经济评价的基本依据与方法，以及进行国民经济初步评价。

⑨进度安排与近期实施意见 说明工程量及进度安排，包括近期拟安排的重点地区和重点项目的顺序表，并对远期安排提出概括性意见。

⑩组织管理 包括组织领导措施、技术保障措施和投入保障措施等。

(4)培训技术人员

在规划工作开始之前，应对参加规划的专业人员进行技术培训，学习规划的有关文件和技术规程，明确规划的任务和要求。

4.3.2.2 调查、评价与规划工作

(1)资料的收集、整理

根据规划的地域范围，收集相应比例尺的基础和专题图件以及自然条件、自然资源、社会经济和水土流失和水土保持、水土保持重点分区等有关资料，并进行整理，明确需要补充调查的部分。

(2)水土保持综合调查

在资料收集和整理的基础上，确定需要进行补充调查的工作内容，方法和步骤，并进行调查工作。

(3)水土保持系统分析与评价

水土保持系统分析与评价包括水土保持环境分析、资源评价、水土流失和水土保持分析评价、社会经济分析评价。

(4)确定水土保持规划的目标

规划目标应分近期目标和远期目标。近期目标应明确建设规模，远期目标可进行展望和定性描述。

(5)水土保持综合规划

水土保持综合规划包括生态修复规划、预防保护和监督管理规划、综合治理规划、监测规划和示范推广规划以及水土保持措施设计等。

(6)投资、效益估算和实施保障措施

编制水土保持投资，提出资金筹措方案，对规划实施后效益进行计算、分析和国民经济评价，提出技术、投入保障措施。

4.3.2.3 规划审批、实施和修订

水土保持规划完成后，需要报本级人民政府或者其授权的部门批准后，由水行政主管部门组织实施。水土保持规划一经批准，应当严格执行。经过批准的水土保持规划是水土保持工作的总体方案和行动指南，具有法律效力，主要表现在：如果规划根据实际情况需要修改，应按照规划编制程序，报原批准机关批准。

4.4 水土保持规划要点

4.4.1 水土流失类型区划

4.4.1.1 水土保持区划的内容

①各个类型区的界限、范围、面积、行政区划。

②各个类型区的自然条件。

③各个类型区的自然资源。

④各个类型区的社会经济情况。

⑤各个类型区的水土流失特点。

⑥各个类型区的生产发展方向与措施布局。

4.4.1.2 水土保持区划的原则

①影响水土流失的自然条件的相似性和差异性。

②水土流失特征和发展方向的相似性和差异性。

③土地利用及治理措施的相似性和差异性。

④区划界限主导因素的相似性和差异性。

⑤集中连片，应适当照顾行政区划的完整性。

4.4.1.3 水土保持区划及分级和命名

按照相似性和差异性的原则，进行水土保持区划。根据区划的范围可分为国家级、大规划范围内级(跨省)、省级、地区级、县级等五级。根据区划的因素分为一级区划(类型区)、二级区划(亚区)、三级区划(小区)。一级区划以第一主导因素为依据，二、三级区划以相对次要的其他因素为依据。多数情况以地貌为第一主导因素，划分山区、丘陵、高原、平原等，二、三级区划则以微地貌、地面组成物质、降水、植被、气候、耕垦指数等为次要因素为依据。

区划的命名组成有二因素(地理位置和各区地貌和土质特点)、三因素(加侵蚀强度)、四因素3类(加防治方案)，不同层次采用不同的命名。

目前，水土流失分区的命名采取三段式命名法，即水土流失类型区的所处位置+地貌类型+水土流失强度。

4.4.1.4 分区的成果

①水土保持区划图，反映各区的位置，范围和区划分级。

②水土保持区划表、调查表。

③水土保持区划报告，阐明区划依据，各区的特点，区划分级和命名。

4.4.2 预防保护与监督管理规划

4.4.2.1 预防保护规划的主要内容

①提出预防保护的原则与目标。

②确定预防保护的位置范围与面积。

③制定实现预防保护的目标、采取的技术性与政策性措施。包括制定相关的规章制度，明确管理机构，采取封禁管护抚育更新等生态修复措施，落实监督与监测等具体措施。

4.4.2.2 监督管理规划的主要内容

①制定对生产建设项目和其他人为不合理活动实行监督管理，防止人为造成水土流失的目标。

②提出实现监督管理目标应落实的技术性与政策性措施。包括针对监督制定的相关规章制度；生产建设项目水土保持方案的编制报批制度与“三同时”制度；生产建设项目造成人为水土流失的监督监测与管理等措施。

③提出搞好监督管理的机构与能力建设安排。

4.4.3 综合治理规划

4.4.3.1 综合规划的主要内容

①提出治理措施的总体配置。

②提出不同治理措施的规划，包括坡耕地治理规划，“四荒”(即荒山、荒坡、荒丘、荒滩)地治理规划，沟壑治理规划，风沙治理规划和小型蓄排引水工程规划。

4.4.3.2 规划要点

①总体配置要说明规划区内土地利用总体规划成果，提出典型的治理措施配置模式。

②坡耕地治理措施规划　包括梯田梯地的规划，主要是选定修梯田地段、梯田类型、梯田区道路规划和地块的布设、田埂的利用等内容；保护耕作的规划，包括改变微地形的保土耕作，增加地面被覆的保土耕作等提高土壤入渗与抗蚀能力的保土耕作。

③“四荒”地治理措施规划　包括水土保持造林的规划，水土保持种草的规划，封禁治理规划(包括封山育林与封坡育草两方面)。

④沟壑治理措施规划　根据“坡沟兼治”原则，从沟头到沟口从支沟到干沟的全面治理总体规划，包括沟头防护工程规划：根据沟头附近地形和来水情况因地制宜地布设蓄水型和排水型；谷坊工程规划：根据沟底地质和附近的建筑材料情况，因地制宜地布设土谷坊、石谷坊、柳谷坊，合理安排谷坊高度与间距，减缓沟底比降制止沟底下切；淤地坝与小水库塘坝工程规划：进行坝系规划，在干沟和支沟中全面合理地安排淤地坝小水库和治沟骨干工程并确定各项工程的实施顺序，正确选定每项工程的坝址并确定工程规模；崩岗治理措施规划：崩岗是风化花岗岩地区沟壑发展的一种特殊形式，其治理布局原则与沟壑治理相似。

⑤风沙区治理规划　我国北部、中部、东南沿海三地风沙区治理各有不同的规划要求。

⑥小型蓄排引水工程规划　包括坡面小型蓄排工程规划：合理配置截水沟、蓄水池、排水沟三项措施，截、蓄、排相结合，保护坡面农田和林草不受冲刷并可蓄水利用；四旁小型蓄水工程规划：包括水窖、涝池、蓄水池、塘坝等，主要布设在村旁、

路旁、宅旁、渠旁，拦蓄暴雨径流，供人畜饮用，同时可减轻土壤侵蚀；引洪漫地工程规划：有引坡洪、村洪、路洪、沟洪、河洪5种，其中前3种措施简便易行，暴雨中使用一般农具即可引水入田，后2种需经正式规划设计修建永久性的引洪漫地工程；引沟洪工程：包括拦洪坝、引洪渠、排洪渠等，主要漫灌沟口附近小面积川台地；引河洪工程：包括引水口、引水渠、输水渠、退水渠、田间工程等，主要漫灌河岸大面积川地。

4.4.4 监测规划

4.4.4.1 监测规划的主要任务与内容

监测规划的任务包括：①观测与收集水土流失本底数据，积累长期监测资料。②调查分析一定时段区域的水土流失类型、面积、强度、分布状况和变化趋势。③调查评估水土流失综合治理与生产建设项目水土保持等工程实施质量与效果管理。

监测规划的内容包括：提出监测站网布局；提出监测项目、监测内容和方法。

4.4.4.2 监测规划的要点

(1)监测站网布局的原则

①区域代表性原则　监测点要能够代表不同区域的水土流失状况和主要特征，能够反映出区域内地貌类型、土壤类型、植被类型、气候类型等影响水土流失因素的特征。

②分区布设的原则　依据水土保持区划成果进行布设。监测点在开展一般性常规监测的同时，针对区划单元发挥的生态维护、土壤保持、防风固沙、水质维护等水土保持基础功能开展相应的监测任务。

③密度适中的原则　监测点在水土流失重点预防区、水土流失重点治理区、生态脆弱区和生态敏感区适当加密，在平原区等水土流失不严重的区域适当降低布设密度。

④利用现有监测站点的原则　充分利用现有的水土流失监测点和滑坡泥石流预警点，相关大专院校、科研院所布设的监测点，注重与水文站网的结合，实现优势互补和资源共享，避免重复投资和重复建设。

⑤分层布设的原则　重要监测点和一般监测点布设应区分不同尺度，分层布设。

(2)监测项目、监测内容和方法

水土保持监测项目包括水土流失定期调查项目，水土流失重点预防区和水土流失重点治理区、特定区域、不同水土流失类型区、重点工程项目区和生产建设项目区等动态监测项目。

定期调查项目监测内容包括：气象、土壤、地形、植被、土地利用和水土保持措施等影响土壤侵蚀的各项因子。监测方法包括统计、抽样调查、遥感解译、空间分析、模型判断等。

水土流失重点防治区监测内容包括：区域土地利用状况、水土流失状况、生态环境状况、各类水土保持措施及其效益情况等，并根据预防和治理对象和区域特征，增加相应的监测内容。监测方法主要采用遥感监测和野外调查复核相结合的方法，并进行必要的地面观测和抽样调查。

特定区域监测内容包括：水土保持措施、水土流失状况、河流水沙变化、小流域水质、生物多样性等。监测方法以遥感监测和定位观测为主，调查统计为辅。

监测站点的监测内容包括：影响水土流失的主要因子监测、水土流失状况监测、水土流失灾害监测、水土保持措施监测、水土保持效益监测以及其他效益监测；根据监测范围的大小和内容的差异性，可以分为宏观监测和微观监测。宏观监测包括区域监测和中小流域监测；微观监测是在小区域、小尺度的监测。

重点工程区监测内容包括：项目实施前后项目区的基本情况、土地利用结构、水土流失状况及其防治效果、群众生产生活条件等。监测方法包括定位观测、典型调查和遥感调查相结合的方法。

生产建设项目的监测内容包括：生产建设区水土流失影响因子、扰动面积、弃土弃渣量、弃渣场和料场变化等情况，水土保持防治效果、防治目标达标情况及水土流失危害等。监测方法一般采用遥感监测、实地调查和定位观测相结合的方法。

4.4.5　生态清洁小流域规划

4.4.5.1　生态清洁小流域规划的概念与内涵

生态清洁小流域(eco-clean small watershed)是指沟道侵蚀得到控制、坡面侵蚀强度在轻度以下、水体清洁且非富营养化、行洪安全、生态系统良性循环的小流域。它是在传统小流域综合治理的基础上，将水资源保护、面源污染防治、农村垃圾及污水处理等相结合的一种新型综合治理模式。

生态清洁小流域的内涵主要表现在以下几个方面：

①人水和谐　生态清洁小流域是根据水的循环规律，保护水的循环，促进水的微循环。小流域作为基本的集水单元，是水在陆地运动的基本单元，表现为降水、入渗、径流等水的运动过程。生态清洁小流域本身是以水源保护为核心，防治水在循环和利用过程中的污染及危害，约束和避免人类活动对水自然循环的侵害和破坏，维护水的自然循环，实现人水和谐。

②人地和谐　生态清洁小流域要实现流域内土地资源的合理利用，必须因地制宜，根据土地资源的承载力，以提高土地资源质量为出发点，使土地能够持久地发挥其生产力，土壤肥力得到不断提高，行洪安全，人与自然和谐。

③生态系统良性循环　良性循环的本质是生态系统内部能量转化、物质循环和信息传递的有机结合。人类对自然的改造扰动限制在能为生态系统所承受、吸收、降解和恢复范围之内。

④环境清洁　流域环境清洁，垃圾废弃物得到有效的处理和控制，生活污水的排放达到国家允许的标准。

最终目标是要实现流域内水土资源得到有效保护、合理配置和高效利用，沟道基本保持自然生态状态，行洪安全，人类活动对自然扰动在生态系统承载能力之内，生态系统良性循环，人与自然和谐，人口、资源、环境协调发展。

4.4.5.2　生态清洁小流域治理措施布局

水利部颁布的《生态清洁小流域建设》将小流域划分为生态自然修复区、综合治理区和沟(河)道及湖库周边保护整治区。生态清洁型小流域建设内容主要包括综合治理、生态修复、面源污染防治、垃圾处置、村庄人居环境改善及沟(河)道及湖库周边整治等，各项措施的布局应做到因地制宜，因害设防，并与周边景观相协调。

生态自然修复区(eco-natural restoration zone)一般指小流域内人类活动和人为破坏较少，自然植被较好，分布在远离村庄、山高坡陡的集水区上部地带，通过封禁保护或辅以人工治理即可实现水土流失基本治理的区域。

综合治理区(comprehensive control zone)指小流域内人类活动较为频繁、水土流失较为严重，需采用工程、植物和耕作等综合措施，分布在村庄及周边、农林牧集中的集水区中部地带实现水土流失基本治理的区域。

沟(河)道及湖库周边保护整治区(channel regulation zone)指在沟(河)道及湖库周边一定范围内，需采取沟道治理、护坡护岸、土地整治或绿化美化措施，分布在小流域的下部地带，以保持水体清洁的沟(河)道两侧和湖库周边缓冲区域。

(1)小流域各分区划分的原则

①景观格局相似性原则　景观格局是景观元素，如斑块(patch)、廊道(corridor)和基质(matrix)的空间布局。在三道防线划分时，要充分考虑景观的格局、遵循景观格局相似性原则。

②水土流失的相似性　水土流失是小流域的主要环境问题，是污染物搬运的动力因素，因此，在划分中要体现出水土流失的类型、形式、程度、强度等的相似性。

③治理措施相似性　在划分过程中，要考虑小流域建设措施布局与治理措施的布设，便于生态清洁小流域建设措施的实施和管理。

④土地利用方式相似性　土地利用方式是人类活动的最基本的体现方式，它代表和反映了人类活动对土地的利用强度、利用方式和类别，在划分中必须加以考虑。

⑤生态功能相似性　生态功能是指自然生态系统支持人类社会和经济发展的功能，包括提供产品、调节、文化和支持四大功能。提供产品功能是指生态系统生产或提供的产品；调节功能是指调节人类生态环境的生态系统服务功能；文化功能是指人们通过精神感受、知识获取、主观印象、消遣娱乐和美学体验从生态系统中获得的非物质利益；支持功能是指保证其他所有生态系统服务功能提供所必需的基础功能。在三道防线的划分中，要考虑其不同防线的生态功能的相似性。

(2)各分区的划分步骤

①三道防线划分所需基础资料的收集和整理　包括 GIS 基础数据的采集和数字化，基础图件的准备。主要基础图件包括土地利用现状图、沟系及水系图、道路图和数字地形图(比例尺 1: 1 万)等。

②第三道防线划分　采用缓冲区法或土地利用类型法进行确定。

③第一、二道防线划分　在确定第三道防线的基础上，进行第一道、第二道防线的划分。

(3)各分区划分的方法

利用GIS技术手段，采用专家系统与数学判定相结合的划分方法。

4.4.6 投资估算

4.4.6.1 投资估算的原则和内容

应根据水利部《水土保持工程概估算编制规定和定额》，说明投资估算编制的依据方法及采用的价格水平年；水土保持生态建设工程的总投资应由工程措施费、林草措施费、封育治理措施费和独立费用四部分组成。

4.4.6.2 估算要点

(1)工程措施、林草措施和封育治理措施费

工程措施、林草措施和封育治理措施费由直接费、间接费、企业利润和税金组成。

①直接费　指工程施工过程中直接消耗在工程项目上的活劳动和物化劳动，由基本直接费和其他直接费组成。基本直接费包括人工费、材料费、机械使用费。

②间接费　指工程施工过程中构成成本，但又不直接消耗在工程项目上的有关费用。包括工作人员工资、办公费、差旅费、交通费、固定资产使用费、管理用具使用费和其他费用等。

③企业利润　指按规定应计入工程措施、林草措施和封育治理措施费用中的利润。其中：

- 工程措施：利润按直接费与间接费之和的3%~4%计算。设备及安装工程、其他工程是按指标计算的，不再计利润。
- 林草措施：利润按直接费与间接费之和的2%计算。其中育苗棚、管护房、水井是按指标计算的，不再计利润。
- 封育治理措施：利润按直接费与间接费之和的1%~2%计算。

④税金　指国家对施工企业承担建筑、安装工程作业收入所征收的营业税、城市维护建设税和教育费附加税。其中：

- 工程措施：税金按直接费、间接费、企业利润之和的3.22%计算。设备及安装工程、其他工程是按指标计算的，不再计税金。
- 林草措施：税金按直接费、间接费、企业利润之和的3.22%计算。林草措施中的育苗棚、管护房、水井是按指标计算的，不再计税金。
- 封育治理措施：税金按直接费、间接费、企业利润之和的3.22%计算。

(2)独立费用

由建设管理费、工程建设监理费、科研勘测设计费、征地及淹没补偿费、水土流失监测费5项组成。

①建设管理费　包括项目经常费和技术支持培训费。

• 项目经常费：指建设单位在工程项目的立项、筹建、建设、总结等工作中所发生的管理费用。主要包括：工作人员的工资、附加工资、工资补贴、办公费、差旅交通费、工程招标费、咨询费、完工清理费、林草管护费及一切管理费用性质的开支。

• 技术支持培训费：指为了提高水土保持人员的素质和管理水平，保证治理质量，提高治理水平，促进水土保持工作的开展，对主要水土保持技术人员、治理区的县乡村领导、干部和农民群众，进行各种类型的技术培训所发生的费用。

②工程建设监理费　指工程开工后，聘请监理单位对工程的质量、进度、投资进行监理所发生的各项费用。

③科研勘测设计费　包括科学研究试验费和勘测设计费。

• 科学研究试验费：指在工程建设过程中，为解决工程中的特殊技术难题，而进行必要科学研究所需的经费。一般不列此项费用。

• 勘测设计费：指项目建议书、可行性研究、初步设计和施工图设计阶段(含招标设计)发生的勘测费、设计费和为勘测设计服务的科研试验费用。勘测设计的工作内容、范围及工作深度，应满足各设计阶段的要求。

④征地及淹没补偿费　指工程建设需要的永久征地、临时征地及地面附着物等所需支付的补偿费用。

⑤水土流失监测费　指施工期内为控制水土流失、监测生态环境治理效果所发生的各项费用。

工程总投资包括工程措施费、林草措施费、封育治理措施费、独立费用、基本预备费和价差预备费。预备费包括基本预备费和价差预备费。

• 基本预备费：按工程概算第一至第四部分之和的3%计取。

• 价差预备费：根据工程施工工期，以分年度的静态投资为计算基数，按国家规定的物价上涨指数计算。

4.4.7　经济评价和效益估算

4.4.7.1　国民经济评价

按照资源合理配置的原则，从国家整体角度考察和确定项目的效益和费用，用货物影子价格、影子工资、影子汇率和社会折现率等经济参数，分析、计算项目对国民经济带来的净贡献，以评价项目经济上的合理性。

4.4.7.2　国民经济评价的重要参数

(1)影子价格

影子价格，是指当社会经济处于某种最优状态时，能够反映社会劳动消耗、资源稀缺程度和最终产品需求情况的价格，即影子价格是人为确定的、更为合理(相对于实际价格)的价格。

(2)影子汇率

影子汇率，是指能反映外汇增加或减少对国民经济贡献或损失的汇率，也可以说是外汇的影子价格，它体现了从国家角度对外汇价格的估量。国民经济评价中涉及外汇与人民币之间的换算均应采用影子汇率。同时，影子汇率又是经济换汇成本或经济节汇成本指标的判断依据。

(3)社会折现率

社会折现率，表示从国家角度对资金机会成本和资金的时间价值的估量。它反映了资金占用的费用，其存在的基础是不断增长的扩大再生产。

社会折现率是根据我国在一定时间内的投资效益水平、资金机会成本、资金供求状况、合理的投资规模以及项目国民经济评价的实际情况进行测定的，它体现了国家的经济发展目标和宏观调控意图。国家统一发布的社会折现率为12%，供各类建设项目评价统一使用。

4.4.7.3 国民经济评价指标

(1)经济内部收益率

内部收益率是从国民经济评价角度反映项目经济效益的相对指标，它显示出项目占用的资金所获得的动态收益率。项目的经济内部收益率等于或大于社会折现率时，表明项目对国民经济的经济贡献达到或者超过了预定要求。

(2)经济净现值

用社会折现率将项目计算期内各年净效益流量折算到项目建设期初的现值之和。项目的经济净现值等于或大于零表示国家为拟建项目付出代价后，可以得到符合社会折线率所要求的社会盈余，或者还可以得到超额的社会盈余，并且以现值表示这种超额社会盈余的量值。经济净现值大于或者等于零，表示项目的盈利性超过或达到了基本要求。

(3)收益成本比值法(B/C)

收益成本比值法是指在项目的寿命期内，收益 B 的现值之和与成本 C 的现值之和的比值。

4.4.7.4 水土保持效益

在《水土保持效益计算》的国家标准中，按以下4个方面，提出了可供分析计算的水土保持效益指标体系。

(1)调水保土效益

①调水效益　包含增加土壤入渗、拦蓄地表径流、改善坡面排水能力、调节小流域径流。

②保土效益　包括为减轻土壤面蚀、沟蚀和拦蓄坡沟泥沙。

(2)水土保持生态效益

按生态环境的水圈、土圈、气圈、生物圈四个方面进行分析。

①水圈　主要是减少洪水流量与增加常水流量。

②土圈　主要是改善土壤的物理、化学性质，提高土壤质量。

③气圈　主要是改善靠近地层的温度、湿度、风力等小气候环境。

④生物圈 主要是增加林草植被覆盖程度，改善生物多样性、增加植物固碳量。

(3) 水土保持的经济效益

①直接经济效益 水土流失土地治理后，提高粮食、果品、饲草、枝条、木材等的产量以及相应增加的经济收入，同时计算产投比和投资回收期。

②间接经济效益 上述各类初级产品，经过加工、转化以后再增加的产值；经营基本农田比较经营坡耕地节约的土地和劳力；人工种草养畜较天然牧场养畜节约的土地、水土保持工程增加蓄、饮水和土地资源增值的效益等。

(4) 水土保持的社会效益

①减轻自然灾害保护土地不遭受沟蚀破坏与石化、沙化。②减轻河流下游泥沙危害及洪涝灾害。③减轻风蚀与风沙危害。④减轻干旱对农业生产的胁迫。⑤减轻滑坡泥石流危害和减轻面源污染等。⑥促进社会进步改善农业基础设施，提高土地生产率。⑦调整土地利用结构，合理利用土地。⑧提高劳动生产率。⑨调整农村生产结构，适应市场经济。⑩提高环境容量，缓解人地矛盾。⑪促进良性循环，制止恶性循环，促进农民脱贫、致富，奔小康等。

思 考 题

1. 水土流失调查的内容有哪些？
2. 水土保持规划的概念是什么？
3. 简要概括水土保持规划的编制程序。
4. 综合治理规划的主要内容是什么？

第5章

水土流失预防

【本章提要】所谓水土流失预防，是指运用各种水土保持的措施，包括法律、经济、技术等，对可能出现或造成的水土流失现象和行为预先进行约束和控制。本章简要介绍了我国水土流失重点预防保护区、特殊区域及主要典型防护区预防措施，并阐述了生产建设项目水土保持预防措施。

5.1 我国水土流失重点预防区

水土流失重点预防区主要指当前水土流失较轻，林草覆盖度较大，但潜在水土流失危险程度较高，对国家或区域防洪安全、水资源安全以及生态安全又存在重大影响的生态脆弱或敏感地区。重点预防区一般分为国家、省、市级和县级4级。跨省(自治区)且天然林区和草原面积超过66 667hm^2的列为国家级；跨县(市)且天然林区和草原面积大于6 667hm^2的列为省级；市、县域境内666.67hm^2 以上或集中治理50km^2以上的为市、县级，规划应根据涉及的范围划分相应的重点预防区。

根据水利部办公厅于2013年印发的《全国水土保持规划国家级水土流失重点预防区和重点治理区复核划分成果》(办水保〔2013〕188号)划定了水土保持重点预防保护区涉及的行政县(市、区、旗)，见表5-1。

表5-1 国家级水土流失重点预防区所在行政县(市、区、旗)表

序号	名称	涉及省(自治区、直辖市)	涉及县(市、区、旗)
1	大小兴安岭国家级水土流失重点预防区	黑龙江	呼玛县、漠河县、塔河县、黑河市爱辉区、孙吴县、逊克县、嘉荫县、伊春市伊春区、伊春市南岔区、伊春市友好区、伊春市西林区、伊春市翠峦区、伊春市新青区、伊春市美溪区、伊春市金山屯区、伊春市五营区、伊春市乌马河区、伊春市汤旺河区、伊春市带岭区、伊春市乌伊岭区、伊春市红星区、铁力市、通河县、绥棱县
		内蒙古	额尔古纳市、根河市、鄂伦春族自治旗、牙克石市
2	呼伦贝尔国家级水土流失重点预防区	内蒙古	陈巴尔虎旗、呼伦贝尔市海拉尔区、鄂温克族自治旗、满洲里市、新巴尔虎右旗、新巴尔虎左旗、阿尔山市

（续）

序号	名称	涉及省（自治区、直辖市）	涉及县（市、区、旗）
3	长白山国家级水土流失重点预防区	吉林	敦化市、和龙市、安图县、汪清县、临江市、抚松县、靖宇县、长白朝鲜族自治县、白山市八道江区、白山市江源区、通化市二道江区、通化市东昌区、通化县、集安市
		黑龙江	绥芬河市、东宁县
		辽宁	清原满族自治县、抚顺县、新宾满族自治县、桓仁满族自治县、宽甸满族自治县
4	燕山国家级水土流失重点预防区	北京	昌平区、怀柔区、平谷区、密云区、延庆区
		河北	沽源县、赤城县、丰宁满族自治县、围场满族蒙古族自治县、隆化县、滦平县、承德市双桥区、承德市双滦区、承德市鹰手营子矿区、承德县、平泉县、兴隆县、宽城满族自治县、遵化市、迁西县、迁安市、青龙满族自治县、抚宁县
		天津	蓟县
		内蒙古	多伦县、正蓝旗、太仆寺旗
5	祁连山－黑河国家级水土流失重点预防区	甘肃	金塔县、肃南裕固族自治县、高台县、临泽县、张掖市甘州区、民乐县、天祝藏族自治县、永登县
		青海	祁连县、门源回族自治县
		内蒙古	额济纳旗
6	子午岭－六盘山国家级水土流失重点预防区	陕西	甘泉县、富县、黄陵县、黄龙县、洛川县、宜君县、铜川市印台区、铜川市耀州区、铜川市王益区、淳化县、旬邑县、长武县、彬县、麟游县、千阳县、陇县、宝鸡市陈仓区
		甘肃	正宁县、静宁县、平凉市崆峒区、崇信县、华亭县、张家川回族自治县、清水县
		宁夏	隆德县、泾源县
7	阴山北麓国家级水土流失重点预防区	内蒙古	苏尼特左旗、苏尼特右旗、四子王旗、达尔罕茂明安联合旗、乌拉特中旗、乌拉特后旗
8	桐柏山大别山国家级水土流失重点预防区	安徽	六安市裕安区、六安市金安区、舒城县、霍山县、金寨县、岳西县、太湖县、潜山县
		河南	桐柏县、信阳市平桥区、信阳市狮河区、罗山县、光山县、新县、商城县
		湖北	随州市曾都区、随县、广水市、大悟县、红安县、麻城市、罗田县、英山县、稀水县、蕲春县
9	三江源国家级水土流失重点预防区	青海	共和县、贵南县、兴海县、同德县、泽库县、河南省蒙古族自治县、玛沁县、甘德县、久治县、班玛县、达日县、玛多县、称多县、玉树县、囊谦县、杂多县、治多县、曲麻莱县以及格尔木市部分
		甘肃	玛曲县、碌曲县、夏河县

（续）

序号	名称	涉及省（自治区、直辖市）	涉及县（市、区、旗）
10	雅鲁藏布江中下游国家级水土流失重点预防区	西藏	波密县、工布江达县、林芝县、米林县、朗县、加查县、隆子县、桑日县、曲松县、乃东县、琼结县、措美县、扎囊县、贡嘎县、浪卡子县、江孜县、仁布县、尼木县
11	金沙江岷江上游三江并流国家级水土流失重点预防区	四川	石渠县、德格县、甘孜县、色达县、白玉县、新龙县、炉霍县、道孚县、丹巴县、巴塘县、理塘县、雅江县、得荣县、乡城县、稻城县、若尔盖县、九寨沟县、阿坝县、红原县、松潘县、壤塘县、马尔康县、黑水县、金川县、小金县、理县、茂县、汶川县
		云南	德钦县、香格里拉县、维西傈僳族自治县、贡山独龙族怒族自治县、福贡县、兰坪白族普米族自治县、泸水县、玉龙纳西族自治县、丽江市古城区、剑川县、洱源县
		西藏	江达县、贡觉县、芒康县
12	丹江口库区及上游国家级水土流失重点预防区	重庆	城口县
		陕西	太白县、留坝县、城固县、洋县、佛坪县、略阳县、勉县、汉中市汉台区、宁强县、南郑县、西乡县、镇巴县、宁陕县、石泉县、汉阴县、安康市汉滨区、旬阳县、白河县、紫阳县、岚皋县、平利县、镇坪县、柞水县、商洛市商州区、镇安县、山阳县、丹凤县、商南县
		河南	卢氏县、栾川县、西峡县、内乡县、淅川县
		湖北	郧西县、郧县、十堰市茅箭区、十堰市张湾区、丹江口市、竹溪县、竹山县、房县、神农架林区
13	新安江国家级水土流失重点预防区	安徽	绩溪县、黄山市徽州区、黄山市屯溪区、黄山市黄山区、歙县、黟县、休宁县、祁门县
		浙江	淳安县、建德市
14	湘资沅上游国家级水土流失重点预防区	广西	资源县、全州县、龙胜各族自治县、兴安县、灌阳县
		贵州	江口县、岑巩县、施秉县、镇远县、三穗县、天柱县、台江县、剑河县、锦屏县、黎平县
		湖南	靖州苗族侗族自治县、通道侗族自治县、城步苗族自治县、新宁县、东安县、永州市冷水滩区、永州市零陵区、祁阳县、双牌县、宁远县、新田县、道县、江永县、江华瑶族自治县、蓝山县、嘉禾县、临武县、宜章县
15	东江上游国家级水土流失重点预防区	广东	和平县、连平县、东源县、河源市源城区、紫金县、新丰县、龙门县、博罗县、惠东县
		江西	寻乌县、定南县、安远县
16	海南岛中部山区国家级水土流失重点预防区	海南	白沙黎族自治县、琼中黎族苗族自治县、五指山市、保亭黎族苗族自治县

（续）

序号	名称	涉及省（自治区、直辖市）	涉及县（市、区、旗）
17	黄泛平原风沙国家级水土流失重点预防区	河北	成安县、临漳县、大名县、魏县
		河南	南乐县、清丰县、范县、内黄县、延津县、长垣县、封丘县、兰考县、杞县、开封县、通许县、中牟县、尉氏县
		山东	武城县、夏津县、临清市、冠县、东阿县、莘县、阳谷县、郓城县、鄄城县、菏泽市牡丹区、东明县、曹县、单县
		江苏	沛县、丰县
		安徽	砀山县、萧县
18	阿尔金山国家级水土流失重点预防区	新疆	若羌县、且末县
19	塔里木河国家级水土流失重点预防区	新疆	阿合奇县、乌什县、阿克苏市、阿瓦提县、阿拉尔市、巴楚县、麦盖提县、莎车县、泽普县、叶城县、皮山县、和田市、和田县、于田县、墨玉县、洛浦县、策勒县、民丰县
20	天山北坡国家级水土流失重点预防区	新疆	塔城市、额敏县、裕民县以及托里县、温泉县、博乐市、精河县、乌苏市、克拉玛依市独山子区、沙湾县、石河子市、玛纳斯县、呼图壁县、昌吉市、五家渠市、乌鲁木齐县、乌鲁木齐市天山区、乌鲁木齐市达坂城区、阜康市、吉木萨尔县、奇台县、木垒哈萨克自治县、巴里坤哈萨克自治县、伊吾县、哈密市部分
21	阿勒泰山国家级水土流失重点预防区	新疆	哈巴河县、布尔津县、阿勒泰市、吉木乃县、北屯市以及富蕴县、青河县部分
22	嘉陵江上游国家级水土流失重点预防区	陕西	凤县
		甘肃	两当县、徽县、成县、西和县、礼县、宕昌县、迭部县、舟曲县、陇南市武都区、康县、文县
		四川	青川县、广元市利州区、广元市朝天区、广元市元坝区、旺苍县、南江县、通江县、万源市
23	武陵山国家级水土流失重点预防区	重庆	酉阳土家族苗族自治县、秀山土家族苗族自治县
		湖北	建始县、利川市、咸丰县、宣恩县、鹤峰县、来凤县
		湖南	石门县、桑植县、慈利县、张家界市永定区、张家界市武陵源区、龙山县、永顺县、保靖县、古丈县、花桓县、凤凰县

5.2 特殊区域的水土流失预防保护规定

水土保持，重在预防保护。特别是在一些生态脆弱、敏感性地区，一旦造成水土流失，恢复的难度非常大，有的甚至无法恢复。地方各级人民政府应当高度重视水土流失预防工作，坚持“预防为主，保护优先”的水土保持工作方针，把预防保护工作摆在首要位置，广泛发动群众，组织协调，按照水土保持规划确定的区域，保护地表植被，采取封育保护、自然修复等措施，扩大林草植被覆盖，有效预防水土流失的发生，这是地方各级政府的一项重要职责。

5.2.1 崩塌、滑坡危险区和泥石流易发区

崩塌、滑坡、泥石流属于混合侵蚀，是重力、水力等应力共同作用的水土流失形式，具有突发性、历时短、危害严重等特点。在崩塌、滑坡危险区和泥石流易发区进行取土、挖砂、采石作业，极易导致应力变化，引发崩塌、滑坡和泥石流等，给人民群众生命财产带来巨大损失，严重危及公共安全。崩塌、滑坡危险区和泥石流易发区的范围及其划定，应当与地质灾害防治规划确定的地质灾害易发区、重点防治区相衔接，将发生崩塌、滑坡和泥石流潜在危险大，造成后果严重的区域划定为崩塌、滑坡危险区和泥石流易发区，并由县级以上地方人民政府划定并公告。

水土保持法明确规定：禁止在崩塌、滑坡危险区和泥石流易发区从事取土、挖砂、采石等可能造成水土流失的活动。

5.2.2 水土流失严重与生态脆弱地区

水土流失严重地区是指水土流失面积较大、强度较高、危害较重的区域。生态脆弱地区是指生态系统在自然、人为等因素的多重影响下，生态系统抵御干扰的能力较低，恢复能力较弱，且在现有经济和技术条件下，生态系统退化趋势得不到有效控制的区域，如戈壁、沙地、高寒山区以及坡度较陡的山脊带等。此类地区的主要规定如下：

①由于这些区域生态环境对外界干扰极为敏感，破坏后极难恢复，易造成严重的水土流失灾害和生态影响，限制或者禁止可能造成水土流失的生产建设活动。

②水土流失严重、生态脆弱地区的生态系统等级较低等，稳定性差，地表植被一旦破坏，极易造成生态系统退化，危害十分严重，其中沙壳、结皮、地衣是在干旱半干旱地区具有较强保护地表作用的地被物；沙壳是指经长期风蚀后，在地表形成的主要由粗颗粒沙砾组成的沙砾层；结皮是指在沙地经淋溶、蒸发后地表形成的具有一定黏着性的沙粒结层；地衣是指地表形成的由真菌与藻类共生的特殊低等植物体。沙壳、结皮、地衣对地表及地表层下的土壤或细颗粒沙具有很强的保护作用，可以有效地防止降水、大风对地表的侵蚀，减轻水土流失及降低其危害，促进植被恢复，固定沙丘，改善生态环境。一旦破坏，极难恢复，甚至会引发和加剧沙漠化，因此要严格保护地表植物、沙壳、结皮、地衣。

5.2.3 侵蚀沟、河流以及湖泊和水库的周边

侵蚀沟是指由沟蚀形成的沟壑。侵蚀沟是我国水土流失最为严重的两大地类之一。因沟坡坡度一般较陡，容易造成沟头前进和沟岸扩张，产生新的切沟甚至发育成新的侵蚀沟，并伴有坍塌、泻溜等重力侵蚀发生。泥沙直接进入河道，危及江河防洪安全以及下游群众的生命财产安全。例如，位于黄土高原沟壑区的董志塬，塬面平

坦，黄土的厚度在170m以上，其沟壑部分地形破碎，坡陡沟深，相对高差100～200m，沟壑密度0.5～2km/km^2，年侵蚀模数达5 000～10 000t/km^2。在侵蚀沟及河湖库岸周边设置植物保护带对预防和减轻水土流失具有重要作用，一是控制水流和冲刷，护坡和固岸，减少人为破坏；二是拦截泥沙，有效控制和减少水土流失及其对下游造成的危害；三是改善生态环境，减少面源污染。由于植物保护带具有多方面、多功效、十分重要的水土保持作用，因此规定应营造并严格保护植物带，禁止开垦，改变其原有土地利用方向。

5.2.4 水土流失重点预防区和重点治理区

（1）禁止在水土流失重点预防区和重点治理区铲草皮、挖树兜

我国一些地方由于燃料缺乏，当地群众取暖、烧饭都以柴草为主，铲草皮、挖树兜的现象较为普遍，再加上近年来制作盆景、根雕等，挖树兜的情况仍然较多，对植被的破坏十分严重，造成了大量的水土流失。随着我国经济发展和群众生活水平的提高，现在已有条件解决农村能源替代问题。因此，《水土保持法》规定禁止在水土流失重点预防区和重点治理区从事这些活动。

（2）禁止在水土流失重点预防区和重点治理区滥挖虫草、甘草、麻黄

虫草、甘草、麻黄等具有药用的植物大多生长在青藏高原、北方草原、干旱半干旱等地区。这些地区生态极为脆弱，采挖药材对地表的扰动强度大，植被破坏也大，引发和加剧水土流失，产生的危害极大。《水土保持法》规定明确禁止在水土流失重点预防区和重点治理区滥挖虫草、甘草、麻黄。

5.2.5 禁垦地区

①25°作为禁垦陡坡地上限，禁止开垦和种植农作物。

②25°陡坡地种植经济林的要求　首先要科学选择树种，种植耗水量小、根系发达、密度大、植被覆盖率高的树种，减少因单一树种或品种不当加重水土流失；其次是确定合理规模，经济林要与生态林相配套布设，经济效益与生态防护效益兼顾；最后是采用有利于水土保持的造林措施，并采取拦水、蓄水、排水等措施，防止形成较大坡面的径流和冲刷，综合防治可能产生的水土流失。

③省、自治区、直辖市可以根据实际情况规定小于25°的禁垦坡度；如东北黑土漫川漫岗区，尽管坡度不大，但因其坡长特别长，且降水量和降水强度较大，坡面水流具有较强的冲刷力，造成的水土流失非常严重，黑龙江省针对这种情况将禁垦坡度限定为15°。此外，宁夏、内蒙古、江西、陕西、浙江和海南等省（自治区）在地方性法规中也制定了小于25°的禁垦坡度。

④县级人民政府划定并公告禁垦陡坡地的范围。

5.2.6 禁垦坡度以下、5°以上的荒坡地

开垦禁垦坡度以下、5°以上荒坡地，应当采取水土保持措施。

在5°以上坡地上营造林木、抚育幼林、种植中药材，应当采取水土保持措施。一是采用有利于保持水土的种植和经营方式，如等高种植、带状种植、混交种植，保护林下植物，采用间伐、带伐、渐伐等采伐方式；二是按水土保持造林技术要求种植，布设水平沟、排水沟、拦沙坝，间隔种植植物保护带等。

5.2.7 林区

水源涵养林、水土保持林、防风固沙林等水土保持功能强的特殊林种只能进行抚育和更新性质的采伐。

采伐区、集材道是地表植被损坏最为严重的部位，也是引发水土流失的重点区域，必须采取保护林下植被，设置截水、排水、拦沙等拦排措施，防止采伐过程中造成严重水土流失。采伐完成后，要及时完成更新造林，促进林木生长，增加地面覆盖度，避免地表长时间处于裸露状态而发生水土流失。

林木采伐应当采用科学合理的方式，保护林下植被、避免大面积土地裸露。此外，在制订采伐方案的同时，必须制定采伐区水土保持措施，并经林业行政主管部门批准，由林业主管部门和水行政主管部门监督实施。

5.2.8 其他规定

(1)禁止毁林、毁草开垦和采集发菜

毁林、毁草开垦是指将已有的林木(包括天然林、次生林)和草地损毁后，开垦为耕地并种植农作物的行为。发菜是生长在西北干旱地区地表的一种藻类，采集发菜一般是用大耙子将发菜、地表灌草和根系一并搂取，是对干旱草原植被的一种毁灭性的破坏活动，禁止采集。

(2)加强对水土保持设施的管理与维护，落实管护责任，保障其功能正常发挥

水土保持设施是指具有水土保持功能的所有人工建筑物、植被的总称。长期以来，一些地区重治理轻管护，管护责任不落实，治理成果没有得到有效保护，导致了一些水土保持设施遭受破坏，水土保持功能降低甚至丧失，因此要加强对水土保持设施的保护。

水土保持设施的管理和维护的责任主体是其所有权人或者使用权人。

5.3 主要典型预防区预防措施

5.3.1 北方典型草原区的预防措施

北方典型草原区冬季漫长寒冷、夏季炎热少雨、春秋季节风大沙多的气候特点及超载放牧等不合理的草地利用方式，使该区域风力、水力侵蚀加剧，草场沙化退化面积不断扩展，草地生态环境恶化，不仅使当地畜牧业发展受到限制，而且使生态环境受到严重的影响。草原区的预防措施主要有：

(1)封育措施

封育草地，给牧草提供一个休养生息的机会，逐渐恢复植被，促进草本植物自然更新。草地封育后由于改变了草地的环境条件，加强植物的生长发育。封育草地草场产量提高50%以上，从直观看封育草地效果明显。封育草地常用的保护措施有刺铁丝网和电围栏等。

(2)划区轮牧制

划区轮牧制是把草原首先分成若干季节放牧地。再根据畜牧头数和草地产量把每一季节放牧地内分成若干轮牧小区，按照一定次序分区采食，轮回利用的一种放牧制度。划区轮牧可使草地资源充分利用，防止自由连续放牧的地方草地退化及杂草滋生，并能改善草场产草量及品质，相应提高了草地载畜量。

(3)草地补播

草地补播是在草层中播种一些适应性强、有价值的优良牧草，以便增加草层的植物种类成分、草地的覆盖度和提高草层的产量和品质。我国北方草原进行补播，干草产量平均提高60%以上。植被覆盖度增加30%以上。

(4)草地防护林

我国北方草原，冬春季节干旱风大，形成灾害性的气候，在草原上，栽成带状或纵横交错的网状防护林带用来防止风沙，保持水土，保护草地牧草的生长。草地防风林可使风速减低，减轻风蚀危害，削弱风对土壤和近地面空气的干燥作用，减少植物蒸腾和土壤蒸发，调节近地面气温、地湿、湿度，改善保护区的小气候条件，且能使雪均匀分布在草地上，防止风蚀。

(5)人工草地

人工草地是根据牧草的生物学、生态学和群落结构特点，有计划地将一部分草地开垦后。因地制宜地播种多年生或一年生牧草。人工草地能生产大量优质饲料。满足畜牧业发展的需要，减轻天然草地承载压力，有效防止草地进一步沙化、退化。

(6)节能水土保持防治措施

大力发展太阳能、风能、沼气和推广省柴灶，改燃节能，有效地保护当地的植被，起到防止水土流失的作用。

5.3.2　森林作业活动的水土流失预防

在森林作业中，采伐方式和集材作业会对水土流失造成影响。森林的主伐方式分为择伐、渐伐和皆伐。在集材作业中，由于人、牲畜、机械和木材在林地上运行，修建集材道路及装车场等土木工程对林地土壤会产生一定程度的损害，从而给水土流失创造了条件。此外，伐区清理方式中的堆积法(散堆和带堆)、散铺法、火烧法也对采伐迹地水土流失产生不同程度的影响。

堆积法和散铺法适用于植被较少，土壤瘠薄、坡度较大的非皆伐迹地。火烧法适用于皆伐迹地清理，可彻底清除迹地上采伐剩余物，增加土壤成分含量，提高地力，消灭病虫害。在森林作业和清理地预防措施包括：

①合理选择采伐方式，尽量采用择伐和小面积皆伐，伐区面积控制在2~3hm^2。

②在陡坡或土壤易引起重力侵蚀的地段，应尽量避免大强度采伐。

③集材应尽量选用对土壤破坏小的集材方式，如架空索道或畜力集材，有条件的情况下，可发展气球、飞艇或直升机集材。用拖拉机集材时，尽量采用履带式拖拉机，轮式拖拉机应选用特宽轮胎，减少对地面的破坏。

④因地制宜选择迹地清理方式，使剩余物对雨水保持一定的截持作用。

5.4 生产建设项目水土流失的预防

5.4.1 生产建设项目选址、选线

一般生产建设项目在选址、选线时应当避让重点预防区和重点治理区。特别是涉及或影响到流域或区域生态安全、饮水安全、防洪安全、水资源安全等的生产建设项目必须从严控制，严格避让。

对国家重要基础设施建设、重要民生工程、国防工程等在选址、选线时无法避让水土流失重点预防区和重点治理区的，应当依法提高水土流失防治标准，严格控制地表扰动和植被损坏范围，减少工程永久或临时占地面积，加强工程管理，优化施工工艺，这样，可以最大限度地减轻水土流失和生态环境影响。例如，公路建设项目应提高桥梁、隧道比重，减少开挖、填筑工程量。在河谷狭窄地段，可适当降低路面两侧附属设施的标高。在填筑时尽量使用开挖的土石，以减少废弃的土石方量。缩短土石方的存放时间，将废弃土石方运至水土流失重点预防区外堆放。输变电工程可以通过优化塔体设计，采用全方位、高低腿的工艺，减少塔基土石方开挖的范围和数量，架设线路可以采用飞艇、火箭筒等新工艺，减少对地表及植被的破坏。

5.4.2 生产建设项目水土保持方案制度

5.4.2.1 水土保持方案编报范围、主体

水土保持方案编报范围不仅包括山区、丘陵区、风沙区，还包括水土保持规划确定的容易发生水土流失的其他区域。在上述区域开建可能造成水土流失的生产建设项目，生产建设单位应当编制水土保持方案，按照经批准的水土保持方案，采取水土流失预防和治理措施。生产建设单位没有能力编制水土保持方案的，应当委托具备相应技术条件的机构编制。

5.4.2.2 水土保持方案的内容

一是水土流失防治的责任范围，包括生产建设项目永久占地、临时占地及由此可能对周边造成直接影响的面积。

二是水土流失防治目标，在生产建设项目水土流失预测的基础上，根据项目类别、地貌类型、项目所在地的水土保持重要性和敏感程度等，合理确定扰动土地整治

率、水土流失总治理度、土壤流失控制比、拦渣率、林草植被恢复率、林草覆盖率等目标。

三是水土流失防治措施，根据项目特性及项目区自然条件、造成的水土流失特点，采取工程措施、植物措施、临时防护措施和管理措施。

四是水土保持投资，根据国家制定的水土保持投资编制规范，估算各项水土保持措施投资及相关的间接费用。

5.4.2.3 水土保持方案的审批和变更审批

水土保持方案的审批部门为县级以上人民政府水行政主管部门。水土保持方案是项目立项审批或核准阶段的技术文件，大多数行业和项目达到可行性研究的设计深度。工程设计的后续阶段及在工程实施期间，主体工程的地点、规模发生重大变化时，将引起水土流失防治责任范围、水土保持防治措施及措施布置的变化，因此，生产建设项目应当补充或者修改水土保持方案并报原审批部门批准。

生产建设项目水土保持方案的编制和审批办法，由国务院水行政主管部门制定。

5.4.3 生产建设项目水土保持方案的管理

(1)水土保持方案是生产建设项目开工建设的前置条件

“开工建设”是指生产建设项目的开工和建设，包括生产建设项目主体工程开工建设和附属配套工程以及前期建设工程(如“三通一平”“五通一平”“局部试验段项目”等前期建设内容)。

开工建设前依法应当编制水土保持方案的生产建设项目，2015 年国务院发布了《国务院决定第一批清理规范的国务院部门行政审批中介服务事项目录》(共计 89 项)，其中第 29 条取消具有从事生产建设项目水土保持方案编制工作相应能力和水平且具有独立法人资格的企事业单位并提出：申请人可按要求自行编制水土保持方案，也可委托有关机构编制，审批部门不得以任何形式要求申请人必须委托特定中介机构提供服务；保留审批部门现有的水土保持方案技术评估、评审。编制的水土保持方案需报经水行政主管部门批准。未编制水土保持方案或水土保持方案未经水行政主管部门批准的，生产建设项目不得开工建设。

(2)生产建设项目中的水土保持设施，应当与主体工程同时设计、同时施工、同时投产使用

“同时设计”是指生产建设项目水土保持设施的设计要与项目主体工程设计同时进行。“同时施工”是指水土保持措施应当与主体工程建设同步建设实施。“同时投入使用”是指水土保持措施应与主体工程同时完成，并投入使用，既发挥防治水土流失、恢复和改善生态环境的作用，也保障主体工程安全运行。

(3)生产建设活动弃渣的利用和存放

弃渣是生产建设项目造成水土流失及其危害最直接的行为活动。我国目前正处于经济快速发展期，资源开发、工业化和城镇化进程加快，基本建设活动面广量大，随之产生大量的土石方开挖和填筑。由于综合利用程度不高，废弃的砂、石、土总量巨

大，一方面弃渣的堆放造成了大量的土地占压和植被破坏；另一方面形成大量新的水土流失策源地，对周边和下游造成严重的水土流失影响甚至构成安全威胁。

因此，弃渣应首先进行综合利用；弃渣必须堆放在水土保持方案确定的专门存放地(弃渣场)；弃渣必须采取防护措施，如拦挡、护坡、排水、土地整治、植被等措施，保证不产生新的危害。

思考题

1. 水土流失重点预防区的划分标准是什么?
2. 水土流失严重、生态脆弱地区等特殊区域禁止和限制性规定有哪些?
3. 生产建设项目水土保持措施有哪些?
4. 北方典型草原区的预防措施有哪些?
5. 森林作业活动的水土流失预防措施有哪些?

第6章 水土流失治理

【本章提要】在水土流失类型区划分的基础上，阐述主要水土流失类型区的治理原则和措施体系。对国家水土保持重点工程、江河源头区、饮用水水源保护区和水源涵养区、“四荒”治理和生产建设项目典型区域介绍了治理原则和措施体系。

6.1 水土保持区划

为了科学合理进行水土流失防治总体布局，我国首次开展了全国水土保持区划。区划采取三级分区体系。一级区为总体格局区，确定全国水土保持工作战略部署与水土流失防治方略，反映水土资源保护、开发和合理利用的总体格局。二级区为区域协调区，协调跨流域、跨省区的重大区域性规划目标、任务及重点。三级区为基本功能区，确定水土流失防治途径及技术体系，作为重点项目布局与规划的基础。全国共划分8个一级区、40个二级区、115个三级区。按照总体方略要求，综合协调天然林保护、退耕还林还草、草原保护建设、保护性耕作推广、土地整治、城镇建设、城乡统筹发展等相关水土保持内容，以全国水土保持区划为基础，提出水土保持区域布局。

6.1.1 东北黑土区

东北山地丘陵区，包括内蒙古、辽宁、吉林和黑龙江4省(自治区)244个县(市、区、旗)，土地面积约$1.09\times10^6km^2$，水土流失面积$2.53\times10^5km^2$。东北黑土区主要分布有大小兴安岭、长白山、呼伦贝尔高原、三江平原及松嫩平原。主要河流涉及黑龙江、松花江等。属温带季风气候区，大部分地区年均降水量300~800mm。土壤类型以黑土、黑钙土、灰色森林土、暗棕壤、棕色针叶林土为主。主要植被类型包括落叶针叶林、落叶针阔混交林和草原植被等，林草覆盖率55.27%。区内耕地总面积$2.89\times10^7hm^2$，其中坡耕地$2.3\times10^6hm^2$，缓坡耕地$3.56\times10^6hm^2$。水土流失以水力侵蚀为主，间有风力侵蚀，北部有冻融侵蚀。东北黑土区是世界三大黑土带之一，既是我国森林资源最为丰富的地区，也是国家重要的生态屏障。三江平原和松嫩平原是全国重要商品粮生产基地，呼伦贝尔草原是国家重要畜产品生产基地，哈长地区是全国重要的能源、装备制造基地。由于森林采伐、大规模垦殖等历史原因导致森林后备资源不足、湿地萎缩、黑土流失。

以漫川漫岗区的坡耕地和侵蚀沟治理为重点，加强农田水土保持工作，实施农林镶嵌区退耕还林还草和农田防护、西部地区风蚀防治，强化自然保护区、天然林保护区、重要水源地的预防和监督管理。增强大小兴安岭山地区、嫩江、松花江等江河源头区水源涵养功能。加强长白山－完达山山地丘陵区坡耕地及侵蚀沟道治理，保护水源地，维护生态屏障。保护东北漫川漫岗区黑土资源，加大坡耕地综合治理，推行水土保持耕作制度。加强松辽平原风沙区农田防护体系建设和风蚀防治，实施水土保持耕作措施。控制大兴安岭东南山地丘陵区坡面侵蚀，治理侵蚀沟道，防治草场退化。加强呼伦贝尔丘陵平原区草场管理，保护现有草地和森林。

6.1.2 北方风沙区

新甘蒙高原盆地区，包括河北、内蒙古、甘肃和新疆4省(自治区)145个县(市、区、旗)，土地面积约$2.39\times10^6km^2$，水土流失面积$1.43\times10^6km^2$。北方风沙区主要分布有内蒙古高原、阿尔泰山、准噶尔盆地、天山、塔里木盆地、昆仑山、阿尔金山。区内包含塔克拉玛干、古尔班通古特、巴丹吉林、腾格里、库姆塔格、库布齐、乌兰布和沙漠及浑善达克沙地，沙漠戈壁广布。主要涉及塔里木河、黑河、石羊河、疏勒河等内陆河，以及额尔齐斯河、伊犁河等河流。属温带干旱半干旱气候区，大部分地区年均降水量25～350mm。土壤类型以栗钙土、灰钙土、风沙土和棕漠土为主。主要植被类型包括荒漠草原、典型草原以及疏林灌木草原等，林草覆盖率31.02%。区内耕地总面积$7.54\times10^6hm^2$，其中坡耕地$2.05\times10^5hm^2$。水土流失以风力侵蚀为主，局部地区风蚀和水蚀并存。

北方风沙区荒漠草原相间，绿洲零星分布，天山、祁连山、昆仑山、阿尔泰山是区内主要河流的发源地，生态环境脆弱，在我国生态安全战略格局中具有十分重要的地位，是国家重要的能源矿产和风能开发基地，是国家重要农牧产品产业带。天山北坡地区是国家重点开发区域。区内草场退化，土地风蚀与沙化问题突出，水资源匮乏，河流下游绿洲萎缩，局部地区能源矿产开发活动频繁，植被破坏和沙丘活化现象严重，风沙严重危害工农业生产和群众生活。加强预防，实施退牧还草工程，防治草场沙化退化。保护和修复山地森林植被，提高水源涵养能力，维护江河源头区生态安全。综合防治农牧交错地带水土流失，建立绿洲防风固沙体系，加强能源矿产开发的监督管理。加强内蒙古中部高原丘陵区草场管理和风蚀防治。保护河西走廊及阿拉善高原区绿洲农业和草地资源。提高北疆山地盆地区森林水源涵养能力，开展绿洲边缘冲积洪积山麓地带综合治理和山洪灾害防治。加强南疆山地盆地区绿洲农田防护和荒漠植被保护。

6.1.3 北方土石山区

北方山地丘陵区，包括北京、天津、河北、山西、内蒙古、辽宁、江苏、安徽、山东和河南10省(自治区、直辖市)共662个县(市、区、旗)，土地总面积约$8.1\times10^5km^2$，水土流失面积$1.9\times10^5km^2$。北方土石山区主要包括辽河平原、燕山太行山、胶东低山丘陵、沂蒙山泰山以及淮河以北的黄淮海平原等。主要河流涉及辽河、大凌河、滦河、北三河、永定河、大清河、子牙河、漳卫河，以及伊洛河、大汶河、沂河、沭河、泗河等。属温带半干旱、暖温带半干旱及半湿润气候区，大部分地区年均降水量400～800mm。主要土壤类型包括褐土、棕壤和栗钙土等。植被类型主要为温带落叶阔叶林、针阔混交林，林草覆盖率24.22%。区内耕地总面积$3.2\times10^7hm^2$，其中坡耕地$1.92\times10^6hm^2$。水土流失以水力侵蚀为主，部分地区间有风力侵蚀。北方土石山区的环渤海地区、山东半岛地区、冀中南、东陇海、中原经济区等重要的优化开发和重点开发区域是我国城市化战略格局的重要组成部分，辽河平原、黄淮海平原是重要的粮食主产区，沿海低山丘陵区是农业综合开发基地，太行山、燕山等区域是华北重要饮用水水源地，区内除西部和西北部山区丘陵区有森林分布外，大部分为农业耕作区，整体林草覆盖率低。山区丘陵区耕地资源短缺，坡耕地比例大，水源涵养能力有待提高，局部地区存在山洪灾害。区内开发强度大，人为水土流失问题突出，海河下游和黄泛区存在潜在风蚀危险。以保护和建设山地森林草原植被，提高河流上游水源涵养能力为重点，维护重要水源地安全。加强山丘区小流域综合治理、微丘岗地及平原沙土区农田水土保持工作，改善农村生产生活条件。全面加强生产建设活动和项目水土保持监督管理。加强辽宁环渤海山地丘陵区水源涵养林、农田防护林和城市人居环境建设。开展燕山及辽西山地丘陵区水土流失综合治理，推动城郊及周边地区清洁小流域建设。提高太行山山地丘陵区森林水源涵养能力，加强京津风沙源区综合治理，改造坡耕地，发展特色产业，巩固退耕还林还草成果。保护泰沂及胶东山地丘陵区耕地资源，实施综合治理，加强农业综合开发。改善华北平原区农业产业结构，推行保护性耕作，强化黄泛平原及河湖滨海风沙区的监督管理。加强豫西南山地丘陵区水土流失综合治理，发展特色产业，保护现有森林植被。

6.1.4 西北黄土高原区

包括山西、内蒙古、陕西、甘肃、青海和宁夏6省(自治区)共271个县(市、区、旗)，土地总面积$5.6\times10^5km^2$，水土流失面积$2.3\times10^5km^2$。西北黄土高原区主要分布有鄂尔多斯高原、陕北高原、陇中高原等。主要河流涉及黄河干流、汾河、无定河、渭河、泾河、洛河、洮河、湟水河等。属暖温带半湿润、半干旱气候区，大部分地区年均降水量250～700mm。主要土壤类型有黄绵土、褐土、垆土、棕壤、栗钙土和风沙土。植被类型主要为暖温带落叶阔叶林和森林草原，林草覆盖率45.29%。区内耕地总面积$1.268\times10^7hm^2$，其中坡耕地$4.52\times10^6hm^2$。水土流失以水力侵蚀为主，北部地区水蚀和风蚀交错。西北黄土高原区是世界上面积最大的黄土覆盖地区和黄河泥沙的主要策源地，是阻止内蒙古高原风沙南移的生态屏障，也是重要的能源重化工基地。汾渭盆地、河套灌区是国家的农产品主产区，呼包鄂榆、宁夏沿黄经济区、兰州—西宁和关中—天水等国家重点开发区是我国城市化战略格局的重要组成部分。区内水土流失严重，泥沙下泄影响黄河下游防洪安全。坡耕地多，水资源匮乏，农业综合生产能力较低。部分区域草场退化沙化严重。能源开发引起的水土流失问题十分突出。实施小流域综合治理，建设以梯田和淤地坝为核心的拦沙减沙体系，发展农业特色产业，保障黄河下游安全。巩固退耕还林还草成果，保护和建设林草植被，防风固沙，控制沙漠南移。建设宁蒙覆沙黄土丘陵区毛乌素沙地、库布齐沙漠、河套平原周边的防风固沙体系。实施晋陕蒙丘陵沟壑区拦沙减沙工程，恢复与建设长城沿线防风固沙林草植被。加强汾渭及晋城丘陵阶地区丘陵台塬水土流失综合治理，保护与建设山地水源涵养林。开展晋陕甘高塬沟壑区坡耕地综合治理和沟道坝系建设，保护与建设子午岭与吕梁林区植被。加强甘宁青山地丘陵沟壑区以坡改梯和雨水集蓄利用为主的小流域综合治理，保护与建设林草植被。

6.1.5 南方红壤区

即南方山地丘陵区，包括上海、江苏、浙江、安徽、福建、江西、河南、湖北、湖南、广东、广西和海南 12 省(自治区、直辖市)共 859 个县(市、区)，土地总面积约 $1.24\times10^6\mathrm{km}^2$，水土流失面积 $1.6\times10^5\mathrm{km}^2$。南方红壤区主要包括大别山、桐柏山、江南丘陵、淮阳丘陵、浙闽山地丘陵、南岭山地丘陵及长江中下游平原、东南沿海平原等。主要河流湖泊涉及淮河部分支流，长江中下游及汉江、湘江、赣江等重要支流，珠江中下游及桂江、东江、北江等重要支流，钱塘江、韩江、闽江等东南沿海诸河，以及洞庭湖、鄱阳湖、太湖、巢湖等。属亚热带、热带湿润气候区，大部分地区年均降水量 800 ~ 2 000mm。土壤类型主要包括棕壤、黄红壤和红壤等。主要植被类型为常绿针叶林、阔叶林、针阔混交林以及热带季雨林，林草覆盖率 45.16%。区内耕地总面积 $2.8\times10^7\mathrm{hm}^2$，其中坡耕地 $1.78\times10^6\mathrm{hm}^2$。水土流失以水力侵蚀为主，局部地区崩岗发育，滨海环湖地带兼有风力侵蚀。南方红壤区是重要的粮食、经济作物、水产品、速生丰产林和水果生产基地，也是有色金属和核电生产基地。大别山山地丘陵、南岭山地、海南岛中部山区等是重要的生态功能区。洞庭湖、鄱阳湖是我国重要湿地。长江、珠江三角洲等城市群是我国城市化战略格局的重要组成部分。区内人口密度大，人均耕地少，农业开发程度高，山丘区坡耕地以及经济林和速生丰产林林下水土流失严重，局部地区存在侵蚀劣地和崩岗，水网地区存在河岸坍塌、河道淤积、水体富营养化等问题。加强山丘区坡耕地改造及坡面水系工程配套，控制林下水土流失，开展微丘岗地缓坡地带的农田水土保持工作，实施侵蚀劣地和崩岗治理，发展特色产业。保护和建设森林植被，提高水源涵养能力，推动城市周边地区清洁小流域建设。加强城市、经济开发区及基础设施建设的水土保持监督管理。加强江淮丘陵及下游平原区农田保护及丘岗水土流失综合防治，维护水质及人居环境。保护与建设大别山—桐柏山山地丘陵区森林植被，提高水源涵养能力，实施以坡改梯及配套水系工程和发展特色产业为核心的综合治理。优化长江中游丘陵平原区农业产业结构，保护农田，维护水网地区水质和城市人居环境。加强江南山地丘陵区坡耕地、坡林地及崩岗的水土流失综合治理，保护与建设江河源头区水源涵养林，培育和合理利用森林资源，维护重要水源地水质。保护浙闽山地丘陵区耕地资源，配套坡面排蓄工程，强化溪岸整治，加强农林开发水土流失治理和监督管理，加强崩岗和侵蚀劣地的综合治理，保护好河流上游森林植被。保护和建设南岭山地丘陵区森林植被，提高水源涵养能力，防治亚热带特色林果产业开发产生的水土流失，抢救岩溶分布地带土地资源，实施坡改梯，做好坡面径流排蓄和岩溶水利用。保护华南沿海丘陵台地区森林植被，建设清洁小流域，维护人居环境。保护海南及南海诸岛丘陵台地区热带雨林，加强热带特色林果开发的水土流失治理和监督管理，发展生态旅游。

6.1.6 西南紫色土区

即四川盆地及周围山地丘陵区，包括河南、湖北、湖南、重庆、四川、陕西和甘肃7省(直辖市)共254个县(市、区)，土地总面积约$5.1\times10^5km^2$，水土流失面积$1.6\times10^5km^2$。西南紫色土区分布有秦岭、武当山、大巴山、巫山、武陵山、岷山、汉江谷地、四川盆地等。主要涉及长江上游干流，以及岷江、沱江、嘉陵江、汉江、丹江、清江、澧水等河流。属亚热带湿润气候区，大部分地区年均降水量800~1 400mm。土壤类型以紫色土、黄棕壤和黄壤为主。植被类型主要包括亚热带常绿阔叶林、针叶林及竹林，林草覆盖率57.84%。区域耕地总面积$1.13\times10^7hm^2$，其中坡耕地$6.22\times10^6hm^2$。水土流失以水力侵蚀为主，局部地区滑坡、泥石流等山地灾害频发。西南紫色土区是我国西部重点开发区和重要的农产品生产区，也是重要的水电资源开发和有色金属矿产生产基地，是长江上游重要的水源涵养区。区内有三峡水库和丹江口水库，秦巴山地是嘉陵江与汉江等河流的发源地，成渝地区是全国统筹城乡发展示范区，以及全国重要的高新技术产业、先进制造业和现代服务业基地。区内人多地少，坡耕地广布，水电、石油天然气和有色金属矿产等资源开发强度大，水土流失严重，山地灾害频发，是长江泥沙的策源地之一。加强以坡耕地改造及坡面水系工程配套为主的小流域综合治理，巩固退耕还林还草成果。实施重要水源地和江河源头区预防保护，建设与保护植被，提高水源涵养能力，完善长江上游防护林体系。积极推行重要水源地清洁小流域建设，维护水源地水质。防治山洪灾害，健全滑坡泥石流预警体系。加强水电资源开发及经济开发区的水土保持监督管理。巩固秦巴山地区治理成果，保护河流源头区和水源地植被，继续推进小流域综合治理，发展特色产业，加强库区移民安置和城镇迁建的水土保持监督管理。保护武陵山山地丘陵区森林植被，大力营造水源涵养林，开展坡耕地综合整治，发展特色旅游生态产业。强化川渝山地丘陵区以坡改梯和坡面水系工程为主的小流域综合治理，保护山丘区水源涵养林，建设沿江滨库植被带，注重山区山洪、泥石流沟道治理。

6.1.7 西南岩溶区

即云贵高原区，包括四川、贵州、云南和广西4省(自治区)共273个县(市、区)，土地总面积约$7\times10^5km^2$，水土流失面积$2\times10^5km^2$。西南岩溶区主要分布有横断山山地、云贵高原、桂西山地丘陵等。主要河流涉及澜沧江、怒江、元江、金沙江、雅砻江、乌江、赤水河、南北盘江、红水河、左江、右江等。属亚热带和热带湿润气候区，大部分地区年均降水量800~1 600mm。土壤类型主要分布有黄壤、黄棕壤、红壤和赤红壤。植被类型以亚热带和热带常绿阔叶、针叶林、针阔混交林为主，林草覆盖率57.80%。区内耕地总面积$1.3\times10^7hm^2$，其中坡耕地$7.22\times10^6hm^2$。水土流失以水力侵蚀为主，局部地区存在滑坡、泥石流。西南岩溶区少数民族聚居，是我国水电资源蕴藏最丰富的地区之一，是重要的有色金属及稀土等矿产基地，也是重要的生态屏障。黔中和滇中地区是国家重点开发区，滇南是华南农产品主产区的重要组成部分。区内岩溶石漠化严重，耕地资源短缺，陡坡耕地比例大，工程性缺水严重，农村能源匮乏，贫困人口多，山区滑坡、泥石流等灾害频发，水土流失问题突出。改造坡耕地和建设小型蓄水工程，强化岩溶石漠化治理，保护耕地资源，提高耕地资源的综合利用效率，加快群众脱贫致富。注重自然修复，推进陡坡耕地退耕，保护和建设林草植被。加强水电、矿产资源开发的水土保持监督管理。加强滇黔桂山地丘陵区坡耕地整治，实施坡面水系工程和表层泉水引蓄灌工程，保护现有森林植被，实施退耕还林还草和自然修复。保护滇北及川西南高山峡谷区森林植被，实施坡改梯及配套坡面水系工程，提高抗旱能力和土地生产力，促进陡坡退耕还林还草，加强山洪泥石流预警预报，防治山地灾害。保护和恢复滇西南山地区热带森林，整治坡耕地，治理橡胶园等林下水土流失，加强水电资源开发的水土保持监督管理。

6.1.8　青藏高原区

包括西藏、青海、甘肃、四川和云南5省(自治区)共144个县(市、区)，土地总面积约2.19×10^6km²，水土流失面积3.19×10^5km²。青藏高原区主要分布有祁连山、唐古拉山、巴颜喀拉山、横断山脉、喜马拉雅山、柴达木盆地、羌塘高原、青海高原、藏南谷地。主要河流涉及黄河、怒江、澜沧江、金沙江、雅鲁藏布江。气候从东往西由温带湿润区过渡到寒带干旱区，大部分地区年均降水量50～800mm。土壤类型以高山草甸土、草原土和漠土为主。植被类型主要包括温带高寒草原、草甸和疏林灌木草原，林草覆盖率58.24%。区内耕地总面积1.05×10^6hm²，其中坡耕地3.43×10^5hm²。冻融、水力、风力侵蚀均有分布。青藏高原区孕育了长江、黄河和西南诸河，高原湿地与湖泊众多，是我国西部重要的生态屏障，也是淡水资源和水电资源最为丰富的地区。青海湖是我国最大的内陆湖和咸水湖，也是我国七大国际重要湿地之一，长江、黄河和澜沧江三江源头湿地广布，物种丰富。区内地广人稀，冰川退化，雪线上移，湿地萎缩，植被退化，水源涵养能力下降，自然生态系统保存较为完整但极端脆弱。维护独特的高原生态系统，加强草场和湿地的保护，治理退化草场，提高江河源头区水源涵养能力，综合治理河谷周边水土流失，促进河谷农业生产。加强柴达木盆地及昆仑山北麓高原区预防保护，保护青海湖周边的生态及柴达木盆地东端的绿洲农田。强化若尔盖—江河源高原山地区草场和湿地保护，防治草场沙化退化，维护水源涵养功能。保护羌塘—藏西南高原区天然草场，轮封轮牧，发展冬季草场，防止草场退化。实施藏东—川西高山峡谷区天然林保护，改造坡耕地，陡坡退耕还林还草，加强水电资源开发的水土保持监督管理。保护雅鲁藏布河谷及藏南山地区天然林，建设人工草地，保护天然草场，轮封轮牧，实施河谷农区小流域综合治理。

6.2 全国重点治理区的划分

6.2.1 全国重点治理区的行政划分

我国水土流失量大面广，防治任务十分艰巨。立足我国的基本国情，水土流失防治工作必须按照突出重点、集中突破，以点带面的战略步骤，分层分步推进。这样做不但见效快，而且经济可行。在土壤侵蚀分区的基础上，水利部办公厅印发《全国水土保持规划国家级水土流失重点预防区和重点治理区复核划分成果》(办水保[2013]188号)，将全国划分17个重点治理区，包括东北漫川漫岗、大兴安岭东麓、西辽河大凌河中上游、永定河上游、太行山、黄河多沙粗沙、甘青宁黄土丘陵、伏牛山中条山、沂蒙山泰山、西南诸河高山峡谷、金沙江下游、嘉陵江及沱江、三峡库区、湘资沅中游、乌江赤水河上中游、滇黔桂岩溶石漠化、粤闽赣红壤区国家级水土流失重点治理区，总面积1.6×10^6km^2，其中水土流失面积4.94×10^5km^2。各区涉及的行政县(市、区、旗)见表6-1。

表6-1 国家级水土流失重点治理区所在行政县(市、区、旗)

序号	名称	涉及省(自治区、直辖市)	涉及县(市、区、旗)
1	东北漫川漫岗国家级水土流失重点治理区	黑龙江	克山县、克东县、依安县、拜泉县、北安市、海伦市、明水县、青冈县、望奎县、绥化市北林区、庆安县、巴彦县、木兰县、宾县、延寿县、尚志市、五常市、方正县、依兰县、佳木斯市郊区、桦南县、勃利县、海林市、牡丹江市爱民区、牡丹江市东安区、牡丹江市阳明区、牡丹江市西安区、穆棱市、鸡西市梨树区、鸡西市恒山区、鸡西市麻山区、鸡西市鸡冠区、鸡西市滴道区、鸡西市城子河区
		吉林	榆树市、德惠市、九台市、长春市二道区、长春市双阳区、舒兰市、吉林市昌邑区、吉林市龙潭区、吉林市船营区、吉林市丰满区、蛟河市、永吉县、桦甸市、磐石市、公主岭市、梨树县、四平市铁西区、四平市铁东区、伊通满族自治县、辽源市龙山区、辽源市西安区、东辽县、东丰县、梅河口市、辉南县、柳河县
		辽宁	昌图县、西丰县、开原市、铁岭市银州区、铁岭市清河区、调兵山市、铁岭县、康平县、法库县
2	大兴安岭东麓国家级水土流失重点治理区	黑龙江	讷河市、甘南县、齐齐哈尔市碾子山区、龙江县
		内蒙古自治区	莫力达瓦达斡尔族自治旗、阿荣旗、扎兰屯市、扎赉特旗、科尔沁右翼前旗、乌兰浩特市、突泉县、科尔沁右翼中旗、霍林郭勒市、扎鲁特旗
3	西辽河大凌河中上游国家级水土流失重点治理区	内蒙古	阿鲁科尔沁旗、巴林左旗、巴林右旗、克什克腾旗、翁牛特旗、敖汉旗、赤峰市松山区、赤峰市元宝山区、赤峰市红山区、喀喇沁旗、奈曼旗、库伦旗
		辽宁	彰武县、阜新蒙古族自治县、阜新市海州区、阜新市新邱区、阜新市清河门区、阜新市细河区、阜新市太平区、建平县、北票市、朝阳市双塔区、朝阳市龙城区、朝阳县、凌源市、喀喇沁左翼蒙古族自治县、义县、建昌县

（续）

序号	名称	涉及省（自治区、直辖市）	涉及县（市、区、旗）
4	永定河上游国家级水土流失重点治理区	河北	张北县、尚义县、崇礼县、怀来县、万全县、张家口市下花园区、张家口市桥东区、张家口市桥西区、张家口市宣化区、宣化县、怀安县、阳原县、蔚县、涿鹿县
		山西	天镇县、阳高县、大同县、大同市城区、大同市矿区、大同市南郊区、大同市新荣区、左云县、广灵县、浑源县、怀仁县、应县、山阴县、朔州市平鲁区、朔州市朔城区、宁武县
		内蒙古	兴和县
5	太行山国家级水土流失重点治理区	北京	房山区
		河南	林州市
		河北	涞水县、涞源县、易县、阜平县、曲阳县、行唐县、灵寿县、平山县、井陉县、元氏县、赞皇县、临城县、内丘县、邢台县、沙河市、武安市、涉县、磁县
		山西	灵丘县、繁峙县、代县、原平市、五台县、盂县、阳泉市城区、阳泉市矿区、阳泉市郊区、平定县、昔阳县、和顺县、榆社县、左权县、武乡县、沁县、襄垣县、黎城县、屯留县、潞城市、平顺县、长子县、长治市城区、长治市郊区、长治县、壶关县、陵川县、高平市
6	黄河多沙粗沙国家级水土流失重点治理区	宁夏	盐池县
		甘肃	环县、华池县、庆城县、合水县、镇原县、庆阳市西峰区、宁县、泾川县、灵台县
		内蒙古	凉城县、和林格尔县、托克托县、清水河县、准格尔旗、达拉特旗、鄂尔多斯市东胜区、伊金霍洛旗、乌审旗、磴口县以及杭锦旗、鄂托克前旗、鄂托克旗的部分
		山西	右玉县、偏关县、神池县、河曲县、五寨县、保德县、岢岚县、静乐县、兴县、岚县、临县、方山县、吕梁市离石区、柳林县、中阳县、石楼县、交口县、永和县、隰县、汾西县、大宁县、蒲县、吉县、乡宁县、娄烦县、古交市
		陕西	府谷县、神木县、榆林市榆阳区、佳县、横山县、米脂县、吴堡县、定边县、靖边县、子洲县、绥德县、清涧县、子长县、吴起县、志丹县、安塞县、延安市宝塔区、延川县、延长县、宜川县、韩城市
7	甘青宁黄土丘陵国家级水土流失重点治理区	宁夏	同心县、海原县、固原市原州区、西吉县、彭阳县
		甘肃	靖远县、会宁县、榆中县、兰州市城关区、兰州市西固区、兰州市七里河区、兰州市红古区、兰州市安宁区、定西市安定区、临洮县、渭源县、陇西县、通渭县、漳县、武山县、甘谷县、秦安县、庄浪县、天水市秦州区、天水市麦积区、永靖县、积石山保安族东乡族撒拉族自治县、东乡族自治县、临夏县、临夏市、广河县、和政县、康乐县
		青海	大通回族土族自治县、湟源县、湟中县、西宁市城东区、西宁市城中区、西宁市城西区、西宁市城北区、互助土族自治县、平安县、乐都县、民和回族土族自治县、化隆回族自治县、贵德县、尖扎县、循化撒拉族自治县

（续）

序号	名称	涉及省（自治区、直辖市）	涉及县（市、区、旗）
8	伏牛山中条山国家级水土流失重点治理区	河南	济源市、洛阳市洛龙区、新安县、孟津县、偃师市、伊川县、宜阳县、洛宁县、嵩县、汝阳县、鲁山县、巩义市、新密市、登封市、汝州市、渑池县、义马市、三门峡市湖滨区、陕县、灵宝市
		山西	阳城县、垣曲县、夏县、运城市盐湖区、平陆县、芮城县
9	沂蒙山泰山国家级水土流失重点治理区	山东	济南市历城区、济南市长清区、淄博市淄川区、淄博市博山区、沂源县、泰安市泰山区、泰安市岱岳区、新泰市、莱芜市莱城区、莱芜市钢城区、临朐县、安丘市、枣庄市山亭区、泗水县、邹城市、平邑县、蒙阴县、沂水县、费县、沂南县、莒南县、莒县、五莲县、日照市东港区
10	西南诸河高山峡谷国家级水土流失重点治理区	云南	云龙县、永平县、南涧彝族自治县、巍山彝族回族自治县、保山市隆阳区、龙陵县、施甸县、昌宁县、潞西市、凤庆县、镇康县、永德县、云县、临沧市临翔区、耿马傣族佤族自治县、双江拉祜族佤族布朗族傣族自治县、沧源佤族自治县、西盟佤族自治县、澜沧拉祜族自治县、孟连傣族拉祜族佤族自治县、景东彝族自治县、镇沅彝族哈尼族拉祜族自治县、墨江哈尼族自治县、元江哈尼族彝族傣族自治县、易门县、红河县、绿春县、双柏县
11	金沙江下游国家级水土流失重点治理区	四川	石棉县、汉源县、甘洛县、冕宁县、越西县、美姑县、雷波县、西昌市、喜德县、昭觉县、德昌县、普格县、布拖县、金阳县、宁南县、会东县、会理县、盐边县、米易县、攀枝花市东区、攀枝花市西区、攀枝花市仁和区
		云南	绥江县、水富县、永善县、大关县、盐津县、昭通市昭阳区、鲁甸县、巧家县、彝良县、会泽县、马龙县、昆明市东川区、禄劝彝族苗族自治县、寻甸回族彝族自治县、永仁县、元谋县
12	嘉陵江及沱江中下游国家级水土流失重点治理区	四川	宣汉县、开江县、达县、大竹县、达州市通川区、渠县、巴中市巴州区、平昌县、营山县、仪陇县、阆中市、苍溪县、剑阁县、梓潼县、盐亭县、三台县、大英县、中江县、金堂县、简阳市、乐至县、资阳市雁江区、安岳县、仁寿县、威远县、资中县、井研县、犍为县、荣县、宜宾县
13	三峡库区国家级水土流失重点治理区	湖北	宜昌市夷陵区、巴东县、秭归县
		重庆	巫溪县、开县、云阳县、奉节县、巫山县、梁平县、重庆市万州区、垫江县、忠县、石柱土家族自治县、重庆市长寿区、重庆市涪陵区、重庆市渝北区、丰都县、武隆县
14	湘资沅中游国家级水土流失重点治理区	湖南	安化县、吉首市、泸溪县、辰溪县、麻阳苗族自治县、溆浦县、中方县、隆回县、武冈市、新化县、冷水江市、涟源市、娄底市娄星区、双峰县、湘乡市、衡山县、衡阳县、衡阳市雁峰区、衡阳市蒸湘区、衡阳市石鼓区、衡阳市珠晖区、衡阳市南岳区、衡东县、祁东县、衡南县、常宁市
15	乌江赤水河上中游国家级水土流失重点治理区	云南	威信县、镇雄县
		贵州	道真仡佬族苗族自治县、务川仡佬族苗族自治县、习水县、桐梓县、正安县、绥阳县、仁怀市、遵义县、湄潭县、余庆县、凤冈县、德江县、沿河土家族自治县、思南县、印江土家族苗族自治县、石阡县、毕节市、金沙县、大方县、黔西县、赫章县、纳雍县、织金县、普定县
		四川	兴文县、叙永县、古蔺县
		重庆	重庆市黔江区、彭水苗族土家族自治县、重庆市南川区

（续）

序号	名称	涉及省（自治区、直辖市）	涉及县（市、区、旗）
16	滇黔桂岩溶石漠化国家级水土流失重点治理区	广西	隆林各族自治县、西林县、田林县、乐业县、凌云县、天峨县、南丹县、凤山县、东兰县、河池市金城江区、巴马瑶族自治县、大化瑶族自治县、都安瑶族自治县
		贵州	威宁彝族回族苗族自治县、六盘水市钟山区、水城县、六盘水市六枝特区、盘县、普安县、晴隆县、兴仁县、贞丰县、兴义市、安龙县、册亨县、望谟县、镇宁布依族苗族自治县、关岭布依族苗族自治县、紫云苗族布依族自治县、贵定县、龙里县、长顺县、惠水县、平塘县、罗甸县、贵阳市花溪区
		云南	宣威市、沾益县、富源县、曲靖市麒麟区、罗平县、宜良县、石林彝族自治县、澄江县、华宁县、建水县、弥勒县、开远市、个旧市、泸西县、丘北县、广南县、富宁县、文山县、砚山县、西畴县、马关县
17	粤闽赣红壤国家级水土流失重点治理区	江西	金溪县、抚州市临川区、南城县、南丰县、广昌县、乐安县、石城县、宁都县、兴国县、万安县、瑞金市、于都县、赣县、赣州市章贡区、南康市、上犹县、会昌县、信丰县、泰和县、吉安县、吉水县
		福建	建宁县、宁化县、清流县、大田县、长汀县、连城县、龙岩市新罗区、漳平市、永定县、仙游县、永春县、安溪县、华安县、南安市、平和县、诏安县
		广东	大埔县、梅县、梅州市梅江区、丰顺县、兴宁市、五华县、龙川县

6.2.2 国家级水土流失重点治理区的具体分布及其特点

（1）东北漫川漫岗国家级水土流失重点治理区

东北漫川漫岗区即位于小兴安岭和长白山西部向松嫩平原过渡的山麓冲积、洪积平原，海拔 80～340m，平均海拔约为 210m。坡长、坡缓为漫川漫岗区地形的主要特点，坡长一般在 800～1 500m，坡度一般为 3°～7°。由于受河流和冲沟的分割，部分呈波状起伏也是其一个重要特点。近几十年，由于人类的不合理耕作，东北漫川漫岗区水土流失日趋严重。据资料反映，黑土层已由开垦初的 7 080cm 下降到目前的 20～30cm，土壤养分含量也大幅度降低。对黑土区实施重点治理，将对保护我国的"北大仓"起到重要作用。该区范围包括黑龙江省的克山县等 34 个市县、吉林省榆树市等 26 个市县及辽宁省 9 个市县。该区面积 $1.9\times10^5km^2$，土壤侵蚀面积 $4.73\times10^4km^2$。

（2）大兴安岭东麓国家级水土流失重点治理区

大兴安岭东麓涉及了黑龙江和内蒙古两省（自治区）的 14 个市县，大兴安岭东麓区国土面积的 29.83%、耕地面积的 55.94% 已经产生了水土流失，年流失表土层总量达 916.74×10^4t，已对当地人民的生产生活产生了严重影响。该区面积 $1.2\times10^5km^2$，土壤侵蚀面积 $3.32\times10^4km^2$。

（3）西辽河大凌河中上游国家级水土流失重点治理区

西辽河中上游的土壤侵蚀是辽河泥沙的主要来源，这一地区植被稀少，水土流失严重，对这个地区的水土流失进行治理，不仅能够改善当地农牧业生产环境，减少入河泥沙，缓解辽河防洪压力，还将大大降低东北西部的沙尘天气的产生，因此列为国家重点治理区，范围包括内蒙古自治区和辽宁省的28个区县(旗)。该区面积 $1.29\times10^5km^2$，土壤侵蚀面积 $4.77\times10^4km^2$。

(4)永定河上游国家级水土流失重点治理区

永定河上游山区为北方土石山区，该区降水量小，气候条件差，植被稀疏，水土流失严重。由于特殊的地理和气候原因，虽经过多年重点治理，水土流失趋势仍未得到有效遏制，因此，将其列为重点治理区十分必要。该区涉及山西、河北、内蒙古3省(直辖市)的31个市县(区)。该区面积 $5\times10^4km^2$，土壤侵蚀面积 $1.59\times10^4km^2$。

(5)太行山国家级水土流失重点治理区

太行山区是革命老区，地处海河流域西部，属大清河、子牙河和漳卫河上游土石山区。由于历史原因和人类不合理生产活动的影响，太行山区水土流失严重，生态环境恶化，群众生活贫困。据第二次遥感调查统计数据，子牙河和漳卫河上游山区在海河流域诸河系中植被覆盖率最低，植被盖度大于75%面积仅占13.0%和9.5%，各类水土流失面积占总面积的58.3%，涉及河北、山西、北京、河南4省48个市县(区)。该区面积 $6.84\times10^4km^2$，土壤侵蚀面积 $2.56\times10^4km^2$。

(6)黄河多沙粗沙国家级水土流失重点治理区

黄河多沙粗沙重点治理区位于黄土高原，该区土壤侵蚀类型多样化，水力侵蚀及风力侵蚀尤为显著。部分区域千沟万壑、地形破碎，沟壑密度达到 $3\sim6km/km^2$，水土流失剧烈，是我国水土流失最为严重的地区。将该地区列入国家重点治理区的目的在于：①恢复植被，改善当地的生态环境。②加强坡耕地改造和基本农田建设(主要指坝地建设)，促进当地农业生产。③加强综合治理措施，控制该区水土流失。该区涉及宁夏、内蒙古、甘肃、陕西、山西5省(自治区)70个市县(区)，面积 $2.26\times10^5km^2$，土壤侵蚀面积 $9.56\times10^4km^2$。

(7)甘青宁黄土丘陵国家级水土流失重点治理区

黄土丘陵是我国黄土高原上的主要黄土地貌形态。它是由于黄土质地疏松，地表植被和生态系统遭到严重破坏，加之黄土高原地区雨季集中于七、八月份、降水强度较大，被地表流水冲刷形成。甘青宁黄土丘陵区涉及甘肃、宁夏、青海3省的48个市县(区)，该区以梁状丘陵为主，沟壑密度 $224km/km^2$。小流域上游一般为“涧地”和“掌地”，地形较为平坦，沟道较少；中下游有冲沟。黄土丘陵沟壑区是中国乃至全球水土流失最严重的地区。水土流失不仅成为困扰该区农业可持续发展和人民脱贫致富的主要问题，而且也为黄河下游地区带来一系列的生态环境问题。该区面积 $9.54\times10^4km^2$，土壤侵蚀面积 $3.3\times10^4km^2$。

(8)伏牛山中条山国家级水土流失重点治理区

该区位于河南、山西的26个市县(区)，以土石山区为主，兼有黄土丘陵沟壑区、黄土残塬沟壑区，该区地处暖温带亚湿润气候类型区，主要土壤类型有棕壤褐土和潮土。该区以水力侵蚀为主，近几十年来，由于生产建设活动频繁，人为造成水土流失的规模在不断扩大。该区面积 $3.65\times10^4km^2$，土壤侵蚀面积 $1.14\times10^4km^2$。

(9)沂蒙山泰山国家级水土流失重点治理区

该区位于山东省的24个市县(区)，该区的土壤侵蚀类型主要为水蚀，以面蚀为主(含细沟状侵蚀)，沟蚀次之，局部地段小面积有泥石流、滑坡、崩塌发生。治理该区的对策有以下几点：①合理开发利用土地资源。②坡地退耕还林，强化水土保持工作。③控制人口数量，提高人口素质。该区面积$3.58\times10^4km^2$，土壤侵蚀面积$0.99\times10^4km^2$。

(10)西南诸河高山峡谷国家级水土流失重点治理区

西南诸河高山峡谷区涉及了云南省的28个市县(区)，地势自北向南急剧下降、起伏大，山型复杂，地形破碎，河流切割深。谷底海拔多在3 000m以下，最低处只有百余米，山峰海拔高度多在4 500m以上，构成中高山峡谷地形。该区主要侵蚀类型为水力侵蚀，面积$8.98\times10^4km^2$，土壤侵蚀面积$2.04\times10^4km^2$。

(11)金沙江下游国家级水土流失重点治理区

金沙江流域的水土流失主要集中在下游地区。流失类型以水力侵蚀为主，滑坡、泥石流等重力侵蚀也非常发育，下游谷地因降水较少，形成植被凋零的干热河谷。开展下游综合治理的目标是：①配套坡面水系工程，加强坡耕地改造，提高粮食产量。②干热河谷区要突出蓄水问题，解决人畜饮水及生产用水困难。③在金沙江下游河谷区，充分利用光热条件，发展经济价值较高的经济林果及蔬菜。④在滑坡、泥石流严重地区建立预警系统，加强监控预测报警。⑤对产沙量大的沟道，建设沟头防护、谷坊、拦沙坝或淤地坝等沟道治理工程，以拦蓄泥沙，控制沟底下切、沟头前进和沟岸扩张。该区面积$8.93\times10^4km^2$，土壤侵蚀面积$2.55\times10^4km^2$。

(12)嘉陵江及沱江中下游国家级水土流失重点治理区

嘉陵江及沱江中下游位于四川省，涉及30个市县(区)，中游由北向南纵贯川中盆地，以紫色土为主，土质疏松，保土抗蚀力弱，人口密度大，人类活动频繁，土地垦殖指数高，坡耕地多，植被覆盖率低。该流域大致可分为北部山区和南部丘陵盆地两类。嘉陵江是长江上游主要产沙河流之一，其含沙量居各大支流之首。将嘉陵江纳入重点治理区旨在：①建设基本农田，改造侵蚀劣地，增加可利用地面积。②建立预警系统，加强对滑坡、泥石流预警监测，开展群测群防工作。该区面积$5.77\times10^4km^2$，土壤侵蚀面积$2.07\times10^4km^2$。

(13)三峡库区国家级水土流失重点治理区

三峡库区地形起伏，易风化的软弱岩层出露面积广，降水强度大，水土流失严重。库区沿岸山高坡陡，岭谷交错，溪河纵横，冲沟发育，地形破碎，重力侵蚀严重，故应对其进行重点治理。该区面积$5.15\times10^4km^2$，土壤侵蚀面积$1.77\times10^4km^2$。

(14)湘资沅中游国家级水土流失重点治理区

该区位于湖南省中西部，涉及26个市县(区)，处于二三级台地过渡带。本区域多高山峻岭，河谷深切，降水量大，垦殖率高，是少数民族集中分布区之一。坡耕地大量分布，为中亚热带常绿阔叶林区，由于耕垦的发展，山地开垦指数较高，为了谋求燃料，部分林木遭到砍伐，水土流失严重，是洞庭湖泥沙的主要来源区。将该区纳入国家重点治理区，重点在于改善当地少数民族的生产生活条件，减轻洞庭湖泥沙淤积，同时控制马尾松林地水土流失，改善农业生产条件。该区面积 $4.32\times10^4 km^2$，土壤侵蚀面积 $0.76\times10^4 km^2$。

（15）乌江赤水河上中游国家级水土流失重点治理区

乌江赤水河上中游地区位于长江干流南侧，涉及云南、贵州、四川、重庆 4 省（直辖市）；该区山高坡陡，是我国石漠化最严重的地区，部分石质山区土壤流失殆尽，岩石裸露，群众已无地可种。将该地区纳入国家重点治理区，旨在抢救土地资源，维护该地区群众生存和发展的基础。项目区面积 $8.16\times10^4 km^2$，土壤侵蚀面积 $2.54\times10^4 km^2$。

（16）滇黔桂岩溶石漠化国家级水土流失重点治理区

滇黔桂岩溶石漠化区主要分布在广西、贵州、云南 3 省（自治区）的 57 个市县（区），这一地区不仅国土辽阔，土地、矿产、森林、旅游等自然资源也十分丰富，而且人口众多，少数民族聚居，在我国西部大开发的战略中占有十分重要的位置。但这一地区生态环境脆弱，水土流失、石漠化及地质灾害问题严重，为促进该区经济发展、稳定社会、改善人民生活等，开展对其综合治理有着十分重要的意义。该区面积 $1.56\times10^5 km^2$，土壤侵蚀面积 $4.25\times10^4 km^2$。

（17）粤闽赣红壤国家级水土流失重点治理区

粤闽赣红壤区位于江西、福建、广东 3 省，涉及 44 个市县（区），该区为中亚热带常绿阔叶林区，山地开垦指数较高，为了解决燃料问题，部分林木遭到砍伐，许多马尾松枯枝落叶都被当地群众当作生活燃料使用，水土流失严重。将该区纳入国家重点治理区，主要目的是治理马尾松林地水土流失，改善农业生产条件。该区面积 $1.14\times10^5 km^2$，土壤侵蚀面积 $1.49\times10^4 km^2$。

土流失重点治理区基本上都处在中西部地区，现有的水土流失十分严重，不仅导致当地生态环境的破坏，而且极大地加剧了流域中下游的洪水灾害。特别是坡耕地，既是当前水土流失最为严重的地段，也是山区、丘陵区农村经济发展缓慢，群众生活长期贫困的关键因素，是社会主义新农村建设的最大障碍。因此，对重点治理区，国家应进一步加大政策、资金和科技投入力度，加强规划，优化设计，整合项目，以国家水土保持重点工程为龙头，加快开展水土流失综合治理，改善生态环境，改善生产条件，提高群众生产和生活水平。

水土流失重点治理区是在土壤侵蚀二级分区基础上具有典型和代表性地区，在参照所对应的土壤侵蚀二级分区治理措施前提下应该：①大力开展坡耕地改造，建设水平梯田、沟坝地等基本农田，配套建设灌溉排水等小型水利设施，稳定地解决群众吃粮困难。②加快发展林果基地和经济作物的种植，提高群众的经济收益。③加强小水电、沼气、风能、太阳能等替代能源建设，有效解决燃料供给，减少薪柴消耗，保护林草植被。④加快植树种草，实施生态修复，促进林草植被恢复。⑤充分调动广大人民群众的积极性，吸引个人、集体、企业和社会团体的投资，整合全社会的力量，共同开展水土流失治理工作。

6.3 典型区域水土流失治理原则与措施体系

6.3.1 水土保持重点工程区域

自1983年以来，为带动面上水土保持工作的开展，由国家投资相继开展了全国八大片治理、长江中上游治理、世行贷款水土保持项目、京津风沙源治理工程、首都水资源规划水土保持项目、农业综合开发水土保持项目、国债水土保持项目、东北黑土区水土流失综合防治试点、珠江上游南北盘江石灰岩地区水土保持综合治理试点、黄土高原水土保持淤地坝等一批水土保持重点防治工程，取得了明显成效。

国家加强在水土流失重点预防区和重点治理区水土保持重点工程建设。水土流失重点预防区是水土流失潜在危险较大，对国家或区域生态安全有重大影响的生态脆弱或敏感地区。重点治理区是指水土流失严重，且严重的水土流失已成为当地和下游经济社会发展的主要制约因素的地区。这些地区严重的水土流失能否得到有效治理，脆弱的生态状况能否得到切实保护，对改善当地群众生产、生活条件，改善生态环境，保障国家和地区经济社会的可持续发展具有重要作用。因此，国家应在这些地区集中开展水土保持重点工程建设，安排大型生态建设项目，实行集中、连续和规模治理，有效预防和治理水土流失，保护和合理利用水土资源，维护生态安全，保障经济社会的可持续发展。

水土保持重点工程建设应当因地制宜、因地施策、对位配置各项水土保持措施。实施水土保持工程建设，要以天然沟壑及其两侧山坡地形成的小流域为单元，因地制宜采取工程措施、植物措施和保护性耕作措施。坡耕地和侵蚀沟是我国水土流失的主要来源地。坡耕地面积占全国水蚀面积的15%，每年产生的土壤流失量约为15×10^8t，占全国水土流失总量的33%。长江上游三峡库区坡耕地面积占到耕地面积的57.7%，怒江流域占到68.4%。同时，坡耕地产量低而不稳，成为许多地区经济落后的主要原因。严重的水土流失导致土地越种越贫瘠，陷入“越垦越穷、越穷越垦”的恶性循环。坡面侵蚀发展到一定程度后就会形成沟道，而沟道发育又使坡面稳定性降低，坡度加大，侵蚀加剧。研究表明，当15°以上的坡耕地普遍发育浅沟时，其侵蚀量比原来增加2~3倍。沟道侵蚀水土流失量约占全国水土流失总量的40%，个别地区甚至达到50%以上。在各类侵蚀沟中，以黄土高原的沟壑、黑土区的大沟、西南地区泥石流沟和南方的崩岗四大类侵蚀沟水土流失最为严重，黄土高原地区长度超过1km的侵蚀沟有30万条。坡耕地改梯田通过改变坡面长度，降低坡度，配套建设小型水利工程，分段拦截水流，有效控制水土流失，可使“三跑田”(跑水、跑土、跑肥)变为“三保田”(保水、保土、保肥)。在西北黄土高原等沟道侵蚀严重地区，加强淤地坝工程建设，充分发挥其拦泥、蓄水、缓洪、淤地等综合功能，快速控制水土流失，减少进入江河湖库的泥沙，同时抬高沟道侵蚀基准面，建设高产稳产的基本农田，改善生产、生活和交通条件。因此，在国家重点工程建设中要突出加强坡改梯和黄土高原地区淤地坝工程建设。实施坡改梯和淤地坝建设一举多得，一是可以从源头上控制水土流失，对下游起到缓洪减沙的作用；二是能够改善当地的基本生产条件，解决山丘区群众基本口粮等生计问题，促进退耕还林还草；三是可以增强山丘区农业综合生产能力，促进农村产业结构调整，为发展当地特色经济奠定基础；四是可以有效保护耕地资源，减轻水土流失对土地的蚕食。生态修复是水土保持综合治理的重要措施之一，生态修复是指对生态系统停止人为干扰，以减轻负荷压力，依靠生态系统的自我调节能力，辅以人工措施，使遭到破坏的生态系统逐步恢复或使生态系统向良性循环方向发展。水利部积极推动以封育保护为主要内容的水土保持生态修复工作。全国27个省、自治区、直辖市的136个地(市)和近1 200个县实施了封山禁牧，国家水土保持重点工程区全面实现了封育保护，全国共实施生态修复面积达 $7.2\times10^5 km^2$，显著加快水土流失治理步伐和植被恢复进度，同时也促进了当地干部群众观念和生产方式的转变，起到了事半功倍、一举多得的效果。实践证明，在一定时期、一定地域内限定各种扰动和破坏，大自然完全可以依靠自身的力量逐步自我修复。充分发挥大自然力量，依靠生态自我修复能力，促进大面积植被恢复，促进生态环境改善，是新时期加快水土保持生态建设的重要措施。

各级水行政主管部门应加强对水土保持重点工程的建设和运行管理，确保工程建设质量，保证工程安全运行和正常发挥效益。近年来，水利部制定了重点工程管理办法和管理制度，如《国家水土保持重点建设工程管理办法》《水土保持重点工程管理暂行规定》等，明确和规范了国家水土保持重点工程的立项、设计、施工、检查、监理等相关环节的程序和要求，对做好重点工程的建设和管理发挥了重要作用。已建成的水土保持重点工程，淤地坝、梯田、谷坊等工程措施和水土保持林草等植物措施如果缺乏必要的管理维护，不但其正常的水土保持效益难以发挥，水土保持投入也无谓浪费，而且有的工程措施还可能产生安全稳定问题，甚至威胁群众生命财产安全。地方各级水行政主管部门要加强对水土保持设施的维护，建立和完善运行管护制度，明确管护对象、责任、内容和要求，建立管护台账，做好日常检查、维护，确保重点水土保持工程效益长期稳定发挥。

6.3.2 江河源头区、饮用水水源保护区和水源涵养区区域

6.3.2.1 江河源头区

新《水土保持法》第三十一条："国家加强江河源头区、饮用水水源保护区和水源涵养区水土流失的预防和治理工作，多渠道筹集资金，将水土保持生态效益补偿纳入国家建立的生态效益补偿制度。"江河源头地区，特别是长江、黄河等我国大江、大河的源头地区水土流失和生态环境状况，对维护整个流域及国家的水资源安全、生态安全起着至关重要的作用。

例如，作为长江、黄河和澜沧江发源地的三江源地区，在青海省乃至全国具有特殊的地理位置，生态环境的稳定与否直接影响到整个流域。三江源是世界上海拔最高、江河湿地面积最大、生物多样性最为集中的地区之一。但由于自然因素和人为破坏原因，目前三江源地区的生态环境日趋恶化，灾害频繁，生态系统极其脆弱，影响

着长江、黄河、澜沧江中下游地区的工农业发展和人民群众的生产、生活安全。目前，长江、黄河、澜沧江三江源头地区湖泊萎缩，湿地退化，径流量减少。素有“千湖之县”美称的玛多县境内众多湖泊水位下降甚至干涸，沼泽低湿草甸植被正向中旱生高原植被演变，大片沼泽地消失、干燥并裸露。黄河源头两大淡水湖泊鄂陵湖和扎陵湖两湖之间于1996年首次出现断流。源头地区冰川退缩，雪线上升，水资源供给量明显下降。草地退化严重，虫鼠害猖獗。据统计，退化、沙化草地面积已达1 000 × 10^4hm^2以上，占到青海省可利用草地面积的53%。草地产草量明显下降，草原鼠害面积550hm^2，占可利用草场的28%。土地沙漠化加速发展，据有关部门统计，沙漠化土地面积已达250 × 10^4hm^2以上，而且土地荒漠化和草地退化速度仍在不断加快，这些沙化的土地现在每年要向长江、黄河输送泥沙1 × 10^8t以上。

在江河源头地区，水土流失防治战略有：建立自然保护区，通过建立健全管护机构，强化监督管理，对三江源、金沙江上游、岷江上游、湘资沅江上游和东江上游等江河源头地区实施严格的森林保护制度，大力开展封山育林，加强天然林保护和生态修复。严格控制林木采伐强度，坚决禁止毁林开垦和乱砍滥伐，限制大规模、高强度的开发建设活动。三江源等草原区，国家加大牧区水利、草库伦和草场改良等工程建设，严格控制开发建设活动，禁止毁草开垦、超载过牧，鼓励舍饲圈养和轮封轮牧，保护草原植被，改善草原生态。

6.3.2.2 饮用水水源保护区

饮用水资源是人类生存的基本条件。我国农村有3.12亿人口存在饮水不安全问题；在全国600多座城市中，有400多座城市供水不足。由于大量污水排入江河湖库，使饮用水源受到污染，进一步加剧了水资源紧缺的矛盾。

饮用水水源保护区涉及范围广，地貌类型复杂多样，包括高原、山区、丘陵、平原。全国共有湖库型城市饮用水源地1 106个，其中水土流失和面源污染严重的170个。水土流失作为面源污染物传输的载体，是造成水质恶化的主要原因。饮用水水源保护区的水土流失和生态环境状况，直接关系广大群众健康和生命安全，加强水土流失面源污染的防治十分迫切。新《水土保持法》第三十六条：“在饮用水水源保护区，地方各级人民政府及其有关部门应当组织单位和个人，采取预防保护、自然修复和综合治理措施，配套建设植物过滤带，积极推广沼气，开展清洁小流域建设，严格控制化肥和农药的使用，减少水土流失引起的面源污染，保护饮用水水源。”

1980—2000年，中国社会经济总用水量增加了约23.9%，从4 437 × 10^8m^3增加到5 498 × 10^8m^3，其中，工业用水从457 × 10^8m^3增加到1 138 × 10^8m^3，增加2.5倍；城镇生活用水量增长了4倍，城镇人均生活用水量为每日223L，比1980年提高90.6%；农村人畜平均用水量为每日89L，比1980年提高196.7%。饮水安全面临的问题，除了饮用水数量上的不足外，更为严重的是饮用水质量的下降。2000年，全国受到污染或严重污染的湖泊占湖泊总数的58%；污染的水库占水库总数的20%；受到污染或严重污染的河流长度占河流总长度的58.7%。

在饮用水水源保护区，水土流失预防和治理措施有：

① 采取综合措施，控制水土流失面源污染。水土流失面源污染是指水土流失过程中土壤养分、有机质和残留农药、化肥等被带入水体，污染地表水、地下水，造成的水体富营养化。当前，我国重要的湖泊和河流水域富营养化问题十分严峻，如近年滇池、巢湖等重要湖泊水库相继暴发蓝藻“水华”污染，2007年太湖和长春新立城水库也出现了蓝藻“水华”污染，严重影响了当地的生产生活。面源污染带来的危害已经让数以百万的人有了切肤之痛，成为社会关注的焦点，国家也给予了高度关注和重视。2006年中央1号文件明确提出“要加大面源污染控制，改善河流、湖泊、水库的水质”。如通过调整产业结构，减少农作物的种植面积，降低化肥、农药残留带来的影响；综合采取工程、植物和耕作措施，充分利用大自然的自我修复能力，增加植被，减少水土流失；通过科学施用化肥农药，综合应用节水、节肥、节药等先进技术，发展绿色无害农业、高科技产业和农林产品加工业，推广生态农业，有效消除污染源；通过建设植物过滤带，能减缓径流，过滤泥沙，固定、保持径流中可溶化学物质，增加地表径流入渗，截留、利用营养元素，减少排入水体的污染物总量；通过修建沼气、生物净化池、小型污水及垃圾处理等设施，减少人类生活垃圾侵入水体。总之，通过多种措施的综合应用，保护和改善饮用水水源保护区水环境质量，保证饮水安全。

② 以清洁小流域建设为重点，有效控制饮用水水源区水土流失引起的面源污染。清洁小流域也称生态清洁小流域，指流域内水土资源得到有效保护、合理配置和高效利用，沟道基本保持自然生态状态，行洪安全，人类活动对自然的扰动在生态系统承载能力之内，生态系统良性循环，人与自然和谐，人口、资源、环境协调发展的小流域。为保护饮用水水质，根据《水污染防治法》规定，国家建立饮用水水源保护区制度，饮用水水源保护区由国务院或者省、自治区、直辖市人民政府批准。开展生态清洁小流域建设，就是在开展传统水土流失预防和治理的基础上，通过小型污水处理设施建设、垃圾填埋设施建设、湿地建设与保护、生态村建设、限制农药化肥的施用、库滨区水土保持生态缓冲带建设等措施，改善生态，控制面源污染，保护饮用水水源，营造优美的人居环境。当然，在批准的饮用水水源保护区之外，也应在水库、湖泊、河道周边地区、生态敏感地区等区域，开展生态清洁小流域建设，控制面源污染，改善生态环境。北京市是全国最早开展生态清洁小流域建设的城市，从2003年起，就确立了构筑“生态修复、生态治理、生态保护”三道防线，扎实推进生态清洁小流域建设的工作思路，已建成50条生态清洁小流域，探索出了一条水源保护的新途径。

③ 对汉江上游、新安江、滦河等重要水源区，要加强林草植被保护，严格控制大规模开发建设，特别是要控制大规模、重污染、高消耗的工业项目，加强农业和生活废弃物等面源污染的控制和治理，确保重要水源的清洁和安全。

6.3.2.3 水源涵养区

全国共有水源涵养生态功能三级区50个，面积$2.379\times10^6 km^2$，占全国国土面积的24.78%。重要水源涵养区是指我国重要河流上游和重要水源补给区，面积为

$1.13 \times 10^6 km^2$。主要包括黑龙江、松花江、东西辽河、滦河、淮河、珠江(东江、西江、北江)的上游、渭河、汉江和嘉陵江上游、长江—黄河—澜沧江三江源区、黑河和疏勒河上游、塔里木河、雅鲁藏布江上游，以及南水北调水源区和密云水库上游等重要水源涵养区域。其中，对国家生态安全具有重要作用的水源涵养生态功能区主要包括大兴安岭、秦巴山地、大别山、淮河源、南岭山地、东江源、珠江源、海南省中部山区、岷山、若尔盖、三江源、甘南、祁连山、天山以及丹江口水库库区等。该类型区的主要生态问题：人类活动干扰强度大；生态系统结构单一，生态功能衰退；森林资源过度开发、天然草原过度放牧等导致植被破坏、土地沙化、土壤侵蚀严重；湿地萎缩、面积减少；冰川后退，雪线上升。水源涵养区对流域水资源状况、生态状况起着不可替代的作用，关系流域及国家的水资源安全和防洪安全。

在水源涵养区的生态保护主要方向为：

① 对重要水源涵养区建立生态功能保护区，加强对水源涵养区的保护与管理，严格保护具有重要水源涵养功能的自然植被，限制或禁止各种不利于保护生态系统水源涵养功能的经济社会活动和生产方式，如过度放牧、无序采矿、毁林开荒、开垦草地等。

② 继续加强生态恢复与生态建设，治理土壤侵蚀，恢复与重建水源涵养区的森林、草原、湿地等生态系统，提高生态系统的水源涵养功能。

③ 控制水污染，减轻水污染负荷，禁止导致水体污染的产业发展，开展生态清洁小流域的建设。

④ 严格控制载畜量，改良畜种，鼓励围栏和舍饲，开展生态产业示范，培育替代产业，减轻区内畜牧业对水源和生态系统的压力。

在江河源头区、饮用水水源保护区和水源涵养区建立国家水土保持生态效益补偿机制。水土保持生态效益补偿机制是以保护水土资源、维护生态、促进人与自然和谐为目的，根据水土保持生态系统服务价值、建设和保护成本、发展机会成本，综合运用行政和市场手段，调整水土保持生态建设和经济建设相关各方之间利益关系的经济政策。建立水土保持生态效益补偿机制，就要在流域上下游等区域间既公平承担水土流失预防和治理责任，同时也公平享受水土保持和生态建设成果(效益)。国家建立和完善水土保持生态效益补偿机制，有利于解决生态保护和建设资金短缺的问题，促进区域协调发展，缓解不同地区因资源禀赋、生态功能定位不同导致的发展不平衡问题，促进共同富裕，实现生态和经济建设双赢。2006 年、2008 年、2009 年、2010 年中央一号文件和国务院国发[1993]5 号文件，都明确提出了建立水土保持生态效益补偿机制的要求。水土保持生态效益补偿机制是国家生态效益补偿机制的一个重要组成部分。一些地方根据当地实际，探索了多种水土保持生态效益补偿形式，取得了很好的效果。如广东、河北、福建等省对已经发挥效益的水库，从其水电收入中按照一定比例提取资金用于库区及上游水土保持工作；山西柳林、河南义马等地采取以治理代补偿方式，开展“一矿一企治理一山一沟”“一企一策治理一山一沟”，督促矿产资源开发企业负责所在区域水土流失的防治，实现了生态和经济建设的双赢。

6.3.3 “四荒”治理区域

我国农村集体所有、近期可以开发利用的“荒山、荒沟、荒丘、荒滩”(以下简称“四荒”，包括荒地、荒沙、荒草和荒水等)有 $3.133\times10^{7}\mathrm{hm}^{2}$，数量大，分布广。这些土地大多存在着较为严重的水土流失，但治理开发的潜力很大。1996 年 6 月，国务院办公厅发布《关于治理开发农村“四荒”资源进一步加强水土保持工作的通知》，新《水土保持法》第三十四条规定：“国家鼓励和支持承包治理荒山、荒沟、荒丘、荒滩，防治水土流失，保护和改善生态环境，促进土地资源的合理开发和可持续利用，并依法保护土地承包合同当事人的合法权益。承包治理荒山、荒沟、荒丘、荒滩和承包水土流失严重地区农村土地的，在依法签订的土地承包合同中应当包括预防和治理水土流失责任”，本条是对鼓励承包治理荒山、荒沟、荒丘、荒滩及水土流失防治责任的规定。治理开发“四荒”是预防和治理水土流失，保护和改善生态环境和农业生产条件，促进土地资源的合理开发、农民脱贫致富和农业可持续发展的一项重要战略措施，充分地利用山区闲置的土地资源、劳动力资源，加快了流域治理速度，提高了流域治理质量。“十五”期间，全国参与“四荒”治理开发的农户、企事业单位和社会团体达到 7.7×10^{6}个，投入资金 180 亿元，初步治理水土流失面积 $1.63\times10^{7}\mathrm{hm}^{2}$。

承包治理“四荒”和承包水土流失严重地区农村土地的单位或个人，应当依照《中华人民共和国农村土地承包法》(以下简称《农村土地承包法》)的规定签订土地承包合同。根据《农村土地承包法》规定，承包治理“四荒”不宜采取家庭承包方式，而采取招标、拍卖、公开协商等方式；承包水土流失严重地区农村土地采取家庭承包方式，在签订土地承包合同中明确承包方、发包方的权利义务。

目前，“四荒”治理开发的形式有承包、拍卖、租赁、股份合作等，主要以承包、拍卖这两种形式为主。在《水土保持法》第三十四条中提到承包治理这一种形式，而承包治理只是承包者在一定时期内获得土地经营权，对土地的使用权无处理权。拍卖治理，是将“四荒”地使用权在一定时期内转让于购置者，拍卖的过程即是土地所有权与使用权的分离过程，经法律公证后，购买者真正长久得到拥有土地使用权的权属感和稳定感，在购买期内，可以转让、出租、抵押或继承。承包是对传统用地方式的平稳改良，是从计划经济向市场经济过渡过程中的土地使用方式，而拍卖方式则是市场经济下的产物，具有有偿性和公开、公平、公正、自愿性，更能适应市场经济的要求。为了增强农村土地联产承包责任制政策的稳定性，承包、拍卖形式在时间上和空间上会长期并存，并有着相互补充的作用。股份合作、租赁也都是市场经济下“四荒”开发利用制度的有益补充形式。

《农村土地承包法》第九条规定，国家保护集体土地所有者的合法权益，保护承包方的土地承包经营权，任何组织和个人不得侵犯。一些地方的群众在购置“四荒”时，认识跟不上去，甚至还对购置“四荒”者讽刺挖苦，冷嘲热讽，看到购置者有效益后，明抢暗盗，故意破坏，使“四荒”购置者的利益受到损坏，积极性受到伤害，不利于“四荒”治理成果的巩固和保护。除加强农村法制建设外，还应在承包、拍卖前做好群众的思想工作，本着“公开、公平、公正、自愿”的原则，既要防止打破传统的见地分条的思想，又要防止大面积“四荒”资源集中到极少数人手里两个极端，调动多数人的积极性，从根本上杜绝“红眼病”的发生。

6.3.4 生产建设项目区域

6.3.4.1 生产建设项目水土流失防治原则、费用

根据“谁建设、谁保护，谁造成水土流失、谁负责治理”的原则，生产建设活动造成水土流失的，应当履行水土流失治理义务。治理因生产建设活动导致水土流失的主体，是开办生产建设项目或者从事其他生产建设活动的单位或者个人，也就是说生产建设主体对其生产建设活动造成的水土流失进行治理，是法定的义务和责任。

生产建设项目的水土流失防治费用包括水土流失防治措施费用和水土保持补偿费等。

生产建设单位必须对生产建设项目所造成的水土流失进行治理，这是法定义务，如不治理，按新《水土保持法》第五十六条规定：“县级以上人民政府水行政主管部门可以指定有治理能力的单位代为治理，所需费用由违法行为人承担。”

水土保持补偿费是指单位和个人在建设和生产过程中，损坏水土保持设施、地貌植被，降低或丧失了它们原有的水土保持功能，造成原有水土保持功能不能恢复而应给予补偿的费用。

水土保持补偿费专项用于水土流失预防和治理，并由水行政主管部门组织实施。补偿的原则有：①满足开展预防和治理水土流失的需要，保证本地区水土保持功能总体上不降低、水土流失状况总体上不恶化。②弥补损失水土保持功能的需要。③发挥经济调控、导向作用的需要，具有一定的力度，以促进生产建设单位或者个人最大限度地约束自己的行为方式，减少水土保持设施、地貌植被的占压、损坏范围。④法律授权国务院财政部门、国务院价格主管部门会同国务院水行政主管部门制定水土保持补偿费征收管理办法。全国水土保持补偿费征收使用管理办法应就征收、使用、管理等作出规定。我国幅员辽阔，各地自然地理和经济社会发展水平差异较大，因此，研究制定征收使用管理办法要充分考虑以下 4 个方面的因素：一是要考虑各地经济社会发展水平，不能在征收标准上全国“一刀切”；二是要考虑开办生产建设项目及从事其他生产建设活动的单位或者个人的承受能力；三是要考虑征收手续的简便、可操作，不宜过于烦琐；四是统筹考虑补偿费征收使用的全国统一规范和各地具体执行存在合理差异的问题。

6.3.4.2 生产建设项目水土流失治理措施体系

新《水土保持法》第三十八条：“对生产建设活动所占用土地的地表土应当进行分层剥离、保存和利用，做到土石方挖填平衡，减少地表扰动范围；对废弃的砂、石、土、矸石、尾矿、废渣等存放地，应当采取拦挡、坡面防护、防洪排导等措施。生产建设活动结束后，应当及时在土场、开挖面和存放地的裸露土地上植树种草、恢复植被，对闭库的尾矿库进行复垦。在干旱缺水地区从事生产建设活动，应当采取防止风

力侵蚀措施，设置降水蓄渗设施，充分利用降水资源。”这是对生产建设活动造成水土流失的治理措施的规定。

(1)保护、利用好表层土

水是生命之源，土是生存之本，这里土指的就是表层土，是宝贵的基础性资源。表层土是指土壤剖面中最靠近地表的一个层次，该层土壤富含腐殖质，一般厚度20～30cm，黑土和黑钙土则有50～100cm。表层土是土壤层中含有最多有机质和微生物的地方，是地球上多数生态活动进行的地方，也是植物大部分根系生长、吸收养分的地方。据估计，一般条件下，每形成1cm的土壤约需要100～400年的时间，也就是，每形成30cm的耕作层约需要3 000～12 000年。特别是在生态脆弱地区，表土一旦被破坏，生态也就没有恢复的可能，保护和利用好地表土就显得尤为重要。因此，在生产建设活动中，应当对表土进行分层剥离、集中存放并进行苫盖等保护，施工结束后回填或用于渣场覆盖等，从而为植被恢复和农业生产提供保障。

(2)有效控制生产建设期间可能产生的水土流失

一是要做到土石方挖填平衡，减少开挖和占地面积，减少地表扰动，提高土石方的利用率，从而减少对周边生态环境和景观的破坏，减轻水土流失；二是要减少地表扰动范围，最大限度地保护地貌植被，增加地表抗蚀性，减少地表径流，增加径流汇流时间，加速地表水入渗，有效补充地下水；三是要对废弃的砂、石、土、渣、矸石、尾矿等存放地，通过采取遮盖，设置拦挡、排水沟、沉砂池、坡面防护等措施，减轻地表水的冲刷。对在沟道设置的废弃砂石、土渣存放地，还要做好上游集水区防洪排导工程措施。同时，还要确保这些工程措施的稳定、安全，保障周边居民群众的生命、财产安全以及公共设施免遭损坏。

(3)减少土地裸露，增加植被覆盖

在取土场、开挖面和存放地的裸露土地上植树种草，恢复植被，快速增加地表覆盖，减少水土流失。根据我国土地资源短缺的现状，对具备复垦条件的闭库尾矿库，要采取整治措施，尽量实施复垦，恢复种植农作物或者种植林草，增加植被覆盖。

6.3.4.3 生产建设项目水土保持措施

生产建设项目水土流失防治技术体系包括水资源保护和利用技术体系、植被恢复与重建技术体系和水土保持工程技术体系，对于具体项目的防治体系应充分考虑其所在区域的地理区位和社会经济条件确定。

生产建设项目水土保持的关键技术措施有土地整治与恢复、植被恢复与重建、排蓄水工程、斜坡固定工程、固体废弃物拦挡工程、防洪和泥石流排导工程，工程措施尤为重要。

生产建设项目水土保持工程措施有以下几种：

①拦渣工程措施　主要有拦渣坝(尾矿库)、挡渣墙、拦渣堤3种形式。

②斜坡防护工程措施　包括挡墙、削坡开级、工程护坡、植物护坡、坡面固定、滑坡防治等边坡防护措施。

③土地整治工程措施。

④防洪排导工程　包括拦洪坝、排洪渠、涵洞、防洪堤、护岸护滩、泥石流治理等防洪排导工程。

⑤降水蓄渗工程　对产生径流的坡面应根据地形条件，采取水平阶、水平沟、窄梯田、鱼鳞坑等蓄水工程。对径流汇集的坡面应根据地形条件，采取水窖、涝池、蓄水池、沉砂池等径流拦蓄工程。项目区位于干旱、半干旱地区时，应结合项目工程供水排水系统，布置专用于植被绿化的引水、蓄水、灌溉工程。

⑥植被建设工程　包括种草护坡，造林护坡、砌石草皮护坡、格状框条护坡，岸坡防护绿化林、防浪林、护滩林、护岸林带等植被防护工程；道路、周边及小区景观绿化，风景林、花卉种植及草坪绿化等。

⑦防风固沙工程　包括沙障、防风固沙林带，种草、沙丘平整，以及其他机械和化学固沙措施。

⑧临时防护工程　包括表土临时堆放工程，临时表面覆盖工程，临时性挡渣、排水、沉砂等工程；临时排水设施，临时种草场地。

生产建设项目可分为16类25项，包括：公路、铁路工程、涉水交通工程、机场工程、电力工程、水利工程、水电工程、金属矿工程、非金属矿工程、煤矿工程、煤化工工程、水泥工程、管道工程、城建工程、林纸一体化工程、农林开发工程和移民工程等。各类生产建设项目其建设特点和建设内容不同，工程在建设过程中的扰动地表形式、所造成水土流失的特点、强度及危害，以及针对可能造成的水土流失所采取的防护措施等方面也不尽相同。以线性工程的公路、铁路工程和点状工程的煤矿工程为例，其防治措施体系见表6-2、表6-3。

表6-2　公路铁路工程水土流失防治措施体系

序号	防治分区	措施分类	主要措施内容
1	主体工程区（含路基工程区、桥涵工程区、隧道工程区和附属工程区等）	工程措施	各类型护坡、截排水沟、消力池、土地整治措施
		植物措施	边坡植草和灌木，空地及管理范围占地园林绿化
		临时措施	临时排水、沉砂池、苫盖、拦挡等
2	取土场区	工程措施	削坡开级、表土剥离及回填、土地整治
		植物措施	取土平面栽植乔灌木和撒播草籽，边坡植种草或灌木
		临时措施	截排水沟、沉砂池、表土临时拦挡、苫盖等
3	弃渣场区	工程措施	挡渣墙、拦渣坝、截排水沟、表土剥离及回填、土地整治等
		植物措施	顶部栽植乔灌木、边坡植草、撒播草籽等
		临时措施	表土临时拦挡、排水及苫盖等
4	施工营地区	工程措施	表土剥离及回填、土地整治
		植物措施	栽植乔灌木和撒播草籽
		临时措施	临时排水、拦挡及临时苫盖
5	施工道路区	工程措施	土地整治
		植物措施	栽植乔灌木和撒播草籽
		临时措施	临时排水、临时拦挡

表6-3 煤矿工程水土流失防治措施体系

序号	防治分区	措施分类	主要措施内容
1	矸石场防治区	工程措施	挡渣墙、截水沟、排水沟、沉砂池、消力池、陡坎、土地整治、覆土、围埂和平台网格围埂、削坡开级、沙障
		植物措施	周边种植乔灌木防护带、平台与边坡灌草防护、终期渣面复垦或造林
		临时措施	临时排水、密目网苫盖、挡水围埂
2	采掘场防治区	工程措施	削坡开级、截水沟、排水沟、防洪堤、沉砂池、消力池、陡坎、土地整治、覆土
		植物措施	乔灌草
		临时措施	土袋挡护、平台挡水围埂、临时排水沟、沉砂池
3	工业场地（含风井场、洗选厂与煤地面生产系统）防治区	工程措施	开挖填筑边坡挡护、截排水沟、消能措施、场地硬化、土地整治
		植物措施	空地绿化、道路植物防护、场地周边防护林
		临时措施	临时排水、沉砂池、临时堆土挡护、苫盖
4	地面运输系统防治区	工程措施	挡土墙、护坡、排水沟、截水沟、沉砂池、消力池、陡坎、覆土
		植物措施	道路两侧防护林、种草
		临时措施	苫盖、临时排水沟、沉砂池、临时挡护
5	供排水及供热管线防治区	工程措施	土地整治、风沙区设置沙障
		植物措施	造林、种草或恢复耕地
		临时措施	临时堆土拦护
6	供电与通信线路防治区	工程措施	土地整治、风沙区设置沙障
		植物措施	造林、种草或恢复耕地
		临时措施	临时堆土拦护

思考题

1. 简述我国土壤侵蚀类型区的范围及特点。
2. 江河源头区水土流失治理原则和措施体系是什么？
3. 饮用水水源保护区水土流失治理原则和措施体系是什么？
4. 水源涵养区水土流失治理原则和措施体系是什么？
5. 生产建设项目水土流失防治原则是什么？
6. 水土保持设施补偿费的内涵是什么？
7. 生产建设项目水土流失防治措施体系有哪些？

第7章

水土保持监测和监督

【本章提要】结合水土流失影响因素分析，详细介绍了水土流失的监测调查内容和方法，解析了生产建设项目区水土流失的科学预测手段、内容和方法，并介绍了水土保持监督检查的概念、内容、方法、程序等内容。

7.1 水土保持监测概述

7.1.1 水土保持监测的概念

水土保持监测是运用多种手段和方法，对水土流失的成因、数量、强度、影响范围、危害及其防治成效进行动态监测和评估，是水土流失预防监督、综合治理、生态修复和科学研究的基础，为国家生态建设决策提供科学依据。

7.1.2 水土保持监测的性质和作用

(1)水土保持监测是水土保持事业的重要组成部分

水土保持事业的发展离不开水土保持监测。只有通过监测，才能准确掌握水土流失动态，反映水土保持效果，进而有效地防治水土流失。水土保持各项工作都离不开监测，如实施水土流失综合治理，编制项目规划及设计，了解项目区的水土流失特点和规律，水土流失面积和程度，如何科学配置水土流失防治措施以及评价治理效果，都需要监测来支持。各类生产建设项目造成水土流失情况预测、如何布设有效的防治措施以及防治效果，需要水土保持监测来定量获取数据。开展水土保持科学研究和制定水土保持规范、标准，也都离不开长期系统的监测。没有长期的动态监测、大量的数据积累和全面科学的数据分析，水土保持就成为“无本之木”“无源之水”。

(2)水土保持监测是国家生态保护与建设的重要基础

我国是世界上水土流失最严重的国家之一，水土流失成因复杂、面广量大、危害严重，对经济社会发展和国家生态安全以及群众生产、生活影响极大。及时、全面、准确地了解和掌握全国水土流失程度和生态环境状况，科学评价水土保持生态建设成效至关重要。水土流失的严重地区到底分布在哪里，产生的危害后果到底有多严重，对当前的经济社会发展有什么样的影响，对子孙后代的生存和发展会产生哪些不良的后果，防治水土流失所采取的措施效果到底如何，今后水土保持应如何布局等，这些都是国家关注的大事、社会关注的大事，也是涉及民族生存发展的大事。所有这些，只有通过科学的监测才能掌握，才能作出正确的判断和决策。

(3)水土保持监测是提高水土保持现代化水平的关键措施

目前，我国的水土保持工作与发达国家相比，在监测网络建设、监测设施设备、监测手段，以及监测成果用于实践等方面还落后于发达国家。例如，美国在长期、大量的试验观测基础上，总结出了水土流失通用模型，在美国以及许多国家得到了广泛应用，欧洲一些国家建立的空间数据库和信息系统，可以定位、定量地反映水土流失的面积、分布、程度及其动态变化，与实践紧密结合起来，有效地提高了水土保持措施配置的科学性、针对性及其防治效果。因此，全面提高水土保持监测的现代化水平是缩小我国水土保持现代化水平与世界先进水平差距的关键。

(4)水土保持监测是水土保持管理的重要技术手段和依据

在水土保持综合治理过程中，通过监测可以客观、准确、及时地反映出不同治理措施及其配置的影响范围、效益和成果，判断水土保持治理是否符合标准，是否达到预期目标，为完善、提高水土保持管理体系，提高水土保持管理水平奠定基础；同时为水土保持执法的公正、公开、科学、规范提供科学依据和保证。同时，通过发布水土保持监测成果，可以使公众及时了解水土流失、水土保持对生活环境的影响，满足社会和公众的知情权、参与权和监督权，促进全社会水土保持意识的提高。

7.1.3 水土保持监测的项目和内容

水土流失监测项目和内容一般概括为以下几个方面：

①影响水土流失的主要因子监测　主要包括流失动力、地形地貌、地面组成物质、植被、水土保持措施等。

②水土流失状况监测　主要包括流失类型、强度、程度、分布和流失量等。

③水土流失灾害监测　主要包括河道泥沙、洪涝、植被及生态环境变化，对周边地区经济、社会发展的影响等。

④水土保持工程效益监测　包括防治措施及其控制水土流失、改善生态环境、改善生产生活条件的作用等。

根据监测范围的大小和内容的差异性，可以分为宏观监测和微观监测。宏观监测包括区域监测和中小流域监测。

7.1.3.1 区域监测项目和内容

① 不同侵蚀类型(风蚀、水蚀和冻融侵蚀)的面积和强度。

② 重力侵蚀易发区，对崩塌、滑坡、泥石流等进行典型监测。

③ 典型区水土流失危害监测，包括土地生产力下降，水库、湖泊、河床及输水干渠淤积量，损坏土地数量。

④ 典型区水土流失防治效果监测，包括防治措施数量、质量(包括水土保持工程、生物和耕作等三大措施中各种类型的数量及质量)、防治效果(包括调水调土、减少河流泥沙、增加植被覆盖度、增加经济收益和增产粮食等)。

7.1.3.2 中、小流域监测项目和内容

① 不同侵蚀类型的面积、强度、流失量和潜在危险度。

② 水土流失危害监测，包括土地生产力下降，水库、湖泊和河床渠淤积量，损坏土地面积。

③ 水土保持措施数量、质量及效果监测，防治措施包括水土保持林、经济果林、种草、封山育林(草)，梯田、沟坝地的面积，治沟工程和坡面工程的数量及质量；防治效果包括蓄水保土减沙植被类型与覆盖度变化、增加经济收益、增产粮食等。

7.1.3.3 小流域监测项目和内容

①小流域特征值，包括流域长度、宽度、面积、地理位置、海拔高度、地貌类型、土地及耕地的地面坡度。

②气象，包括年降水量及其年内分布、雨强、年均气温、年积温和无霜期。

③土地利用，包括土地利用类型及结构。

④植被类型及覆盖度。

⑤主要灾害，包括干旱、洪涝、沙尘暴等灾害发生次数和造成的危害。

⑥水土流失及其防治，包括土壤的类型、厚度、质地及理化性状，水土流失的面积、强度与分布，防治措施类型与数量，改良土壤情况(包括治理前后土壤质地、厚度和养分变化)。

⑦社会经济，主要包括人口、劳动力、经济结构和经济收入。

7.1.3.4 生产建设项目监测内容

应根据批准的建设项目水土保持方案报告书确定的相应内容，通过设立典型观测断面、观测点、观测基准等，对生产建设项目在生产建设和运行初期的水土流失及其防治效果进行监测，监测的内容包括。

①项目建设区水土流失因子监测 地形、地貌和水系的变化情况，建设项目占用地面积，扰动地表面积，项目挖方、填方数量及面积，弃土、弃石、弃渣量及堆放面积，项目区林草覆盖度。

②水土流失状况监测 水土流失面积变化情况，水土流失量变化情况，水土流失程度变化情况，对下游和周边地区造成的危害及其趋势。

③水土流失防治效果监测 防治措施的数量和质量，林草措施成活率、保存率、生长情况及覆盖度，防护工程的稳定性完好程度和运行情况，各项防治措施的拦渣保土效果。

7.1.4 水土保持监测方法

(1)地面观测

特别适用于只有从地面才能获得最好信息的对象，提供地面真实测定结果，率定和解释遥感数据。

(2)航空监测

监测典型地区水土流失及其相关因素，校验卫星监测判读的正确性和判读精度。

(3)卫星监测

对大范围水土流失及其防治状况进行监测，优点是以较频繁的间隔重复，实现动态监测。

(4)调查

获取有关信息，对宏观的遥感监测解译结果进行检验。

(5)专项试验、调查统计、数理分析

①区域监测应主要采用遥感监测，并进行实地勘察和校验，必要时还应在典型区设立地面监测点进行监测，也可以通过询问、收集资料和抽样调查等获取有关资料。

②小流域监测应采用地面观测方法、同时通过询问、收集资料和抽样调查等获取有关资料。

③中流域宜采用遥感监测、地面观测和抽样调查等方法。

④生产建设项目监测应主要采用定位观测和实地调查方法，也可同时采用遥感监测方法。

7.1.5 水土保持监测机构和监测网络

(1)水土保持监测机构

我国的水土保持监测机构是由各级人民政府设立的水土保持检测机构，属于公益性机构，开展对全国水土流失情况的监测。

(2)水土保持监测网络

全国水土保持监测网络由两部分组成，一是各级政府批准成立的水土保持监测机构，即水利部水土保持监测中心，长江、黄河等大江大河流域监测中心站，省级监测总站，重点防治地区监测分站和监测站；二是根据监测任务需要，经科学论证，在全国各地设立的水土保持监测站点，包括为国家提供基础数据的监测点、水土流失抽样调查点、水土保持重点工程监测点等。目前，国家已实施了全国水土保持监测网络与信息系统一期、二期工程建设，在国家、流域、省、市层面建立了监测机构，在全国建设了75个综合监测站、738个监测点。这些站点是我国长期开展水土保持监测的基本站点。今后，我国还将依据水土保持监测规划和国家信息化规划，逐步健全水土保持监测网络，完善监测信息系统，提高自动化和信息化水平，开展监测机构和监测站点标准化建设，提升监测能力。

(3)各级政府设立的水土保持监测机构

各级政府设立的水土保持监测机构应根据法律规定和社会需求，开展水土流失动态监测，掌握水土流失发生、发展、变化趋势，进行监测预报，满足政府、社会公众的信息需求，实现水土保持监测数据和成果的社会共享。对严重水土流失灾害性事件，应能迅急开展监测，为各级政府及时应对灾害，采取科学的处置措施提供支持。

(4)水土保持监测数据和成果

水土保持监测数据和成果要为在水土流失重点预防区和重点治理区实行政府水土

保持目标责任制和考核奖惩制度提供重要依据。

7.2　生产建设项目水土保持监测

7.2.1　开展生产建设项目水土保持监测的目的

开展水土保持监测，可以对施工建设过程中的水土流失进行适时监测和监控，协助生产建设单位落实水土保持方案，加强水土保持设计和施工管理，优化水土流失防治措施，协调水土保持工程与主体工程建设进度。

运用多种手段和方法，对水土流失的成因、数量、强度、影响范围及其水土保持工程实施效果等进行动态观测和分析，及时准确掌握生产建设项目水土流失状况和防治效果，提出水土保持改进措施，减少人为水土流失；同时，及时反映项目存在的水土流失危害与隐患，提出水土流失防治对策建议，并及时通过水行政主管部门向建设单位提出整改意见，由建设单位通过施工单位、监理单位、设计单位、质检单位对水土保持方案的实施做出必要的调整。

开展建设项目水土流失及水土保持效果监测，是对投资的有效监督，对及时发现和纠正建设项目在施工过程中的随意性损坏和不规范操作，客观评价建设目的水土保持效果，具有现实意义。

水土保持监测为水土保持监督管理提高了技术依据，同时也为公众监督提供了基础信息，进一步促进项目区生态环境的有效保护和及时恢复。

7.2.2　生产建设项目水土保持监测内容与要求

扰动地表和破坏植被面积较大、挖填土石方量较多的项目，容易引发较为严重的水土流失，是开展水土保持监测的重点。关于大中型项目的划分，按国家基本建设项目建设规模和等级的有关规定执行，如煤炭等矿产开采项目是以年产量划分、电站以装机容量划分等。对于小型生产建设项目，为防治水土流失，保障工程安全生产和正常运行，鼓励开展监测工作。

为了规范生产建设项目水土保持监测工作，水利部于2009年3月制定并发布水土保持[2009]187号《关于规范生产建设项目水土保持监测工作的意见》文件。该文件就生产建设项目的监测分类，监测内容和重点、监测方式和手段、监测频率、监测报告、监测成果公告、监测管理等作出一系列规定，对建立和完善水土保持监测成果报告制度具有重大意义和重要指导作用。

根据“谁造成水土流失、谁负责治理、谁负责监测”的原则，造成水土流失的生产建设单位有责任和义务开展水土保持监测。水土保持监测可以为建设单位自查和管理提供支撑，可以全面监控和管理各个施工建设单位和施工现场，对存在的问题及时整改和处置，最大限度地避免可能发生的水土流失、生态环境破坏和潜在危害。通过水土保持监测，可以及时发现重大水土流失隐患和事件，确保应急措施及时、到位，避免引发严重后果，造成重大灾害和损失。同时，通过实施对水土保持措施的成效监测，还可以调整和优化水土流失防治措施，使生产建设项目的水土流失防治达到国家标准。

7.2.2.1 生产建设项目水土保持监测内容和重点

生产建设项目水土保持监测的主要内容包括：主体工程建设进度、工程建设扰动土地面积、水土流失灾害隐患、水土流失及造成的危害、水土保持工程建设情况、水土流失防治效果，以及水土保持工程设计、水土保持管理等方面的情况。

生产建设项目水土保持监测的重点包括：水土保持方案落实情况，取土(石)场、弃土(渣)场使用情况及安全要求落实情况，扰动土地及植被占压情况，水土保持措施(含临时防护措施)实施状况，水土保持责任制度落实情况等。

7.2.2.2 生产建设项目水土保持监测方式和手段

承担委托的监测机构必须实行驻点监测，同一项目的驻点监测监督管理人员中至少要有1名取得水土保持监测监督管理人员上岗证书。建设单位自行监测的项目要指定专职监督管理人员开展定期监测。

扰动土地面积、弃土(渣)、水土保持措施实施情况等内容以实地量测为主。线路长、取弃土量大的公路、铁路等大型建设项目，可以结合卫星遥感和航空遥感等手段调查扰动地表面积和水土保持措施实施情况等。有条件的项目，可以布设监测样区、卡口监测站、测钎监测点等，开展水土流失量的监测。

7.2.2.3 生产建设项目水土保持监测频率

建设项目在整个建设期(含施工准备期)内必须全程开展监测；生产类项目要不间断监测。

正在使用的取土(石)场、弃土(渣)场的取土(石)、弃土(渣)量，正在实施的水土保持措施建设情况等至少每10天监测记录1次；扰动地表面积、水土保持工程措施拦挡效果等至少每1个月监测记录1次；主体工程建设进度、水土流失影响因子、水土保持植物生长情况等至少每3个月监测记录1次。遇暴雨、大风等情况应及时加测。水土流失灾害事件发生后1周内完成监测。

7.2.3 关于水土保持监测成果报告的具体规定

开展委托监测的生产建设项目，项目开工(含施工准备期)前应向有关水行政主管部门报送《生产建设项目水土保持监测实施方案》。工程建设期间，应于每季度的第一个月内报送上季度的《生产建设项目水土保持监测季度报告表》，同时提供大型或重要位置弃土(渣)场的照片等影像资料；因降雨、大风或人为原因发生严重水土流失及危害事件的，应于事件发生后1周内报告有关情况。水土保持监测任务完成后，应于3个月内报送《生产建设项目水土保持监测总结报告》。

水利部批复水土保持方案的项目，由建设单位向项目所在流域机构报送上述报告和报告表，同时抄送项目所涉省级水行政主管部门。项目跨越两个以上流域的，应当分别报送所在流域机构。地方水行政主管部门报复水土保持方案的项目，由建设单位向批复方案的水行政主管部门报送上述报告和报告表。报送的报告和报告表要加盖生产建设单位公章，并由水土保持监测项目的负责人签字。《生产建设项目水土保持监测实施方案》《生产建设项目水土保持监测总结报告》还需加盖监测单位公章。

7.3 水土保持监测公告

7.3.1 发布部门和内容

(1)发布部门

发布水土保持监测公告是水利部和省(自治区、直辖市)水行政主管部门的法定职责。发布水土保持监测公告有如下作用：①发布公告对制定水土流失防治与生态建设政策，编制水土保持规划，评价与检查水土保持及生态建设重大工程成效，实行政府水土保持目标责任制，保证社会公众充分享有知情权、参与权、监督权，都具有重要作用。②依法开展区域和流域水土保持监测，生产建设项目水土流失监测，定期组织全国水土流失调查，是公告的基础和数据来源。③水利部和省(自治区、直辖市)水行政主管部门应建立水土保持监测公告制度，建立和完善水土保持监测信息发布和共享机制。市级、县级水行政主管部门也可根据需要，开展水土保持监测工作。

水土保持监测公告应定期发布。对全国、七大流域、较大区域的水土保持监测公告可每5年、10年发布1次，以满足国家5年发展规划、10年中期规划的需要；对水土流失重点预防区和重点治理区可发布年度水土保持监测公告；对特定区域、特定对象的监测，可适时发布。

(2)水土保持监测公告的内容

①水土流失情况　主要包括水力侵蚀、风力侵蚀、重力侵蚀、冻融侵蚀等各类侵蚀的面积、分布情况，各级侵蚀强度(微度、轻度、中度、强烈、极强烈、剧烈侵蚀)的面积、分布情况，并分析变化情况及趋势。

②水土流失造成的危害　如进入江河、湖泊、水库的泥沙量，发生崩塌、滑坡、泥石流的情况，严重水土流失灾害事件及造成生命财产损失情况等。

③水土流失预防和治理的情况　如重点预防和治理工程建设情况、保存情况、成效，重大政策、重要活动等。

上述内容中应包括生产建设项目的水土流失预防、治理及监测数据和成果。

7.3.2 我国水土流失及防治动态监测公告制度开展情况

中华人民共和国成立以后，我国先后开展了3次大规模的水土保持普查工作，并多次发布水土流失公告。第一次是20世纪50年代，采用人工调查的办法，完成了全国第一次水土流失普查，初步查清了水土流失类型中与人们生产、生活密切相关的全国水蚀面积 $1.53\times10^6 km^2$。第二次是20世纪80年代末，利用遥感技术，结合地面监测，开展了第一次全国水土流失遥感调查，查清了水土流失主要类型及分布，并于

1991 年发布了全国水土流失公告。全国水土流失面积 $3.67 \times 10^6 km^2$，其中水蚀面积 $1.79 \times 10^6 km^2$，风蚀面积 $1.88 \times 10^6 km^2$。第三次是 1999 年，水利部组织开展了第二次全国水土流失遥感调查，发布了全国第二次水土流失公告。全国水土流失面积 $3.56 \times 10^6 km^2$，其中水蚀面积 $1.65 \times 10^6 km^2$，风蚀面积 $1.91 \times 10^6 km^2$，水风蚀交错区 $2.6 \times 10^5 km^2$。此后，水利部 2004 年发布了《2003 全国水土保持监测公报》，这是水利部首次向全社会公告全国水土保持监测情况，其主要内容包括水土流失状况、水土流失防治情况、生产建设项目水土保持和重要水土保持事件等，全面系统地反映了 2003 年度全国水土流失状况和水土保持进展情况，具有很强的权威性、指导性和实用价值，是各级水利部门进行水土保持生态建设决策的科学依据。公报发布后，引起了全社会的广泛关注，人民日报、中央电视台、光明日报、经济日报和人民网、科学网、中国网、新华网、雅虎中国新闻、新浪网等 20 多个新闻媒体进行了宣传报道，进一步扩大了水土保持的社会影响，增强了公众的水土保持意识。2016 年，水利部发布了《2016 年中国水土保持公报》，公报显示，在 2016 年水利部组织开展的 16 个国家级水土流失重点预防区和 19 个国家级水土流失重点治理区共计 $5.95 \times 10^5 km^2$ 的监测面积中，共有水土流失面积 $2.6 \times 10^5 km^2$，约占 43.71%；2016 年全国共审批生产建设项目水土保持方案 29 157 个，涉及水土流失防治责任范围 $1.16 \times 10^4 km^2$，设计拦挡弃土弃渣 $5.043 \times 10^9 m^3$，完成 6 744 个生产建设项目水土保持设施验收，完成水土流失治理面积 $5.62 \times 10^4 km^2$，其中国家水土保持重点工程完成 $1.16 \times 10^4 km^2$。公报还发布了年度国家水土保持示范工程创建情况、重要水土保持事件、典型监测点名录等内容。

同时，各省(自治区、直辖市)和地(市)根据实际情况，也积极编制本辖区的水土保持监测公报(公告)，并向社会发布。

7.4 水土保持监督检查

7.4.1 水土保持监督检查的概念和内容

(1)概念

水土保持监督检查是指县级以上人民政府水行政主管部门，依据法律、法规、规章及规范性文件或政府授权，对所辖区域内公民、法人和其他组织与水土保持有关的行为活动的合法性、有效性等的监察、督导、检查及处理的各项活动的总称，如实施水土保持行政许可、行政检查、行政处理等。

因此，水土保持监督检查属行政管理范畴，是公共行政的有机组成部分，需要运用国家行政权力来保护生态环境和公众利益，依法对违法行为进行行政处罚；同时，水土保持监督检查属于法定职权，各级水行政主管部门及其监督管理机构不能超越法律和国务院所规定的职权违法行事。

(2)监督检查的内容

① 水土保持监督管理贯彻落实水土保持法律、法规的情况　主要包括水土保持法律、法规的宣传普及，配套法规政策体系的建设，执法与监督队伍的建设以及生产建

设单位落实水土保持"三同时"制度情况等。

② 水土流失预防和治理开展情况　主要包括水土流失重点预防区和重点治理区的划定，水土保持规划的编制，重点治理项目的安排和实施，经费保障等。

③ 水土保持科技支撑服务开展情况　主要包括水土保持监测网络建设与监测预报、技术标准制定、科学研究与技术创新，以及水土保持方案编制、验收评估和监理监测的技术服务等。

7.4.2　水土保持监督检查的特点

水土保持监督检查是水行政主管部门及其水土保持监督管理机构通过现场检查，促使从事生产建设活动可能引起水土流失的单位和个人，认真履行水土保持职责，尽可能防治水土流失的一个综合的动态过程，是一种特殊的行政管理活动。因此，水土保持监督检查具有以下特点：

(1)既有法律性，又有行政性

首先，水土保持监督检查是依据水土保持法律、法规对生产建设项目进行检查监督，并依据水土保持法律、法规来制裁、纠正违法行为。这些处罚、监督检查权力是水土保持法律法规赋予的，必须依法行使，处罚得当，因此具有法律性。

其次，水土保持监督检查又具有明显的行政性。行使水土保持监督检查的，无论是水行政主管部门，还是水土保持监督管理机构，都是国家行政管理体系的组成部分，在进行监督检查过程中，除了运用法律手段外，还要大量使用行政管理手段，因此具有行政性。

(2)既有复杂性，又有单一性

水土保持监督检查的对象涉及水利、交通、电力、矿冶等行业，每个行业各有特点，在施工过程中造成水土流失的时间、环节和强度各不相同，水土保持监督检查的重点内容不应相同，因此水土保持监督检查具有复杂性。但是，水土保持监督检查的对象是针对可能造成水土流失行为的单位和个人，现场检查仅对施工和生产过程中的土石方开挖、填筑、排弃活动进行监督检查，监督指导各类松散的弃渣得到挡护，各类裸露面及时得到植被覆盖，及早恢复水土保持功能，因而具有单一性的特征。

(3)既有长期性，又有时效性

由于生产建设项目建设时间相对比较长，项目建设程序包括项目建议书、可行性研究、设计、实施准备、施工、竣工等多个阶段，而在这些阶段中，都要求水土保持监督部门进行有效的监管，因此监督检查具有长期性的特点。同时，因为水土流失的证据很容易灭失，如在公路建设中随意将废弃的土石渣倾倒到江河河道或沟道中，如不及时调查取证，遇一场暴雨洪水，就会全部消失，所以水土保持监督检查又具有快速反应、时效性的特征。

(4)既有强制性，又有服务性

水土保持监督检查是水土保持行政主管部门的单方强制行为，无需事先征得相对人的同意。水行政主管部门在监督检查时，相对人有服从、协助、如实提供有关资料的义务，否则须承担相应的法律责任。另一方面，生产建设项目水土流失防治具有科学性的特点，在保障水土保持设施安全有效的同时，还需要注意与周边环境的协调，特别是水土保持林草应符合当地的环境特点与景观要求。通过监督检查，督导生产建设单位和个人选用适当的措施类型和林草品种，充分发挥水土保持投资的效益，因而具有服务性的特点。

7.4.3 水土保持监督检查的基本原则

(1)实事求是的原则

实事求是，就是要求水土保持监督机构和监督人员在水土保持监督检查过程中，要重事实，讲证据。在处理水土保持违法案件中要以事实为依据，注重调查研究，广泛收集有关资料，查清事实，把执法与监督建立在确凿的事实和证据基础上。

(2)依法监督的原则

依法监督，就是要求水土保持监督机构和人员在监督检查过程中，一定要按照法律和法规的规定开展监督检查工作，在处理水土保持违法案件的具体过程中，一定要准确地适用法律条款，依照法定程序，进行处理。

(3)坚持技术规范的原则

一方面，水土保持工作是一项技术性很强的工作；另一方面，生产建设项目涉及行业多，每个行业各有特点，如公路和铁路项目线路长，土石方数量大，开挖范围广，水土保持设施损坏面积大，水土流失严重；煤炭建设项目产生大量的煤矸石，燃煤电站产生大量的灰渣等。这就要求在水土保持监督检查过程中，严格按照水土保持技术规范标准来督促建设单位和施工单位进行水土保持设施的建设，确保建设过程中所采取的水土流失防治措施配置合理，工程施工质量优良。

(4)程序化、制度化的原则

没有规矩，不成方圆。只有程序的合法才能保证监督检查的公正。水土保持监督检查本身是一项行政执法活动，要做到监督公正、及时有效，避免主观随意性，就必须要坚持监督程序化、制度化的原则。例如，在公路、铁路建设可行性研究阶段，要督促建设单位编报水土保持方案，按照水土保持方案进行初步设计和施工图设计；在施工建设阶段，要督促建设单位按照“同时施工”的要求，同步建设水土保持设施；在土建工程完工后，督促建设单位同时验收水土保持设施；对于水土保持违法案件的处罚时，要履行事前告知程序等。监督检查工作，要坚持分级负责与联合行动的原则，坚持例行检查和突击检查相结合的原则，防治进展报告与抽查复核相结合，建立信息察觉和反馈制度。既要监督检查到位，又要防止监督检查过头，影响正常的建设或生产工作。

(5)监督与服务结合的原则

资源开发利用、基础设施建设等项目，对国民经济发展以及改善人民生产、生活条件具有非常重要的作用，是国家建设不可缺少的部分。但项目建设必然造成地表扰动、地貌和植被破坏以及水土流失，如何将项目建设好，同时也把水土保持工作做好，是建设单位和水土保持监督管理部门共同的职责。所以，水土保持监督人员在严格监督的同时，要积极支持项目建设，正确处理监督和服务的关系，把服务贯穿于监督的全过程，通过送法上门、咨询服务、技术培训，积极为建设单位出主意、想办法，共同做好水土保持工作。

(6)属地管理与分级负责相结合的原则

各级水行政主管部门可以对所辖区域的生产建设项目开展水土保持监督检查。

对生产建设项目的监督检查实行属地管理与分级负责相结合的原则。各级水行政主管部门根据方案审批权限负责组织生产建设项目监督检查。

县级人民政府水行政主管部门应对辖区内生产建设项目开展水土保持监督检查。

7.4.4 水土保持监督检查措施的法律规定

水政监督检查，是水行政监督检查的简称，水土保持监督检查是水行政监督检查的重要组成部分。本法规定的水政监督检查人员，具体是指水行政主管部门中负责水土保持监督检查的人员。

(1)水政监督检查人员履行监督检查职责可以采取的措施

①要求被检查单位或者个人提供的有关文件、证照、资料，主要是指从事水土保持及相关业务的公民、法人以及其他组织拥有的、与水土保持相关的文件、证照、资料，如生产建设项目水土保持方案批复文件、水土保持方案编制和监测资质、水土保持监理和监测资料等。

②要求被检查单位或者个人说明预防和治理水土流失的有关情况，主要是指被检查单位和个人对其活动造成水土流失的范围与程度、预防和治理措施体系布设、资金投入、监理监测、防治效果等作出解释。

③现场调查、取证。调查主要是指询问当事人和证人，取证主要指深入现场，勘验检查。证据主要包括书证、物证、试听资料、证人证言、当事人的陈述、鉴定结论、勘验笔录以及现场笔录等。

(2)对于违法行为，可以采取的措施

①对被检查单位或者个人正在从事的违反《水土保持法》规定的行为，水政监督检查人员有权要求立即停止违法行为。

②当被检查单位或者个人拒不停止违法行为，造成严重水土流失的，报经水行政主管部门批准，可以查封、扣押实施违法行为的工具及施工机械、设备等。水政监督检查人员实施查封、扣押实施违法行为的工具及施工机械、设备是行政强制措施，须在被检查单位和个人拒不停止违法行为时，报经水行政主管部门批准后方可实施。

(3)职责和业务

①水政监督检查人员依法履行监督检查职责时，向当事人出示执法证件，一是执法程序的要求，表明代表国家开展监督检查工作；二是可以及时表明自己的合法身份；三是对被检查单位或者个人知情权的一种尊重。

②被检查单位或者个人，应自觉接受与配合水土保持监督检查，如实报告情况，

并就有关问题作出说明和解释；提供必要的工作条件，如允许进入生产建设场所，提供有关文件、证照、资料，确保检查工作顺利进行，使监督检查人员尽可能掌握真实、客观的情况。

③被检查的单位或者个人不得拒绝或者阻碍水政监督检查人员执行公务。如果拒绝或者阻碍监督检查工作，根据《水土保持法》第五十八条规定，构成违反治安管理行为的，应由公安机关依法给予治安管理处罚；构成犯罪的，应依法追究刑事责任。

7.4.5 水土保持监督检查的形式

7.4.5.1 水行政主管部门组织的监督检查

(1)水利部组织的监督检查

水利部作为全国最高级别的水行政主管部门，有权对全国范围内水土保持法律和法规执行情况进行监督检查。对生产建设项目的监督检查，重点是跨流域、跨省区的重大生产建设项目，尤其是要对流域和省级水行政主管部门反映存在严重问题的违法、违规项目进行监督检查。

(2)流域机构组织的监督检查

根据水利部〔2004〕97号文件《关于加强大型生产建设项目水土保持监督检查工作的通知》要求，流域机构作为水利部的派出机构，代部行使生产建设项目的水土保持监督检查权。流域机构按照水利部的授权，在本流域内对大型生产建设项目水土保持方案实施情况进行监督检查。监督检查的重点是水利部批复水土保持方案的生产建设项目，并对省级水行政主管部门反映存在严重问题的违法、违规项目进行监督检查，也可对省级审批立项的生产建设项目的水土保持方案的实施情况进行重点抽查。

(3)地方各级水行政主管部门组织的监督检查

按照水土保持法律和法规的授权，地方各级水行政主管部门及其所属的水土保持监督管理机构，有权对辖区内的水土保持法律和法规执行情况进行监督检查。地方县级以上水行政主管部门组织的监督检查，一般采取与下级水行政主管部门组成联合监督检查组的方式进行。

7.4.5.2 邀请人大参与水土保持的监督检查

为了促进水土保持法律和法规的贯彻执行，近年来各级水行政主管部门邀请人大参与水土保持法律和法规执行情况的执法检查，帮助解决水土保持法律和法规执行中的一些疑难问题。例如，国务院水行政主管部门1998年9~12月期间，邀请全国人大对山西、陕西、内蒙古及四川4省(自治区)水土保持法律和法规执行情况进行执法检查，有效地解决了该区域资源开发过程中造成的水土流失防治不力的有关问题。宁夏回族自治区水利厅自1998—2002年期间，连续5年邀请自治区人大对自治区内《水土保持法》及《宁夏实施〈水土保持法〉办法》等法律、法规执行情况进行执法检查，使全区水土保持法规体系不断完善，执法体系建设得到加强，大中型生产建设项目水土保持“三同时”制度得到了全面落实，水土流失治理速度明显加快。

7.4.5.3 部门联合的监督检查

为了解决部分行业的生产建设项目水土保持法律和法规执行中存在的问题，各级水行政主管部门与该行业的行政主管部门，组成联合执法检查组，对该行业存在问题较大的生产建设项目进行联合执法检查，督促生产建设项目落实水土保持法定义务。2006年10月水利部与铁道部组成联合检查组，对襄渝铁路Ⅱ线川陕段工程的水土保持工作情况进行联合执法检查，使襄渝铁路水土保持方案得到了很好的贯彻落实。地方各级水行政主管部门可以邀请同级环境保护、林业、公路、煤炭、电力等行政管理部门的一个或多个参与监督检查，极大地推动该行业建设项目水土流失防治工作的落实。

7.4.5.4 邀请新闻媒体参与监督检查

借助新闻媒体的舆论监督作用，可以提高水土保持监督检查的效果。水行政主管部门在实施监督检查时，根据监督管理对象的不同，如在全国影响大的大型项目，可以邀请中央新闻媒体参与检查；对一些中小型项目，可以邀请行业或当地新闻媒体参与检查等。通过新闻媒体的舆论监督，可以促使生产建设单位依法履行自己的法定义务，做好水土流失防治工作。

以上是按照水土保持监督检查组织的主体和参与的单位不同而做的分类，另外按照监督检查内容不同还可分为专项、常规和临时监督检查；按照项目建设的时段不同，分为事前、事中和事后监督检查；按照监督检查的时间不同，分为定期和不定期的监督检查等。以上监督检查的形式可以单独使用，也可以综合使用，如可以进行定期专项检查，也可以进行不定期专项检查。现场监督检查时可以同时邀请上级机关、人大、行业主管部门、投资方、新闻媒体，也可以邀请某一方或某几方等。不管是何种形式的监督检查，监督检查的主体都是水行政主管部门。因此，在进行监督检查时，水行政主管部门或水土保持监督管理机构，要根据监督检查的对象、内容以及达到的目标不同，合理确定监督检查的形式。对同一个建设项目的监督检查一般每年最少检查一次，对检查中发现问题较多的项目，可以向上级反映，由上级组织监督检查，也可以自己组织跟踪检查，检查的频次一般2~3次为宜。

7.4.6 水土保持监督检查的程序

水土保持监督检查的程序是指水行政主管部门及其水土保持监督管理机构依据水土保持法律、法规、规章以及其他规范性文件，监督检查、管理相对人落实水土保持法定义务的次序。水土保持监督检查包括监督检查前期准备、现场检查和召开座谈会3个环节。

7.4.6.1 监督检查前期准备

(1)确定监督检查对象

在对辖区农业、林业生产活动，生产建设项目建设情况，从事水土保持技术服务单位等情况充分调查的基础上，确定水土保持监督检查的对象，可以是从事农业、林业生产活动的单位和个人，也可以是某个或某几个甚至几十个生产建设单位，也可以是技术服务单位等。

(2)了解监督检查对象的基本情况

查阅有关资料，了解监督检查对象的基本情况，包括单位住址、单位性质、建设地点、上级主管部门，如果是生产建设单位，还需要了解生产建设项目工程建设的基本情况，如开工时间、工程建设规模、施工进度、水土保持方案编报、审批情况等。

(3)制定监督检查方案

监督检查方案包括检查时间、检查内容、检查方式、检查程序、有关要求和检查组成员等。

(4)确定监督检查组织及人员

县级以上水行政主管部门及其水土保持监督管理机构组织的监督检查，下级水行政主管部门及其水土保持监督管理机构参加，组成联合监督检查组。由组织监督检查的水行政主管部门担任组长单位，最高领导担任监督检查组组长，其他参与监督检查的单位为成员单位，其参加人员为监督检查组成员。

(5)下发监督检查通知

由组织监督检查的水行政主管部门下发监督检查通知，通知的主要内容包括：监督检查的依据、时间、检查的内容、检查的程序、参加监督检查的单位和人员、被检查单位参加的人员以及其他要求。通知同时抄送上级主管部门、参加监督检查的各级水行政主管部门、被检查单位的上级主管部门。现场检查前将正式的现场检查通知文书发至被检查项目的建设单位。

需要说明的是监督检查的前期准备不是必须的，各级水行政主管部门及其水土保持监督管理机构可以根据掌握的情况自行决定。一般来说，对突发事件不适用，如接到群众举报，某地有人随意弃渣或正在破坏水土保持设施等，监督管理机构就必须立即赶赴现场进行监督检查，制止违法行为。对已开工，也未编报水土保持方案，而且在施工中造成严重水土流失的生产建设项目，监督管理机构可以直接监督检查，不一定事先通知建设单位，建设单位必须接受监督管理部门的监督检查。

7.4.6.2 现场检查

(1)简要了解项目的基本情况

监督检查组赴现场与被检查单位见面后，双方相互介绍人员，监督检查组说明来意，被检查单位简要介绍项目建设情况，使监督检查组初步了解项目建设进展情况。

(2)内业检查

外业检查前，查阅内业相关资料，对项目的基本情况有一个比较全面的了解，为外业检查做好必要的准备。

内业检查的重点是：

①是否有国家职能部门的立项手续，是否有经水行政主管部门批复的水土保持方案。

②建设单位是否有专门负责水土保持工作的组织机构、人员。

③建设单位是否有加强水土保持工作的相关制度。

④建设项目是否进行水土保持设施的后续设计及有关的设计文件(初步设计、施工图设计、施工组织设计)、变更设计等有关文件。

⑤建设单位是否签订水土保持的有关承包合同，包括建设单位与施工单位、监理单位、监测单位等合同文件。

⑥项目建设过程中的施工进度报表、监理报告、监测报告等。

⑦补偿费协议、票据等。

(3)确定现场检查路线及现场检查点

在听取被检查单位关于项目建设简要情况的介绍，以及查阅内业资料的基础上，监督检查组还需要向参与检查的当地水行政主管部门或水土保持监督管理机构的人员，了解他们关于项目建设现场检查的有关情况，经商定初步确定外业检查点，根据检查点确定检查路线。在现场检查时，可以根据现场检查情况，临时调整现场检查点。现场检查点主要是施工过程对地貌植被破坏严重，容易造成水土流失的区域。对不同的建设项目，现场检查点也不同，对铁路、公路项目，检查点主要是弃渣场、取土场、施工临时道路、跨河工程施工现场等；对火电项目，主要是厂区施工现场、灰场、给排水管道等。

(4)外业检查

外业检查是现场检查的核心，通过外业检查全面掌握被检查单位是否存在违反水土保持法律和法规行为，是否全面落实了水土保持法定义务，施工过程中是否存在问题，存在哪些问题等。

外业检查的重点是：

①了解施工过程中损坏地貌、植被以及水土保持设施情况，检查是否存在越界施工问题。

②是否按照水土保持方案及其后续设计落实防治措施，是否存在设计变更，水土保持措施进度是否与主体工程同步。

③项目建设中是否存在随意弃土弃渣现象，弃土弃渣是否采取防治措施。

④项目建设中是否存在违反水土保持法律和法规行为，如拒编水土保持方案、损坏水土保持设施、随意倾倒弃土弃渣、对造成的水土流失拒绝防治等。

⑤建设项目的临时防护措施是否有效。

⑥水土流失防治措施的质量标准是否达到有关技术标准。

⑦项目施工现场管理情况。

⑧对当地群众的调查。

检查中对检查的项目应逐条记录。发现问题应仔细核对，必要时可进行现场取证。现场取证是监督检查人员对现场进行勘查、照相、录像、询问相对人、调查当地群众等，以获取现场违法违规的事实证据。

7.4.6.3 召开座谈会

现场检查结束后，由监督检查组成员、建设单位代表、项目参建单位的代表等参加，在项目建设所在地召开现场座谈会，通报现场监督检查情况。会议的程序：①首先介绍参会人员。②监督检查组进一步说明来意。③被检查单位汇报项目建设及水土流失防治措施实施情况。④其他参建单位进一步补充说明水土保持相关情况。⑤监督检查组成员对项目检查情况发表意见。⑥被检查单位对监督检查组提出的问题做解释和说明。⑦监督检查组根据现场检查、会议发言情况拟定现场监督检查意见，在讨论和拟定检查意见期间建设单位和参建单位代表应当回避。⑧检查组组长宣读现场监督检查意见。⑨被检查单位表态发言，会议结束。现场监督检查意见需打印若干份，检查组组长、副组长在意见上签字，意见后附监督检查组全体人员及被检查单位参会人员名单并签字，以及每位检查人员的检查记录和相关资料。参加监督检查的单位及被检查单位各留一套检查意见。

7.4.7 水土保持监督检查的内容

根据水土保持法律和法规的规定，水土保持监督检查的内容十分广泛，涉及农业、林业、交通、水利、水电、电力、煤炭、石油、有色金属等许多行业。按照监督管理的不同对象，水土保持监督检查的内容主要分为以下几个方面。

7.4.7.1 对从事农业、林业等生产活动的监督检查

(1)对农业生产的监督检查

监督农业生产的重点是：①对禁垦坡度以上陡坡地开垦种植农作物的，要坚决制止。②对水土保持法施行前已在禁垦坡地上开垦种植农作物的，要监督开垦者，按计划，逐步退耕还林还草，恢复植被，对退耕确有困难的，要修建梯田后方能耕种。③对于未经水行政主管部门及其所属的水土保持监督管理部门批准，擅自开垦禁止开垦坡度以下、5°以上荒坡地的单位和个人，要责令停止开垦，补报审批手续；对于未按批准的水土保持方案实施的，要加以监督和纠正，并按规定进行处罚。

(2)对采伐林木的监督检查

监督林木采伐的重点是：①监督检查采伐方式，督促林木开采按照影响水土保持功能较小的采伐方式进行采伐。②要监督检查采伐方案中是否制定了水土保持方案，采伐区和集材道要有具体的水土流失防治措施，同时还要监督检查采伐方案是否抄送水行政主管部门备案。③要监督检查采伐迹地是否按水土保持方案及时完成了更新造林任务。④要监督检查对水源涵养林、水土保持林、防风固沙林等防护林的采伐是否为抚育和更新性质的采伐方式。对在林区采伐，不采取水土保持措施，造成严重水土流失的，要根据不同情况，作出责令限期改正、采取补救措施等处罚。

(3)对从事挖药材、养柞蚕、烧木炭、烧砖瓦等副业生产的监督检查

对挖药材、养柞蚕、烧木炭、烧砖瓦等副业生产活动的监督也应区别对待，对群

众性挖药材、养柞蚕活动监督检查，首先应要求采挖、经营者按水土保持要求，做好水土流失防治措施，防止造成水土流失，同时，教育和引导他们合理化、规范化地从事生产活动。对从事烧木炭、烧砖瓦等生产活动的，应要求填写"水土保持方案报告表"，经县级人民政府水行政主管部门批准，并监督实施。这些生产活动可多方面诱导或直接产生水土流失。如烧木炭的原料是木材，这种生产活动最容易造成乱砍滥伐林木，同时烧木炭的场地、道路、废弃物的排放都有可能产生水土流失；烧砖瓦所涉及的取土、道路建设、场地施工、排弃废渣等不合理的建设也可能产生水土流失，因此必须加强监督检查。

(4)对坡地整地造林、抚育幼林、垦复油茶、油桐等经济林木活动的监督检查

虽然林木具有保持水土的功能，但在造林和抚育过程中不注意水土保持工作，同样会造成新的水土流失。因此，也要监督造林整地、配置方式和抚育方式等，通过监督使之采取保护水土保持功能的措施，达到防治水土流失的目的。

(5)对取土、挖砂、采石等生产活动的监督检查

因取土、挖砂、采石可能引起水土流失，所以，加强对这些活动的监督检查是十分必要的。必须要求从事取土、挖砂、采石活动的单位和个人填写"水土保持方案报告表"，经县级人民政府水行政主管部门批准，并监督实施。严禁在崩塌、滑坡危险区和泥石流易发区取土、挖砂、采石，对在这些区域取土、挖砂、采石并造成严重水土流失危害的单位和个人，按照水土保持法有关规定进行处理和处罚。同时，还应对未按法律要求划定并公告崩塌、滑坡危险区和泥石流易发区的县级人民政府提出意见或建议。

7.4.7.2 对生产建设项目的监督检查

(1)对建设单位编报水土保持方案的监督检查

水土保持法律和法规规定生产建设项目在项目前期必须编报水土保持方案，水土保持方案经水行政主管部门审批后，项目方可立项，同时水土保持方案也是水土保持监督管理部门监督检查的依据。对在监督检查中发现生产建设项目未编报水土保持方案而开工建设的项目，水行政主管部门除对其进行行政处罚外，还应要求其限期编报水土保持方案，补办审批手续，并对在生产建设过程中造成的水土流失尽快采取措施，进行防治。对于没有国家职能部门立项手续的，应责令停止建设，提出补办立项手续的要求；对已经造成或可能造成的水土流失限期进行治理，并进行处罚。

(2)对生产建设单位实施水土保持方案情况的监督检查

实施水土保持方案情况包括以下7个方面的内容：

①落实后续设计　水土保持方案是在可行性研究阶段编制的，它的深度只是达到可行性研究的深度，距离水土保持措施的实施还存在很大的差距。这就要求建设单位必须按照水土保持方案确定的内容编制水土保持初步设计和技施设计，把初步设计和技施设计纳入到主体工程的初步设计和技施设计中，为施工单位下一步实施水土保持措施提供技术依据。

②落实水土流失防治责任　建设单位在土建工程招标文件中，必须把各项水土保

持工程、水土保持措施、技术要求、防治责任范围、水土保持投资等有关内容纳入招标文件的正式条款中，将建设单位的水土流失防治责任落实给施工单位，确保各项措施落到实处。

③组建机构或落实专人，加强对施工单位的管理　建设单位必须制定相应的管理制度和办法，加强对施工单位在施工过程中的监督管理，严格按照水土保持方案及其后续设计的有关文件组织施工，严禁随意扩大扰动面积，随意弃土弃渣，随意变更设计。

④履行变更报批手续　水土保持方案经批复后，就具有了法律效力，建设单位就必须按照水土保持方案组织实施，不得随意变更，确需变更的必须履行变更报批手续，经水行政主管部门同意后方可变更。

⑤资金、工程进度及质量管理　建设单位必须落实水土流失防治资金，确保主体工程与水土保持工程的施工进度基本同步，水土保持工程建设质量标准必须达到水土保持技术标准的要求，达到应有的防治水土流失的效果。

⑥开展水土保持监理和监测工作　根据水利部的有关要求，建设单位在实施水土保持方案过程中，必须开展水土保持监理和监测工作，监理成果和监测成果是水土保持设施验收的基础和验收工作必备的专项报告。

⑦检查施工过程中是否达到了《开发建设项目水土流失防治标准》规定的拦渣率、治理度和方案确定的施工过程中的防治目标。

7.4.7.3 不同类型生产建设项目监督检查的重点内容

生产建设项目涉及的类型多、行业多。有线型工程、点型工程，行业有交通、水利、水电、电力、煤炭、石油、有色金属等，对不同类型的建设项目，监督检查的重点各不相同。针对各类型生产建设项目的不同特点，明确监督检查重点，对有效督促生产建设单位落实水土保持方案，防治水土流失，是非常必要的。下面对不同类型生产建设项目监督检查的重点内容进行介绍。

(1)公路、铁路建设项目监督检查的重点

铁路、公路建设项目线路长，涉及范围广，动土量大，对地貌植被破坏严重。此类建设项目监督检查的重点是取土场、弃渣场、施工道路以及设计变更。

①平原区建设的公路、铁路项目　在平原区建设的公路、铁路项目，工程建设的主要特征是填方，因此监督检查的重点主要是取土场的防治措施，包括：取土场的位置、范围是否发生变化；取土场的高陡边坡是否进行了削坡开级；取土场的周边是否修建了截排水工程；取土结束后是否进行了土地整治，是否恢复了植被或农业耕作。

②山区、丘陵区建设的公路、铁路项目　在山区、丘陵区建设的公路、铁路项目，工程建设的主要特征是桥涵工程多，挖填土石方量大，对植被破坏严重。监督检查的重点包括以下几个方面：一是弃渣场的防治。首先检查弃渣场的位置是否合理，是否为批准的方案确定的地点或有变更手续，是否侵占了河道或沟道，是否排弃在自然保护区内，是否侵占了水土保持设施；河道两岸弃渣是否挤占了河道，是否经河道管理部门同意，并办理了相关审批手续，施工结束后是否对河岸进行了整治；弃渣结束后是否对弃渣场进行了整治，是否恢复了植物措施；施工过程中的弃土、弃渣，是

否存在随意弃土、弃渣现象，是否按照先拦后弃的原则进行排弃；沟道弃渣是否设计了拦渣坝；沟道两侧或坡面弃渣是否设计了挡渣墙。二是取土场的防治。取土场的防治与平原区防治内容基本相同。三是施工道路防治。检查是否按设计要求修建了临时施工道路，施工道路施工中是否存在随意弃土、弃渣现象；施工道路是否存在扩大扰动面，随意占压、破坏植被现象；施工道路是否施工结束后修筑了截排水沟，需保留的施工道路是否栽植了行道树，是否整治了周边的临时弃渣等；不保留的是否恢复了原貌，不能恢复原貌的是否采取了防治措施。四是河道工程施工防治。公路、铁路工程跨越河道的，是否办理了河道建设项目审批手续；是否建设了溜渣槽等专门设计，是否存在向河道随意弃土、弃渣，若存在则要求其限期清理；在施工过程中，是否修建了施工围堰，施工结束后，是否拆除了施工围堰，是否对桥梁桩基产生的泥浆进行了处理，是否对河岸进行了整治。五是路基边坡、路堑边坡是否及时布设了工程措施和植物措施，并检查水土流失的防治效果。

(2)输油、输气管道工程建设项目监督检查的重点

输油、输气管道工程建设项目涉及的范围广、战线长、动土量较大，工程建设的主要特征是填埋式管道敷设，对沿线地貌植被的影响较大。管道工程监督检查的重点包括以下几个方面：一是管线作业带的扰动面。管道工程作业带宽一般为20～30m，建设单位应在作业带两边设置控制线，严禁施工单位扩大扰动面积，破坏地貌植被。二是施工临时道路。在山丘区建设的管道工程，为运输管道建设器材，一般需要修建临时施工道路，或扩建原有的乡村道路。监督检查建设单位是否按设计要求修建了临时施工道路，施工道路施工中是否存在随意弃土、弃渣现象；施工道路是否存在扩大扰动面，随意占压、破坏植被现象；施工结束后，保留的施工道路是否修筑了截排水沟，是否栽植了行道树，是否整治了周边的临时弃渣等，不保留的是否恢复了原貌，不能恢复原貌的是否采取了防治措施。三是管沟开挖表土剥离、存放等。管沟开挖剥离的表土必须专门存放，并采取临时防护措施，回填时必须将表土铺盖在上层。四是管沟开挖临时堆放渣土的防治。管沟开挖后的渣土临时堆放在管线作业带内，必须采取临时防护措施，需苫盖的苫盖，需洒水的洒水。五是河道穿越工程。是否办理了河道管理部门的相关审批手续；是否修建了施工围堰，施工结束后是否拆除了施工围堰，施工围堰的弃土、弃渣是否堆放在弃渣场；定向钻作业等施工场地是否进行防治；施工结束后是否对河岸进行了整治，河岸是否存在塌陷。六是管沟回填后的土地整治。管道敷设结束后，必须对回填土进行土地整治，恢复原地貌，无法恢复原地貌的，必须采取工程与植物措施相结合的方式进行防治。

(3)输变电线路建设项目监督检查的重点

输变电线路是线型工程中影响最小的建设项目。监督检查的重点主要是塔基、牵张场以及变电所。塔基施工在输变电工程建设中对地貌、植被影响最大，检查的重点是塔基施工是否规范，是否存在随意弃土、弃渣现象，塔基周边的防护是否到位。牵张场是在开阔区域建立一个平台，检查的重点是施工过程中是否存在随意扩大扰动面，弃土、弃渣是否确立防治措施，施工结束后是否及时恢复。变电所一般建设在地势较平缓的地方，对在山地建设的，检查的重点是在场地平整时是否存在随意弃渣，

废弃的土石渣是否排弃在弃渣场，弃渣场是否有防护措施，场地建成后是否及时恢复植物措施，场地周围是否存在截排水问题，截排水工程是否落实等。

(4)水电工程监督检查的重点

水电工程大多是选择合适的坝址，修坝拦水，蓄水发电。工程建设持续时间长，扰动面积大，施工过程中造成的水土流失严重。工程建设涉及坝基、坝体、发电机房、施工场地、施工围堰、导流洞、溢洪道、弃渣场、取土场、取料场等建设以及移民安置。水电工程监督检查的重点有：一是施工围堰。是否按设计要求修建施工围堰，工程结束后是否拆除了施工围堰。二是施工过程中是否随意向河道中弃渣，如果存在要求其限期清理。三是弃渣场。检查弃渣场的位置是否符合规范及设计要求，特别是国标中强制性条文确定的限制性规定，是否存在设计变更；施工过程中的弃土、弃渣是否按照先拦后弃的原则排弃；沟道弃渣是否设计了拦渣坝，沟坡弃渣是否设计了挡渣墙；弃渣场的防治措施是否存在设计变更；弃渣结束后，是否按水土保持方案及其后续设计落实了各项防治措施。四是取土场。检查取土场的位置是否符合设计要求，是否存在设计变更；取土场是否存在高陡边坡，是否进行了削坡开级；取土场的周边是否需要截排水工程，如需要是否实施了截排水工程；取土结束后是否进行了土地整治和植物恢复措施。五是工程所需砂、石料场。是否明确了砂、石料场的防治责任，如由当地供应，必须购买合法经营者的砂、石料。六是移民安置。是否明确了移民安置的防治责任，如由政府解决，必须提出移民安置项目建设的水土流失防治措施，建设单位出资，由政府组织实施。

(5)水利工程监督检查的重点

水利工程主要以灌溉工程为主，有的需要修建水库，有的不需要修水库，但都需要修建渠道工程。对修建水库的水利工程，水库建设监督检查的重点内容可参照水电工程；渠道工程属于线型工程，监督检查的重点基本与公路、铁路等线型工程相似，可参照执行。

(6)矿产资源开发工程监督检查的重点

矿产资源开发工程主要包括铜矿、铝矿、金矿、钼矿等有色金属矿产资源以及煤炭建设项目，它们的采掘方式分为井采和露天开采两大类。井采项目监督检查的重点是排渣场或排矸场、施工道路、输水或排水管线、厂区整平等。对施工道路、输水管线、厂区整平等可参照前述内容进行检查，这里主要介绍排渣场或排矸场监督检查的主要内容。矿产资源开发项目属生产类项目，排弃的废渣量大，而且持续时间长，有的项目生产时间长达几十年甚至上百年，在生产期内源源不断的排弃废渣或煤矸石，因此排渣场或排矸场的选定非常重要。监督检查中一定要检查排渣场或排矸场是否选定在库容大的沟道内；是否设计了拦渣坝，拦渣坝的设计是否达到水土保持有关技术规范的要求；生产建设过程产生的废渣是否按照先拦后弃的原则排弃，在排弃时是否分区堆放；弃渣场的上游是否有来水，若有，是否设计了截排水工程；弃渣场某一区域渣面的堆渣高度，达到设计标高后，是否进行土地整治，是否实施了植物措施；运渣道路两边是否存在随意弃渣现象；弃渣场达到设计库容后，是否按照水土保持方案的要求全部实施了各项水土保持措施。

露天开采的矿产资源项目，其动土量非常大，监督检查的重点是排土场和弃渣场。首采坑、排土场、弃渣场的选定是否合理，以后的采坑是否需要回填首采坑的弃渣，弃渣场是否选定在既便于防治又便于以后取用的地方，弃渣堆弃是否采取了必要的水土保持措施；各采坑剥离的表土是否进行了专门堆放，是否采取必要的临时防护措施；首采坑采完后，第二采坑的弃渣是否回填到首采坑，是否将原先剥离的表土回填至表面，是否进行了依次回填，回填后的采坑是否进行了整治，能复垦的是否进行了复垦，不能复垦的是否恢复了植被。

(7)火电、有色金属冶炼等建设项目监督检查的重点

火电、有色金属冶炼项目属于点状项目，与线型工程相比，项目涉及的范围小，土石方量小，对地貌植被的破坏也小。针对该类项目建设的特点，水土保持监督检查的重点是贮灰场或尾矿库、运灰道路或输灰管线、厂区整平、输排水管线等。对运灰道路或输灰管线、厂区整平、输排水管线等可参照前述内容进行检查，这里主要介绍贮灰场或尾矿库监督检查的主要内容。一是贮灰场或尾矿库的位置是否与工程设计的一致，是否存在变更问题。二是确定贮灰场或尾矿库的类型，是平原灰场还是沟谷灰场，是干灰场还是水灰场，针对不同类型灰场的特点，确定不同的监督检查内容。对平原干灰场，检查的重点是灰场四周是否设计了拦灰堤，周边是否有防风林带，主风向防风林带的宽度是否符合水土保持有关技术规范要求，灰渣排放是否分区堆放，灰场底部是否经过防渗处理，达到堆灰高度的是否进行了覆土整治，覆土后是否实施了植被措施。对沟谷型水灰场，检查的重点是灰场是否设计了拦灰坝，拦灰坝的设计是否符合水土保持有关技术规范的要求，灰场上游是否有来水，是否设计了排水涵管或涵洞，灰场周边是否设计了截排水沟，其他如防风林带、防渗、覆土整治等的检查与平原干灰场相同。

(8)油气田项目监督检查的重点

油气田项目属于片状项目，涉及的区域广，虽然动土量不大，但对植被的破坏严重。油气开采以井采为主，多而分散，对水土保持影响最大的是井台建设、施工道路以及管线工程。因此，水土保持监督检查的重点也是这几个组成，对施工道路及管线工程等可参照前面介绍的相关内容进行检查，这里主要介绍井台建设监督检查的重点。钻井平台是采油气设备布设的平台，面积最小也需要2 000m^2，对平原区而言，影响不大，但对山、丘区而言，要建立2 000m^2的平台，就有一定的难度。在塬面或山梁或山峁修建一个平台，就需要将场地推平，在山坡修建平台，就需要将山坡的土石挖走，这两种情况都将会产生大量的弃土、弃渣。因此，监督检查的重点应是修建采油、气平台时是否修筑了截排水沟，是否存在弃土、弃渣，弃土、弃渣排弃的地点是否按照设计堆放，弃土、弃渣是否采取相应的防治措施。

7.4.8 水土保持监督检查处理

(1)不同区域水土流失纠纷解决程序

水土流失及其危害既能对当地生态环境和群众生产、生活构成严重影响，也可能

对周边地区、下游地区造成危害，影响甚至制约这些地区经济社会的持续发展。因此，不同行政区域之间可能因水土流失诱发纠纷。地区间纠纷处理不当，直接关系群众的生产生活安全，甚至影响相关地区群众关系和社会稳定。提倡纠纷双方在自愿的基础上，协商处理，化解矛盾，维护稳定。协商不成的，则由共同的上一级人民政府裁决，防止事态恶化。

这里所指的水土流失纠纷，不是一般的民事纠纷，涉及不同行政区域之间的关系，因此，这里的纠纷处理程序不同于一般的民事纠纷处理程序，具体程序是：①纠纷发生后先由当事双方协商解决，即当事双方在发生水土流失纠纷后，本着自愿、团结、互谅互让的精神，依照有关法律、法规，直接进行磋商，自行解决纠纷。②当事双方协商不成时，由双方共同的上一级人民政府裁决。上一级人民政府的裁决有关各方必须遵照执行。

(2)处理

水土保持监督检查的处理是指水土保持现场监督检查结束后，组织监督检查的水行政主管部门对被检查单位的违法行为所采取的处理措施。水土保持监督检查的处理包括以下主要内容：正式下发监督检查意见、对不符合水土保持要求的处理及其他处理。

(3)印发监督检查意见

现场检查结束后，监督检查人员应将现场检查情况向组织单位如实汇报，组织单位召开会议，对现场监督检查意见进行讨论、研究，并将讨论、研究后的意见及时向监督检查组长反映。组织单位根据反馈意见，召开会议专题研究，根据研究情况，对现场检查意见进一步修改、完善，以正式文件形式印发被检查单位，同时抄送上级水行政主管部门、参加监督检查的各级水行政主管部门、被检查单位的上级主管部门。

(4)水土流失防治工作较好的情况处理

① 向其上级主管部门反映该项目建设单位能认真落实水土保持法律、法规，实施水土流失防治措施，并取得良好的防治效果，建议上级主管部门对有关人员予以表扬。

② 对项目实施中一些好的管理经验和做法在一定区域内或相关行业内予以宣传推广。

③ 将相关材料报送相应级别的水行政主管部门，建议生产建设单位向水行政主管部门申报水土保持“三同时”示范工程，在相应范围内予以表扬。

(5)对存在问题的处理

水行政主管部门及其水土保持监督管理机构在组织监督检查中，发现被检查单位存在不符合水土保持法律、法规、规章以及技术规范要求行为的，水行政主管部门应依法予以纠正并可进行处罚。具体处理意见可参加水土保持法律和行政责任。

思考题

1. 水土保持监测的概念是什么？
2. 水土保持监测的内容有哪些？
3. 水土保持监督检查的概念和内容是什么？

第8章

水土保持行政处罚

【本章提要】水土保持行政处罚完善了水土保持的法律责任制度，促进行政机关依法行政。本章介绍了水土保持行政处罚的条件、种类、原则和程序，并对不同违法行为的水土保持行政处罚的内容进行叙述。

8.1 水土保持行政处罚的条件、种类和原则

8.1.1 行政处罚的条件

行政处罚是行政制裁的一种手段，它以被处罚相对人违反了水土保持法规为前提，水土保持行政处罚的主体是各级水行政主管部门。根据《行政处罚法》等有关规定，实施水土保持行政处罚，一般应同时具备以下条件。

(1)实施水土保持行政处罚的主体资格合法

实施水土保持行政处罚的主体，必须是县级以上水行政主管部门，法律、法规授权的组织以及县级以上水行政主管部门依法委托的组织。被委托的组织必须是符合《行政处罚法》第十九条规定的组织。受委托的组织在实施水土保持行政处罚时，必须持有委托机关的书面委托书，并以委托机关的名义在委托的范围内实施处罚行为。

(2)被处罚对象的具体违法事实已查证属实

这一条件有以下两层含义：一是违法行为人明确。违法行为人是指实施了违反水土保持行政管理秩序的公民、法人或其他组织。违法行为人必须是特定的，即明白准确。二是认定违法行为人违法活动的证据充分确实，主要事实清楚。证据充分，是对证据量的方面的要求，必须达到对违法行为人实施违法活动的具体时间、地点、方式方法、后果等主要事实都有相应的证据，且逐一证明。证据确实，是对证据质的方面的要求，必须达到据以认定违法活动的单个证据真实可靠，全案证据之间相互印证、协调一致，得出的结论是唯一的和排他的，而且对这些结论任何人都提不出有事实根据的、有道理和有实质意义的合理怀疑。具体反映在以下几个方面：

①相对人实施的行为是水土保持法律、法规所禁止的行为，且已给社会造成了损害后果或可能给社会造成严重后果。

②相对人主观上必须有过错。相对人明知自己的行为是违法的，会产生危害社会的后果，而有意实施其行为；或者相对人应当预见其行为可能产生危害社会的后果，

而疏忽大意，过于自信地实施其行为，以致发生危害结果。

③受处罚的相对人符合法律规定。

④违法行为已经超过了一般批评教育限度。

(3)法律、法规和规章规定应当给予水土保持行政处罚

这一条件是处罚法定原则的具体要求。对违法行为人实施处罚，必须有具体的法律、法规和规章的法定依据。法无明文具体规定的不得处罚，这是依法行政的基本要求。根据《行政处罚法》的有关规定，对下列情形依法不予处罚：①未满14周岁的人实施违法行为的。②精神病人在不能辨认或者不能控制其行为时实施违法行为的。③违法行为轻微并及时纠正，未造成危害后果的。

(4)属于查处的机关或组织管辖

水土保持行政处罚的管辖是指实施水土保持行政处罚的主体在查处水土保持行政处罚案件上的分工和权限。它是衡量处罚主体是否依职权处罚或越权处罚的标准。水土保持行政处罚的管辖种类分为级别管辖、地域管辖、共同管辖、指定管辖等。

①级别管辖 是根据水行政主管部门的级别确定的管辖，是划分上下级水行政主管部门之间实施水土保持行政处罚的权限。

②地域管辖 是划分同级水行政主管部门之间受理水土保持行政处罚案件的分工。水土保持行政处罚由违法行为发生地的水行政主管部门管辖。违法行为人实施违法活动涉及多处地点，并且该多处地点又不在同一行政区域的，则由主要违法行为地的水行政主管部门管辖或流域机构管辖。

③共同管辖 是对两个以上同级水行政主管部门对同一水土保持行政处罚案件都有管辖权时所作的分工。当几个同级水行政主管部门都有管辖权的水土保持行政处罚案件，由最初受理的水行政主管部门管辖。

④指定管辖 是指对管辖权发生争议的水土保持行政处罚案件，由争议双方的共同上一级水行政主管部门指定的管辖。

(5)违法行为未超过追究时效

根据《行政处罚法》的有关规定，违法行为在2年内未被发现的，不予处罚，但法律另有规定的除外。

8.1.2 行政处罚的种类

法律责任是指公民、法人或其他组织实施违法行为所必须承担的法律后果，即因违法行为而受到的法律制裁。法律责任均由法律明确规定，并由法定机关依法追究。按违法行为的性质，法律责任分为行政法律责任、民事法律责任、刑事法律责任三类。行政法律责任是指公民、法人或其他组织实施违法行为但尚未构成犯罪、由行政机关依法追究的法律责任，主要包括行政处分、行政处罚。民事法律责任是指公民、法人或其他组织违反民事法律规范而应承担的法律责任，主要包括违反合同的民事责任即违约责任、侵权的民事责任。刑事法律责任是指公民、法人或其他组织实施违法行为且构成犯罪、由司法机关依法追究的法律责任。违法行为具体应当承担哪种法律

责任，应当根据违法行为的性质、特点、危害程度等多种因素确定。水土保持行政处罚是水行政主管部门根据法律、法规的规定，对违反水土保持法律、法规但尚未构成刑事责任的管理相对人所作的行政制裁。

按照对行政管理的相对人行使的惩戒性义务的性质，水土保持法律、法规规定的行政处罚可分为三大类。

(1)限制或剥夺权利的行政处罚

依照限制或剥夺的权利不同又可分为限制或剥夺人身自由权的行政处罚和限制或剥夺行为权的行政处罚。

新《水土保持法》第五十八条："违反本法规定，造成水土流失危害的，依法承担民事责任；构成违反治安管理行为的，由公安机关依法给予治安管理处罚；构成犯罪的，依法追究刑事责任。"这条是对违反本法规定，造成水土流失危害的行为的民事责任、治安管理行政责任和刑事责任的规定。治安管理行政责任、治安管理处罚，是一种行政法律责任，是指个人或组织违反治安管理法律、法规，实施危害社会的行为但尚未构成犯罪的，由公安机关依法给予的治安管理行政处罚。治安管理处罚只能由公安机关依法追究，其他行政机关无权追究。《治安管理处罚法》规定，治安管理处罚的种类分为：①警告，②罚款，③行政拘留，④吊销公安机关发放的许可证。这条规定的"构成违反治安管理行为"，主要是指违反《水土保持法》规定，拒绝、阻碍水行政执法人员执行职务的行为。《治安管理处罚法》规定，阻碍国家机关工作人员依法执行职务的，处警告或者二百元以下罚款；情节严重的，处五日以上十日以下拘留，可以并处五百元以下罚款。刑事责任只能由国家司法机关(法院、检察院)依法追究，其他机关无权追究。本条规定的"构成犯罪的，依法追究刑事责任"，主要是指违反水保法规定、造成重大水土流失危害的，以暴力、威胁方法阻碍水行政监督检查人员依法执行职务的行为等。对于这些社会危害大、已经违反刑法、构成犯罪的行为，应当由司法机关依法追究行为人的刑事责任。

(2)责令承担义务的行政处罚

《水土保持法》第四十八条至第五十七条对承担义务的行政处罚作了明确规定，这种处罚的具体形式主要有罚款、责令停止违法行为、采取补救措施等。责令承担义务的行政处罚既不影响被处罚人的人身自由及合法活动，又能起到惩戒作用，是水土保持行政执法中最常见的一种处罚形式。

(3)影响声誉的行政处罚

单纯以影响声誉为处罚目的的处罚有警告、通报批评两种。

8.1.3 行政处罚的原则

水行政处罚的基本原则是指对水行政处罚的设定和实施具有普遍指导意义的准则。根据《行政处罚法》的有关规定，水行政主管部门作出行政处罚应当遵守下列原则。

(1)依法行政，公开、公正、公平执法原则

依法行政，公开、公正、公平执法是每个行政执法机关工作顺利开展的法宝，是

一把打击违法活动、树立行政执法机关威望的双刃剑，是惩治和教育违法者获取群众信任的最有效手段，是维护法律尊严、保护守法公民合法权益的重要措施。公正原则是指实施水土保持行政处罚必须以事实为依据，决定水土保持行政处罚必须与违法行为的事实、性质、情节以及社会危害程度相当。公开原则是指实施水土保持行政处罚的主体及人员身份公开，作出处罚决定的事实、理由和法定依据公开，举行的听证会公开（涉及国家秘密、商业秘密和个人隐私的除外）。公平是指行政处罚对违法行为的事实、性质、情节以及社会危害程度相当的同类案件适用的处罚尺度（自由裁量权）一致。

（2）处罚法定原则

处罚法定原则是依法行政在水土保持行政处罚中的具体体现和要求，处罚法定原则包括：管理相对人的行为违反了水土保持法律、法规的规定，且应受的处罚是水土保持法律、法规明确规定的；给予管理相对人处罚的种类、幅度是水土保持法律、法规明确规定的；作出行政处罚的部门及处罚程序也是水土保持法律、法规明确规定的。

（3）一事不再罚原则

即已受处罚的行为不应根据同一法规再进行处罚，因屡犯而受处罚的，必须另依法律规定；同一受处罚的行为不能由2个以上的行政机关依据同一法律分别处罚。

（4）教育与处罚相结合的原则

教育与处罚相结合原则，要求实施水土保持行政处罚时，必须坚持处罚与教育并行，教育公民、法人及其他组织自觉守法，不得不教而罚、一罚了之，更不能把处罚这一手段当成目的，为处罚而处罚。

（5）处罚救济原则

该原则又称相对人救济权利保障原则，是指相对人因程序上的法定权利受到损害，或受到违法或不当的行政处罚而致使其实体上的合法权益受到损害时，有权请求国家予以补救。相对人获得法律救济的权利包括：知情权、陈述权、申辩权、要求听证权、申请行政复议权、提起行政诉讼权和获得行政赔偿权。

8.2 行政处罚的程序

水土保持执法过程中的行政处罚将直接触及公民、法人及其他组织的权益，因此在作出处罚时，不仅要查清事实，按照水土保持法律、法规的规定处罚，而且还必须按照一定的处罚程序处罚。如果处罚程序不正确，则会直接影响对事实的认定和对法律的运用，造成滥用行政处罚权，损害公民、法人和其他组织的合法权益。目前，对行政处罚程序尚无统一、明确、具体的规定，但根据现有法律、法规的有关规定，结合水土保持执法工作的实践，水行政主管部门作出行政处罚程序可分为：一般处罚程序和简易处罚程序（图8-1）。

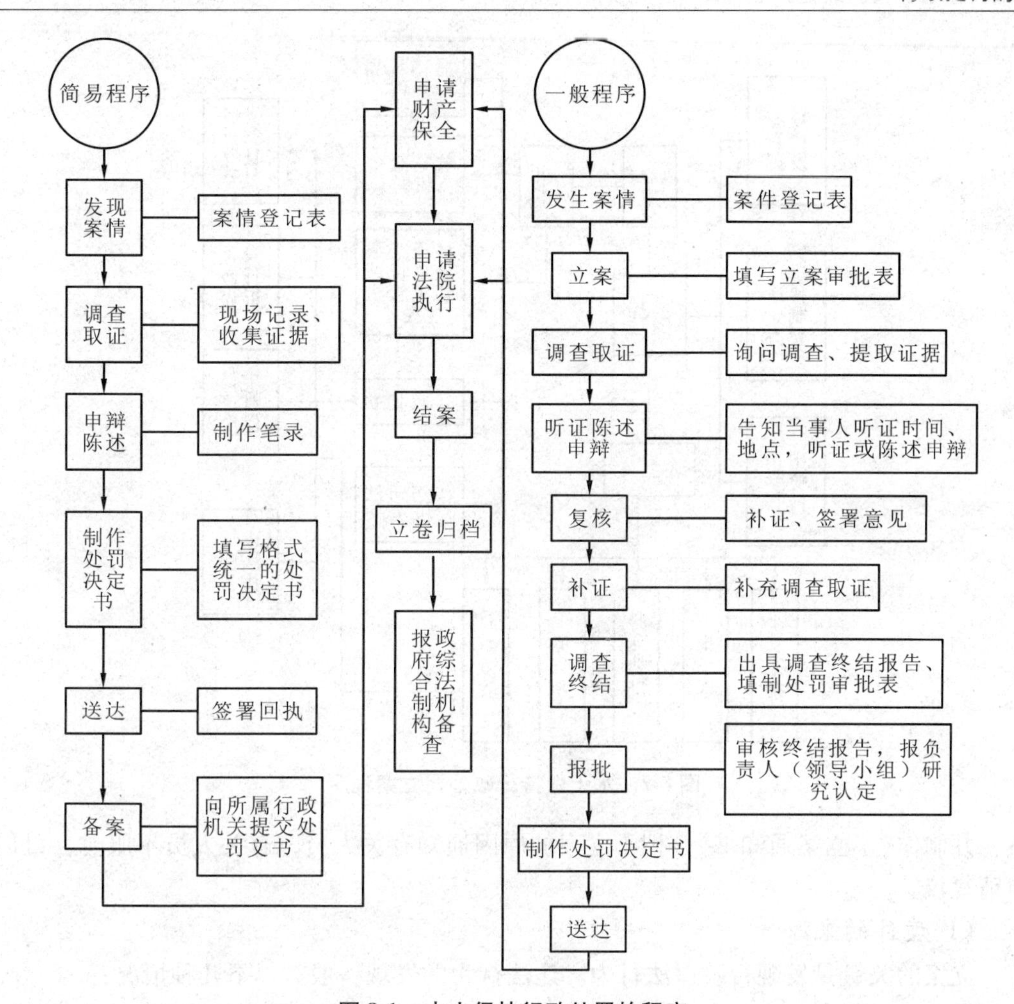

图 8-1　水土保持行政处罚的程序

8.2.1　一般处罚程序

大量的违反水土保持法律、法规的案件，都需要先调查取证，才能作出正确的行政处罚。对于这类需要调查取证的违反水土保持法律、法规案件的处罚，通常采用一般处罚程序，即：立案—调查—处理—送达—复议—执行。

8.2.1.1　立案

立案是水行政主管部门认为有违反水土保持法律、法规的事实发生，并且依法需要追究法律责任的时候，决定作为水土保持违法案件，进行调查处理的一种准备活动。立案的过程可概括为(图 8-2)：发现违反水土保持法律、法规案件后，应填写“受理案件登记表”；受理案件后，应迅速围绕立案条件进行审查，决定是否立案；对于符合立案条件的，即违反水土保持法律、法规的事实成立，需依法追究法律责任的，可填写“立案报告表”，由水行政主管部门批准后立案。凡不符合立案条件的，不予立

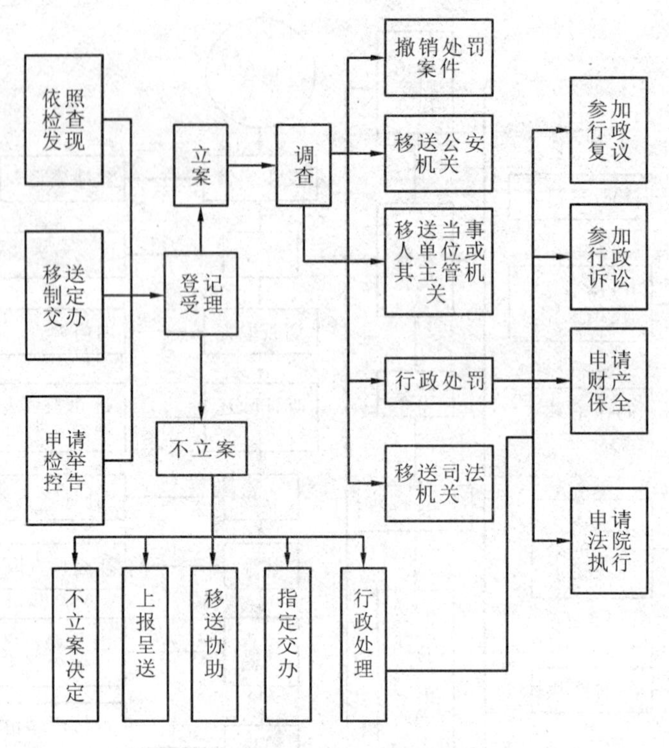

图8-2 水土保持行政处罚立案程序

案，并制作《不立案通知书》，把不立案的原因通知有关人员，有关人员不服时，可以申请复议。

(1)案件的来源

立案的关键是发现行政违法行为。违法行为的发现一般有以下几种情况：

①自己发现的　水行政主管部门及水土保持监督人员，在监督检查工作过程中，直接发现的违法案件。

②移送交办的　其他行政执法机关在处理有关违法案件时涉及的水土保持违法行为，需要由水行政主管部门依照水土保持法的有关规定处理的案件。

上级水行政主管部门可将自己受理的、认为案件比较简单的水土保持违法案件交下级查处；下级水行政主管部门也可将自己认为案情较复杂的案件请求上级查处。

③检举控告的　公民的检举和控告，包括受害人的控告，知情人的检举、揭发，以及其他人的报案、报告等。

(2)立案的条件

①有违反水土保持法律、法规的事实。

②根据水土保持法的规定需要追究法律责任。

③发生的案件在自己的管辖范围内。

(3)立案程序

①先接受后移送。为了准确、及时查处案件，对于人民群众和单位所有的检举、控告，水行政机关都应当先接受下来，绝对不能以不属自己管辖的案件为理由，而拒

绝接受或者拖延接受。对那些不属于自己管辖的案件，先接受下来，然后再分不同情况移送主管机关，并通知控告、检举人。

②控告和检举可以口头说明，也可以书面提出。凡是人民群众口头控告、检举的，水行政主管部门应立即写成笔录，经向控告、检举人宣读无误后，由控告、检举人签名或者盖章。

③水行政机关在接受控告、检举的时候，应当向控告、检举人说明诬告应负法律责任。

④接受控告、检举以后，立案前应迅速审查。审查要紧紧围绕立案条件，以决定是否立案。对于符合立案条件的，可填写“立案报告表”，由部门负责人批准立案；凡是不符合立案条件的，应把不立案的原因通知控告、检举人。

⑤水行政机关在行政执法工作中发现的水土保持违法案件，也要围绕立案条件进行审查，以决定是否立案。符合立案条件的，应填写“立案报告表”，报部门主管负责人批准后立案。对违反水土保持法情节较轻的则不予立案，可直接作出处罚决定，进行处罚。

8.2.1.2 调查取证

(1)调查

调查就是准确、及时查明违法事实，收集充分确凿的证据，确定应该追究法律责任的单位和个人。水行政主管部门立案后，应立即组织力量，查清违法事实，收集有关证据。调查的主要内容包括：确定实施违法行为的单位和个人；违法行为发生的时间、地点；具体违法事实及违法程序和损害后果；违法单位和个人事前事后的认识等。调查的方法一般有3种：

①询问相对人　通过询问相对人可以查明违法事实、违法情节，取得证据，同时又给相对人一个辩护的机会。询问相对人必须由水行政主管部门的执法人员在出示证件后进行，询问现场不得少于2人，询问地点可以根据需要选定。询问应围绕违法事实进行并作好笔录，笔录与相对人核对后，询问双方应签名或盖章。询问相对人应做到全面客观、严禁逼供，如相对人是法人或社团，则应传讯其法定代表人或责任人员。

②询问证人　证人即是知情人，他们的证言有利于案情的确定。调查人员可以到证人所在单位或住处，也可以通知证人到水行政主管部门收集证词，但必须出示水土保持监督检查证件。询问证人应个别进行，并告知证人应当如实地提供证据、证言，如有意作伪证、或隐匿证据，要负法律责任。询问证人前要查明证人的身份，根据案情需要，由证人自己陈述，不清楚的情况或陈述中的矛盾，调查人员应提出问题要求证人如实回答。

询问证人的笔录应与证人核对，对没有阅读能力的，应当向他宣读。如果记录有遗漏或差错，证人可以提出补充或者修正。证人承认笔录无误时，应当签名或者盖章，调查人员也应当在笔录上签名。

③现场勘验和访问　违反水土保持法律、法规的案件，通常留有现场痕迹，为案

件的处理提供了非常可靠的证据。现场勘验就是对造成水土流失的现场，以及遗留有违法行为的痕迹，由调查人员主持进行的专门调查。查勘现场的调查人员必须出示证件，如果需要可以聘请专家和证人一起进行。有关单位和个人有义务保护现场，协助工作。查勘现场后要制作笔录，笔录要准确、客观、完整地反映违法现场情况。现场勘验适用于陡坡开荒，毁林开荒，烧山开荒，在崩塌滑坡危险区，泥石流易发区，铁路、公路、堤防、河道、渠道沿线保护区，水工程管理和保护范围内采矿、炸石、掘取土、沙、石料和破坏植被等可能或者已造成水土流失的水土保持违法案件。

现场访问是通过向最早发现案件的群众或者报案的群众或者现场周围群众了解案件发生时的各种情况，以及水土流失给国家和人民群众造成的生命和财产损失的情况。现场勘验和访问要制作好笔录，要对违法现场作出客观、全面地反映，文字用语力求精确。

(2)取证

取证是指水行政主管部门的执法人员在办案中依照一定的程序调查、收集能反映并证明违反水土保持法律、法规行为的事实材料。取证过程所获得的事实材料就是查处案件的证据。

证据的种类包括：①书证，如水土保持规划文书、合同书、《水土保持方案报告书》《水土保持方案报告表》等。②物证，如毁坏林木、开荒、开山炸石、采矿、采土、采沙等。③视听资料，如录像、录音磁带等。④证人证言。⑤当事人的陈述。⑥鉴定结论。⑦勘验笔录、现场笔录。证据未经查证核实，不得作为论定事实的依据。

收集证据的目的是对违法事实进行认定，因此，要有目的、有计划地收集那些与违法行为有关的并能对事实真相起证明作用的材料作为证据。证据的收集可采用多种方法，按一定的法律程序进行，但不得损害他人的合法权益。证据收集后，水行政主管部门的执法人员应按实事求是原则对所收集证据进行全面分析。如果各方面证据都反映某一事实，则可作为该事实的认定依据；如果所收集证据就某一事实反映相互矛盾，则应认真分析、审查、鉴别、判断，提出反映事实真相的证据，必要时可收集新的证据。

8.2.1.3 处理

处理是指水行政主管部门经过调查取证，审查一切有关证据，判断、确认证据的可靠性与真实性，核实违反水土保持法律、法规的行为人，查清违法行为发生的经过及违法后果，判断违法行为与违法后果之间的关系等，并根据查明的事实，依法对违反水土保持法律、法规尚未构成犯罪的单位和个人所给予的特定的法律制裁和对合法行为不追究的过程。

(1)处理的依据

①水土保持法律、法规依据　包括《水土保持法》《水土保持法实施条例》等。

②其他相关法律、法规、规章依据　我国在条文中与水土保持法内容相关的现行法律、法规主要有《森林法》《草原法》《矿山资源法》《环境保护法》《土地管理法》《农业法》《水法》《河道管理条例》《治安管理处罚》《刑法》等。

(2)裁决

裁决指水行政主管部门根据违法者的违法行为、违法事实、违法后果，按有关法律、法规规定作出具体的行政处罚。裁决的结果应指明违法者应承担的法律责任、应受的处罚、履行处罚的方式和期限，以及不履行将承担的责任等。裁决应做到处罚与教育相结合、处罚与预防相结合。

裁决必须符合下列条件才能发生法律效力：①处罚机关合法，即主体合法。这种主体包括：依照组织法成立的水行政主管部门，水土保持法律、法规或规章授权的组织，受水行政主管部门委托的组织。②作出处罚的部门享有水土保持法律、法规或规章规定的处罚权。③处罚的种类、幅度属于水土保持法律、法规和规章规定的法律责任范围。④处罚的程序合法。⑤被处罚的单位或个人的行为确已违反水土保持法律、法规规定，且被处罚单位或个人有责任能力。

对违反水土保持法律、法规案件的裁决应制作《行政处罚通知书》。《行政处罚通知书》的具体内容包括：被处罚单位名称、地址、法人代表或被处罚个人的姓名、性别、年龄、职业、工作单位、单位或家庭地址；违反水土保持法律、法规规定的事实；给予行政处罚的法律、法规依据；处罚的内容；申请复议的期限、复议机关及提起诉讼的途径；给予行政处罚的机关名称、单位领导或承办人员签名；裁决作出日期。

8.2.1.4 送达

送达是指水行政主管部门依照法定程序将有关水土保持行政执法文书(《行政处罚通知书》)，送交有关单位和个人的法律行为。

(1)送达的效力

通知执法文书的具体内容，要求违反《水土保持法》等法律、法规的单位和个人履行一定的义务。

(2)送达的方式

①直接送达　水土保持执法与监督人员将处罚决定书直接交给受送达人，如果受送达人不在，则交给其同住的成年家属代收人签收。受送达人是法人或其他组织的，应当由法人的法定代表人、其他组织的主要负责人或该法人、组织负责收件的人签收。受送达人指定代收人的，送交指定代收人签收。

②留置送达　受送达人或他的同住成年家属拒绝接收有关水土保持行政执法文书的，送达人应当邀请有关基层组织的代表或者其他人到场说明情况，在送达回执上说明拒收事由和日期，由送达人、见证人签名或者盖章，把执法文书留在受送达人住处，即视为送达。

③委托送达　水土保持监督机构直接送达处罚决定书有困难的，如受送达人居住在交通不便的边远山区，可以委托受送达人所在地的水土保持监督管理机构或其他机关、当地的干部代为送达，或上级水行政主管部门委托下级水行政主管部门代为送达。

④邮递送达　水土保持监督管理机构将有关水土保持行政执法文书通过邮局、并

用挂号信或特快专递的形式将水保法律文书寄给受送达的单位和个人，以回执上注明的收件日期为送达日期。

⑤代为转送 受送达人是军人的，可由其所在部队团以上单位的政治机关转交。受送达人被限制人身自由的，由执行单位代为转交。

(3)送达的时限

《行政处罚通知书》一般要求在5日内送达受处罚单位或个人，特殊情况可以延迟、但不得超过10日。

8.2.1.5 复议

复议即行政复议，是指公民、法人或其他组织对行政机关的行政处罚、处理决定等具体行政行为不服，依法向原处理机关或者其上级机关，或者法律、法规规定可以申诉的其他行政机关提出申诉。

8.2.1.6 执行

执行是对行政处罚裁决的实现。执行有两种情况：一是违反水土保持法律、法规的单位或个人自动履行行政处罚裁决；二是拒不履行行政处罚裁决，由司法机关强制履行，即强制执行，是指人民法院根据水土保持行政机关的申请，或者依法主动强制义务的一方当事人，履行已生效的水土保持行政处罚决定的一种诉讼活动。被处罚单位或个人在交纳罚款时，水行政主管部门应开具收据。

8.2.2 简易处罚程序

水土保持执法过程中的行政处罚除一般处罚程序外，还有简易处罚程序。简易处罚程序又称当场处罚程序。当场处罚程序一般在情况紧急，非当场处罚不可，或者违法行为可能造成严重损失或危害时采用。如水行政主管部门执法人员发现施工单位正向江河、湖泊、水库倾倒弃土、弃渣，造成严重水土流失的，可以当场给予处罚，责令其立即停止违法行为。又如在陡坡地、干旱地区铲草皮、挖树兜，在土石山区取表土的，水行政主管部门的执法人员发现后，也可当场依据水土保持法律、法规的规定给予处罚。当场处罚程序包括：

①出示证件，说明处罚原因。在进行当场处罚时，水行政主管部门的执法人员应佩戴标记，出示证件，表明自己的身份，同时向被处罚的单位和个人讲明其违反水土保持法律、法规的事实及对其违法行为处罚的法律依据。

②对需调查取证的，应进行现场调查、测量、勘验。

③允许被处罚者对其违反水土保持法律、法规的事实，适用法律、法规条文及裁决结果发表意见，被处罚者的意见正确的、合法的，执法人员应采纳。

④出具处罚证明。当场处罚应出具《当场处罚通知书》。《当场处罚通知书》应填写被处罚单位或个人名称或姓名、处罚时间、处罚事项等内容，执法人员和被处罚者应在处罚书上签名或盖章，被处罚者拒绝签名也不影响处罚的执行。《当场处罚通知书》应当即交给被处罚者，并在5日内告知其主管上级或工作单位。

有些行政处罚需经上级机关或主管领导批准，在紧急情况下或因其他原因不能及时请示的，可实施当场处罚后补办有关手续。

当场作出的水行政处罚决定书须载明下列事项：当事人的姓名或者名称；违法事实；水行政处罚的种类、罚款数额和依据；罚款的履行方式和期限；不服水行政处罚决定，申请行政复议或者提起行政诉讼的途径和期限；水政监察人员的签名或者盖章；作出水行政处罚决定的日期、地点和水行政处罚机关名称。

8.2.3 听证程序

水土保持行政机关作出责令停产停业、吊销许可证或者执照、较大数额罚款等行政处罚决定之前，必须告知当事人有要求举行听证的权利，并按照图 8-3 所示听证程序进行。

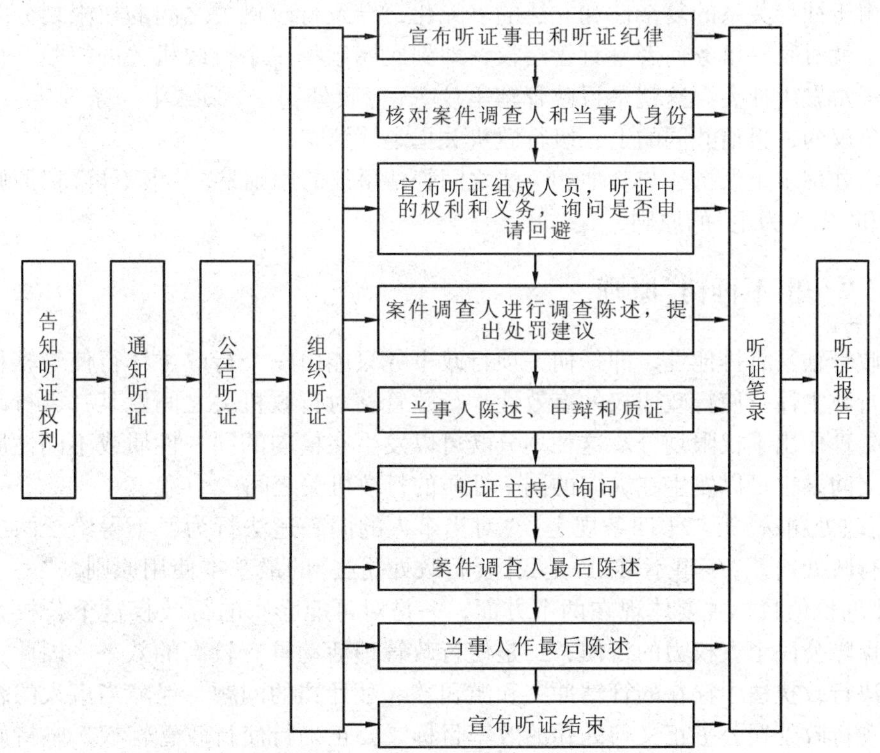

图 8-3 水土保持行政处罚听证程序

水土保持行政处罚听证程序，由以下 6 步构成：

①根据《行政处罚法》第四十二条第一款规定，向当事人送达《听证权利告知书》，告知其在收到告知书之日起 3 日内，有口头、电话、书面或数据电文等方式，提出听证的权利；逾期未提出，视为放弃听证权利，而不得对本案再次提出听证要求。

②通知听证，水土保持行政机关应当在举行听证的 7 日前，通知当事人参加听证的时间、地点及注意事项。

③公告，在举行听证的 3 日前，水土保持行政机关应当将听证的内容、时间、地

点和有关事项，以适当的方式公告，涉及国家秘密、商业秘密或个人隐私的除外。

④水土保持行政机关指定非本案调查人员担任听证主持人、听证人和记录人组织听证活动。

⑤听证，应按听证步骤制作听证笔录，听证笔录应由听证参加人员进行核对后签名或盖章。

⑥听证笔录制作完成后，听证主持人应根据听证情况，向水土保持行政机关提交书面的听证报告，提出补证、不予处罚或处罚意见。

8.3 处理水土保持法与其他相关法律之间管辖争议的原则

根据法律规定，每个行政机关都有自己的权限，如果各司其职，自然相安无事。但是，由于社会关系的复杂性和立法的多元化，导致行政机关之间的权限划分并非泾渭分明。就对某一事务何者享有管辖权，即到底属于哪一个行政机关的权限，行政机关之间经常发生冲突。这就是行政管辖争议。《行政处罚法》第二十一条规定：“对管辖发生争议的，报请共同的上一级行政机关指定管辖。”

通常处理水土保持法与其他相关法之间管辖争议的原则是“一事不再罚”原则、效率原则和“先入为主”的原则。

8.3.1 “一事不再罚”原则

行政管辖具有排他性，即任何一项行政事务只能由一个行政主体行使管辖权，从而确保行政主体行使行政职权的有效性。行政管辖对行政机关之间就某一类行政事务的首次处理作出了权限划分。这种划分既可以发生在横向的同一性质或不同性质的行政机关之间，也可以发生在纵向的同一性质的行政机关之间。

《行政处罚法》第二十四条规定：“对当事人的同一违法行为，不得给予两次以上罚款的行政处罚。”“一事不再罚”是我国《行政处罚法》的最基本使用原则。“一事不再罚”原则的价值目标主要体现在两个方面，一是对可能膨胀的行政权这个公权力进行约束来保障公民个人权力的行使；二是使行政管理活动具有较高的效率。因此，必须有效解决行政执法中存在的管辖冲突和滥罚款、乱处罚的问题，保障当事人的合法权益，实现行政处罚公平正义与处罚的效率目标。要正确行使行政管辖权，坚持好和维护好“一事不再罚”原则，必须正确理解一事不再罚原则的含义。

(1)“一事不再罚”中“一事”的界定

准确界定“一事”是适用“一事不再罚”原则的前提。由于现行的《行政处罚法》及相关的法律、法规尚未对“一事”即同一个违法行为作出明确的界定，因此，目前学术界对“一事”存在多种不同的理解，但比较普遍的观点认为，“一事”是指同一行为主体构成且只构成一个完整的行政违法过程要件的行为，即“符合法律、法规及行政规章规定的违法构成要件，就是一个违法行为；如果符合两个违法行为的构成要件，就是两个违法行为。”

同一个违法行为的基本构成要件一般认为有两个，主体要件和客观要件。即具有责任能力的自然人、法人或者其他组织一旦实施了违反行政法律规范的行为，即构成一个违法行为。

此外，在判断是否是同一个违法行为时，还应特别注意持续状态的违法行为的界定问题。有的违法行为从当事人开始实施到实施终止之前，一直处于持续状态，但作为一个持续的行为在客观方面只表现为一行为。因此，持续性违法行为状态中的行为是一行为而非多行为。例如，某司机驾车时被交通警察以尾灯不亮为由处以罚款并责令改正，在责令改正限期内，交通部门就不能因为其违法行为还在持续而将其行为认定为多个违法行为，因为该司机的行为只符合一个行政违法行为的构成要件，所以，该行为应以一个违法行为论之。当然，改正期限过后，当事人仍不能改正，继续实施违法行为，则构成新的违法行为，行政机关可以再次对其进行处罚。

(2)对“一事不再罚”中“不再罚”的理解

“不再罚”即对同一个违法行为不得进行两次或两次以上的处罚。但是，在行政管理活动中，由于当事人的行政违法行为十分复杂，同一个违法行为可能同时违反两个以上的法律、法规，触犯数个不同的行政管理关系，在此情况下，如果简单规定对同一个违法行为只处罚一次，势必造成部分违法者逃脱部分责任，得不到应有的处罚的不平等现象。于是，考虑到罚款是行政处罚的一种基本类型，一个行政机关只能拥有行政处罚权力，一般都有罚款权，并针对当前最迫切需要遏制的乱罚款、滥罚款现象，2017 年 9 月 1 日通过修正，2018 年 1 月 1 日起施行的《行政处罚法》中对“一事不再罚”原则作了必要的限制，将“一事不再罚”的适用范围限定在罚款的处罚类型上。这样，既保持了行政处罚的完整性，又可以避免不同机关对同一违法行为分别实施罚款处罚，而使公众留下行政机关重复处罚的不良印象。

可见，“一事不再罚”原则的规定在于对不同部门的行政机关，对同一违法行为有权分别实施行政处罚的状况进行约束。但又出于保持行政处罚的完整性，以及避免造成行政处罚结构性的畸轻防重、反复无常，即将“不再罚”限定于罚款领域。因此，“一事不再罚”原则的适用仅限于罚款，并不排除刑事责任、民事责任以及其他性质的行政责任形式。

8.3.2 效率原则

效率原则就是哪个部门更能够迅速、及时和准确处理资源开发、利用、保护中的行政违法行为，合乎资源法的立法精神，就由哪个部门处理。

行政执法效率，是指行政执法所产生的全部效果与行政执法所花费的总体成本之间的比值。比值越大，效率越高；比值越小，效率越低。保证执法效率，就要求行政执法部门对行政管理相对人的违法行为作出迅速、及时和准确的处理。只有对违法过程有能力作出迅速准确判断的执法机构，才能迅速、及时立案和在法定期限内对违法行为作出迅速、及时和准确的处理。

新《水土保持法》在法律责任一章对有关问题进行了明确。

行政执法的效率主要受到以下几方面因素的影响。

(1)行政执法成本

同样的执法效果，花费的成本越大，显然效率越低。一般来说，行政执法成本构成大致有两方面：①就某一执法行为而言，其本身所固有的工作成本，如从执法行为开始一直到终结的整个过程中所投入的人力、物力、财力以及时间、精力等耗费。在水土保持违法案件查处中，调查取证比较耗时、费力，就要求熟悉相关水土流失、水土保持知识。如果专业知识不掌握，执法定性就很难准确，处理案件就很难降低成本，其他资源法的行政主管部门一般不具备或不钻研这方面的专业知识。②就整个行政执法体制而言，行政执法机构的设置是否合理，各行政执法行为之间是否协调和谐，所执行的法律规范的繁简难易等无形成本。后者是降低行政执法成本，提高行政执法效率的关键所在，也就是要正确处理行政管辖争议。

(2)行政执法速率

行政执法效率就是一定时间范围内完成的行政执法工作量。这就意味着必须尽可能提高行政执法的速率，缩短性质执法的时间，在尽可能短的时间内完成某一特定的行政执法行为。同时，尽可能减少行政执法的失误和偏差，避免错误的行政执法行为，这实际上也从另一侧面加快了行政执法速率，进而提高了行政执法效率。

提高行政执法速率，就是对行政案件作出迅速、及时和准确的处理。准确是衡量迅速、及时开展水土保持执法与监督工作质量的标准，也是保证执法速率的前提。没有准确，就谈不上高速率，准确的全部内涵就是事实清楚，证据确凿，处理合法、合理。因此，只有迅速、及时、准确地处理水土保持违法案件，才可推动水土资源的合理开发、利用和保护朝着合理、有序、稳定的方向发展。

行政处罚实行追诉限时原则，即行政主体对行政相对人的违法行为实施行政处罚，受到时效上的限制，超过一定时限，行政主体便不能对行政相对人实施行政处罚。《行政处罚法》第二十九条规定："违法行为在二年内未被发现的，不再给予行政处罚。"这一条款，有助于敦促行政处罚的主体提高行政执法工作效率。这就要求水土保持执法与监督人员必须提高业务素质，正确履行执法职能，建立起善于执法的执法与监督队伍。

(3)行政执法效果

任何一个行政执法行为都会对特定的相对行为人乃至社会造成一定的影响，产生相应的执法效果。这一效果主要包括两个内容，一是对特定的相对行为人，通过行政执法达到了特定行政管理的目的，因而也就取得了较大的执法效果；二是相对于整个社会，该行政执法行为通过各种渠道，波及了其他社会主体的法律意识、行为模式等，这又构成了另一层面的执法效果。显然，这两方面都是行政执法效果不可或缺的重要内容，并直接关系执法效率的高低。因此，水土保持执法与监督除查处案件、处理个案、纠正违法行为外，更重要的是通过执法与监督向全社会宣传水土保持法律、法规，宣传保护水土资源的重要性，宣传不履行水土流失预防保护责任，造成水土流失事件的危害性，宣传逃避水土流失治理责任，造成水土资源浪费的严重性，提高全民的水土保持意识，通过个案的行政执法，起到辐射放大的宣传效果。

8.3.3 “先入为主”原则

“一事不再罚”意味着，对于行政相对人同一个违法事实，同一个行政主体不得对相对人作出两个以上的处罚决定，也不得由两个以上的行政主体各自以自己的理由作出处罚；当同一个违法行为同时违反多个法规时，多个行政主体都有权处罚时，由最先立案的行政机关实施处罚；当同一个行政主体立案后，发现相对人的同一个违法同时违反多个法规时，应当选择最重要的行政处罚实施处罚。

8.4 不同违法行为的水土保持行政处罚

8.4.1 违法开垦的行政处罚

8.4.1.1 《水土保持法》关于违法开垦的行政处罚

(1)违法开垦的行政处罚条件

开垦是改变原有土地利用方向，扩大农业生产规模、增加农产品总产量的生产活动。《水土保持法》第四十九条：“违反本法规定，在禁止开垦坡度以上陡坡地开垦种植农作物，或者在禁止开垦、开发的植物保护带内开垦、开发的，由县级以上地方人民政府水行政主管部门责令停止违法行为，采取退耕、恢复植被等补救措施；按照开垦或者开发面积，可以对个人处每平方米二元以下的罚款、对单位处每平方米十元以下的罚款。”这是对在禁止开垦的陡坡地开垦种植农作物或者在禁止开垦、开发的植物保护带内开垦、开发的法律责任的规定。

违法行为包括两种。

①禁止开垦坡度以上陡坡地开垦种植农作物 《水土保持法》第二十条规定，禁止在25°以上陡坡地开垦种植农作物。根据长期观测坡度与水土流失关系得出的结论，在我国不同的水土流失类型区，在土壤、雨量、植被覆盖以及种植管理等相同条件下，水土流失量随坡度的增加而增加，特别是坡度达到25°时，水土流失量明显加剧。因此，《水土保持法》明确禁止在25°以上陡坡地开垦种植农作物。由于各地自然地理条件差异较大，第二十条规定：“省、自治区、直辖市根据本行政区域的实际情况，可以规定小于25°的禁止开垦坡度。”此处所指的禁止开垦坡度即为各省、自治区、直辖市规定的禁止开垦坡度，没有规定小于25°禁止开垦坡度的，则以25°为准。在禁止开垦坡度以上陡坡地开垦种植农作物，就是违法行为，应当承担法律责任。

②在禁止开垦、开发的植物保护带内开垦、开发 《水土保持法》第十八条规定，禁止开垦、开发植物保护带。植物保护带对于保护水土资源、维护生态安全具有重要作用。开垦、开发植物保护带造成严重的水土流失，治理、修复的难度极大，甚至造成生态环境不可逆转的恶化，因此禁止开垦、开发植物保护带。在禁止开垦、开发的植物保护带内开垦、开发，就是违法行为，应当承担法律责任。

(2)违法开垦的行政责任

①责令停止违法行为 由县级以上地方人民政府水行政主管部门责令违法行为人

停止在禁止开垦坡度以上陡坡地开垦种植农作物或者在禁止开垦、开发的植物保护带内开垦、开发的违法行为。

②采取退耕、恢复植被等补救措施 由县级以上地方人民政府水行政主管部门责令违法行为人采取退耕、恢复植被等补救措施。

③罚款 按照开垦或者开发面积，可以对个人处每平方米2元以下的罚款、对单位处每平方米10元以下的罚款。县级以上地方人民政府水行政主管部门应当准确核算开垦或者开发面积，作为决定罚款数额的依据。规定"可以"处以罚款，即授予县级以上地方人民政府水行政主管部门行政处罚自由裁量权。县级以上地方人民政府水行政主管部门根据违法行为的性质、情节、危害等多种因素，可以对违法行为人处以罚款，也可以不处以罚款。如违法行为人积极采取了退耕、恢复植被等补救措施，且恢复效果良好的，县级以上地方人民政府水行政主管部门就可以不处或少处以罚款。

《水土保持法》第五十条："违反本法规定，毁林、毁草开垦的，依照《中华人民共和国森林法》《中华人民共和国草原法》的有关规定处罚。"这是对毁林、毁草开垦违法行为应当承担的法律责任的规定。《水土保持法》第二十一条规定，禁止毁林、毁草开垦。《森林法》第二十三条规定，禁止毁林开垦。《草原法》第四十六条规定，禁止开垦草原。《水土保持法》《森林法》《草原法》3部法律从不同的角度规定了禁止毁林、毁草开垦。因此，毁林、毁草开垦，既是违反《水土保持法》的行为，也是违反《森林法》《草原法》的行为，应当承担法律责任。应当说明的是，是从水土保持的角度禁止这些违法行为，并要追究违法行为人的法律责任。考虑到各单行法律对同一违法行为的行政处罚应保持统一，否则对相对人就失去了公平，因此，这条规定与《森林法》《草原法》作了衔接性的规定。

毁林、毁草开垦违法的法律责任由林业主管部门、草原行政主管部门依法追究。按照这条规定，毁林、毁草开垦的，依照《森林法》《草原法》的有关规定处罚。《森林法》《草原法》分别规定了林业主管部门、草原行政主管部门是毁林、毁草开垦违法行为的处罚机关。

8.4.1.2 森林法规定的毁林开垦的法律责任

《森林法》第四十四条规定，违反本法规定，进行开垦、采石、采砂、采土、采种、采脂和其他活动，致使森林、林木受到毁坏的，依法赔偿损失；由林业主管部门责令停止违法行为，补种毁坏株数1倍以上3倍以下的树木，可以处毁坏林木价值1倍以上5倍以下的罚款；拒不补种树木或者补种不符合国家有关规定的，由林业主管部门代为补种，所需费用由违法者支付。依据该规定，毁林开垦的法律责任包括：

①民事责任 违法行为人毁林开垦致使森林、林木受到毁坏的，依法赔偿受害人的损失。

②行政责任 由林业主管部门责令停止违法行为，补种毁坏株数1倍以上3倍以下的树木，可以处毁坏林木价值1倍以上5倍以下的罚款。对于被责令补种树木的，行为人拒不补种树木或者补种不符合国家有关规定的，由林业主管部门代为补种，所需费用由违法者支付。这是"代执行"的行政强制措施，既确保法律责任的落实，又有

利于恢复森林资源。此外，需要说明的是，按照《刑法》第三百四十二条规定，违反土地管理法规，非法占用耕地、林地等农用地，改变被占用土地用途，数量较大，造成耕地、林地等农用地大量毁坏的，处5年以下有期徒刑或者拘役，并处或者单处罚金。

8.4.1.3 《草原法》规定的毁草开垦的法律责任

《草原法》第六十六条规定，非法开垦草原，构成犯罪的，依法追究刑事责任；尚不够刑事处罚的，由县级以上人民政府草原行政主管部门依据职权责令停止违法行为，限期恢复植被，没收非法财物和违法所得，并处违法所得1倍以上5倍以下的罚款；没有违法所得的，并处5万元以下的罚款；给草原所有者或者使用者造成损失的，依法承担赔偿责任。

依据该规定，毁草开垦的法律责任有以下几点：

①刑事责任　非法开垦草原，构成犯罪的，应当依据刑法的有关规定追究刑事责任。刑法第三百四十二条规定，违反土地管理法规，非法占用耕地、林地等农用地，改变被占用土地用途，数量较大，造成耕地、林地等农用地大量毁坏的，处5年以下有期徒刑或者拘役，并处或者单处罚金。按照全国人大常委会关于刑法有关条文的解释的规定，上述“违反土地管理法规”，是指违反《土地管理法》《森林法》《草原法》等法律以及有关行政法规中关于土地管理的规定。

②行政责任　非法开垦草原，尚不够刑事处罚的，草原行政主管部门依据职权责令停止违法行为，限期恢复植被，没收非法财物和违法所得，并处违法所得1倍以上5倍以下的罚款；没有违法所得的，并处5万元以下的罚款。非法财物是指用于非法开垦草原的资金和物品，违法所得是指非法开垦草原所获得的经济收入。草原法区分有无违法所得两种情况，规定了两种不同数额的罚款额度：有违法所得的，并处违法所得1倍以上5倍以下的罚款；没有违法所得的，并处5万元以下的罚款。具体数额由县级以上草原行政主管部门根据违法行为的具体情况决定。

③民事责任　毁草开垦给草原所有者或者使用者造成损失的，违法行为人依法承担赔偿责任，根据实际损失给予受害人赔偿。

8.4.2 违法林业活动的行政处罚

《水土保持法》第五十二条：“在林区采伐林木不依法采取防止水土流失措施的，由县级以上地方人民政府林业主管部门、水行政主管部门责令限期改正，采取补救措施；造成水土流失的，由水行政主管部门按照造成水土流失的面积处每平方米二元以上十元以下的罚款。”这条是对在林区采伐林木不依法采取防止水土流失措施的法律责任的规定。原《水土保持法》第三十五条规定了在林区采伐林木、不采取水土保持措施、造成严重水土流失的法律责任。新《水土保持法》修改了该法律责任，进一步细化了违法行为的种类和罚款的幅度。

这条规定的违法行为是在林区采伐林木不依法采取防止水土流失措施或造成水土流失的行为，《水土保持法》第二十二条规定：“林木采伐应当采用合理方式，严格控制皆伐；对水源涵养林、水土保持林、防风固沙林等防护林只能进行抚育和更新性质的采伐；对采伐区和集材道应当采取防止水土流失的措施，并在采伐后及时更新造林；在林区采伐林木的，采伐方案中应当有水土保持措施。采伐方案经林业主管部门批准后，由林业主管部门和水行政主管部门监督实施。”依据该规定，在林区采伐林木，应当依法采取防止水土流失的措施，不依法采取防止水土流失措施，就是违法行为，应当承担法律责任。这条规定的违法行为分为两种情况：①在林区采伐林木不依法采取防止水土流失措施，尚未造成水土流失的行为。②在林区采伐林木不依法采取防止水土流失措施，且造成水土流失的行为。这两种违法行为都应当承担法律责任，但因其危害程度不同，因此承担的法律后果也有不同。

这条规定的法律责任由县级以上地方人民政府林业主管部门、水行政主管部门依法追究，应当注意的是，依据这条规定，在林区采伐林木不依法采取防止水土流失措施的法律责任，由县级以上地方人民政府林业主管部门、水行政主管部门追究；造成水土流失的法律责任，由水行政主管部门追究。

这条规定的行政责任有：

①责令限期改正　即县级以上地方人民政府林业主管部门、水行政主管部门责令违法行为人限期改正其违法行为，停止在林区采伐林木不依法采取防止水土流失措施或造成水土流失的行为。

②采取补救措施　即在林区采伐林木的，依法采取防止水土流失措施，具体包括：对采伐区和集材道采取防止水土流失的措施，并在采伐后及时更新造林；在林区采伐林木的，在采伐方案中增加水土保持措施；采伐方案经林业主管部门批准后，由林业主管部门和水行政主管部门监督实施。

③罚款　对于在林区采伐林木不依法采取防止水土流失措施，且造成水土流失的行为，由水行政主管部门按照造成水土流失的面积处每平方米 2 元以上 10 元以下的罚款。应当注意的是，这条规定的罚款，只适用于造成水土流失后果的行为，并只能由水行政主管部门作出决定。

8.4.3　违法生产建设活动的行政处罚

8.4.3.1　对在地质灾害易发区从事生产建设活动的处罚

《水土保持法》第四十八条：“违反本法规定，在崩塌、滑坡危险区或者泥石流易发区从事取土、挖砂、采石等可能造成水土流失的活动的，由县级以上地方人民政府水行政主管部门责令停止违法行为，没收违法所得，对个人处一千元以上一万元以下的罚款，对单位处二万元以上二十万元以下的罚款。”这条是对在崩塌、滑坡危险区或者泥石流易发区从事取土、挖砂、采石等可能造成水土流失的活动的法律责任的规定。

这条规定的法律责任有以下 3 种行政处罚：

①责令停止违法行为　由县级以上人民政府水行政主管部门责令违法行为人停止在崩塌、滑坡危险区或者泥石流易发区从事取土、挖砂、采石等可能造成水土流失的

违法行为。责令应当采用书面的形式，由县级以上人民政府水行政主管部门向违法行为人送达责令停止违法行为的通知书，在特殊情况下也可以采用口头责令的形式(如执法人员在实地巡查中发现违法行为时，可当场口头责令当事人立即停止违法行为)。按照依法行政“程序正当”的要求，县级以上人民政府水行政主管部门应当尽可能采用书面责令的方式，一方面作为执法部门查处违法行为的材料；另一方面作为行政复议、行政诉讼的证据。

②没收违法所得　违法所得，是指公民、法人或其他组织从事违法行为或未履行法定义务而获得的财物。没收违法所得，是指行政机关依法将违法行为人因违法行为所获得的财物强制无偿收归国有的一种行政处罚。在崩塌、滑坡危险区和泥石流易发区从事取土、挖砂、采石等可能造成水土流失的活动，往往是为了谋取非法经济利益。对于这种违法活动，应当没收违法所得，以示惩戒，杜绝违法行为人继续从事该违法活动的利益动机，同时也警示其他可能效仿该违法行为的单位和个人。“没收违法所得”针对的是从事违法活动且已取得经济利益的违法行为人，如果违法行为人实施了违法行为但未获得经济利益的，则不适用该处罚。

③罚款　在崩塌、滑坡危险区或者泥石流易发区从事取土、挖砂、采石等可能造成水土流失的活动，既有单位(如企业或其他组织)也有个人。对于不同的违法行为人，应当适用不同的罚款幅度。依据“过罚相适应”的法治原则，罚款额度应当与违法行为的情节、危害等因素相适应，避免显失公正。这条规定，对个人处1 000元以上1万元以下的罚款，对单位处2万元以上20万元以下的罚款。对于具体的违法行为人处以的罚款数额，不仅要考虑违法行为的性质、情节、危害等因素，也要考虑到当地的经济社会发展水平。由于各地经济社会发展水平不均，因此这条规定了一个罚款幅度，具体罚款数额由处罚机关根据违法行为的具体情形和当地经济社会发展水平依法决定。

8.4.3.2　对违反水土保持方案编制、审批及管理规定的生产建设活动的处罚

《水土保持法》第五十三条：“违反本法规定，有下列行为之一的，由县级以上人民政府水行政主管部门责令停止违法行为，限期补办手续；逾期不补办手续的，处五万元以上五十万元以下的罚款；对生产建设单位直接负责的主管人员和其他直接责任人员依法给予处分：

(一)依法应当编制水土保持方案的生产建设项目，未编制水土保持方案或者编制的水土保持方案未经批准而开工建设的；

(二)生产建设项目的地点、规模发生重大变化，未补充、修改水土保持方案或者补充、修改的水土保持方案未经原审批机关批准的；

(三)水土保持方案实施过程中，未经原审批机关批准，对水土保持措施作出重大变更的。”

这条规定的违法行为是违反本法规定的水土保持方案制度的行为，具体包括3类：

①依法应当编制水土保持方案的生产建设项目，未编制水土保持方案或者编制的

水土保持方案未经批准而开工建设的。

《水土保持法》第二十五条规定，在山区、丘陵区、风沙区以及水土保持规划确定的容易发生水土流失的其他区域开办可能造成水土流失的生产建设项目，生产建设单位应当编制水土保持方案，报县级以上人民政府水行政主管部门审批，并按照经批准的水土保持方案，采取水土流失预防和治理措施。第二十六条规定，依法应当编制水土保持方案的生产建设项目，生产建设单位未编制水土保持方案或者水土保持方案未经水行政主管部门批准的，生产建设项目不得开工建设。根据上述规定，在山区、丘陵区、风沙区以及水土保持规划确定的容易发生水土流失的其他区域开办可能造成水土流失的生产建设项目，生产建设单位编制水土保持方案并报县级以上人民政府水行政主管部门审批，是其法定义务，必须依法履行。

这项规定的生产建设单位违法行为具体包括两种情况：第一，未编制水土保持方案即开工建设。生产建设单位在山区、丘陵区、风沙区以及水土保持规划确定的容易发生水土流失的其他区域开办可能造成水土流失的生产建设项目，必须编制水土保持方案，这是生产建设单位的法定义务。未编制水土保持方案即开工建设，就是拒不履行法定义务，是一种违法行为，应当承担法律责任。第二，编制的水土保持方案未经批准而开工建设。依据本法第二十五条规定："县级以上人民政府水行政主管部门是生产建设项目水土保持方案的审批机关，水土保持方案只有经县级以上人民政府水行政主管部门审查批准，生产建设单位才可以开工建设。"生产建设单位虽已编制水土保持方案，但该方案未经县级以上人民政府水行政主管部门审查批准即开工建设，也是一种违法行为，必须承担法律责任。

②生产建设项目的地点、规模发生重大变化，未补充、修改水土保持方案或者补充、修改的水土保持方案未经原审批机关批准的。

《水土保持法》第二十五条第三款规定，水土保持方案经批准后，生产建设项目的地点、规模发生重大变化的，应当补充或者修改水土保持方案并报原审批机关批准。根据以上规定，本项规定的生产建设单位违法行为具体包括两种情况：第一，未补充、修改水土保持方案。水土保持方案是根据生产建设项目的地点、规模来编制的。生产建设项目的地点、规模发生重大变化，水土保持方案就应当根据这些重大变化进行相应的补充、修改，以适应和满足已发生重大变化的生产建设项目水土保持工作的需要。因此，生产建设项目的地点、规模已发生重大变化，但生产建设单位未补充、修改水土保持方案，就不能适应和满足水土保持工作的需要，难以有效预防和治理生产建设项目水土流失，应当承担法律责任。第二，补充、修改的水土保持方案未经原审批机关批准的。经县级以上人民政府水行政主管部门批准的水土保持方案具有法律效力。生产建设单位因生产建设项目的地点、规模发生重大变化而补充、修改的水土保持方案，应当经原审批机关审查批准。未经原审批机关批准的，补充、修改的水土保持方案没有法律效力，不能作为生产建设单位开展水土保持工作的有效依据。因此，生产建设单位不报原审批机关审查批准补充、修改的水土保持方案，应当承担法律责任。

③水土保持方案实施过程中，未经原审批机关批准，对水土保持措施作出重大变

更的。

本法第二十五条规定，水土保持方案实施过程中，水土保持措施需要作出重大变更的，应当经原审批机关批准。水土保持方案包括水土流失预防和治理的范围、目标、措施和投资等内容。经县级以上人民政府水行政主管部门批准的水土保持方案具有法律效力，生产建设单位应当严格按照方案开展水土保持工作。生产建设单位未经原审批机关批准，对水土保持措施作出重大变更的，实际上就擅自改变了水行政主管部门批准的水土保持方案，导致经批准的方案无法有效实施，直接破坏了水土保持管理秩序，极易造成生产建设项目水土流失，应当承担法律责任。

这条规定的法律责任由县级以上人民政府水行政主管部门依法追究。按照《行政处罚法》第二十条的规定，这条规定的县级以上人民政府水行政主管部门是指违法行为发生地的县级以上人民政府水行政主管部门，包括国务院水行政主管部门。

这条规定的行政责任有：

①责令停止违法行为，限期补办手续　县级以上人民政府水行政主管部门，对于依法应当编制水土保持方案的生产建设项目，未编制水土保持方案或者编制的水土保持方案未经批准而开工建设的，责令生产建设单位停产、停业，限期编制水土保持方案或申请县级以上人民政府水行政主管部门审查水土保持方案；对于生产建设项目的地点、规模发生重大变化，未补充、修改水土保持方案或者补充、修改的水土保持方案未经原审批机关批准的，责令生产建设单位停产停业，限期补充、修改水土保持方案或者申请原审批机关审查补充、修改的水土保持方案；对于水土保持方案实施过程中，未经原审批机关批准，对水土保持措施作出重大变更的，责令生产建设单位停产停业，限期申请原审批机关审查水土保持措施的重大变更。

②罚款　生产建设单位逾期不补办手续的，包括未在规定的期限内编制水土保持方案或补办水土保持方案报批手续的；未在规定的期限内补充、修改水土保持方案或补办报批手续的；或者水土保持措施作出重大变更未在规定的期限内补办报批手续的，县级以上人民政府水行政主管部门处 5 万元以上 50 万元以下的罚款。应当注意的是，依据这条规定，生产建设单位逾期不补办手续的，才处以罚款。如果生产建设单在县级以上人民政府水行政主管部门规定的期限内补办了手续的，则不处以罚款。

③处分　对生产建设单位直接负责的主管人员和其他直接责任人员依法给予处分。生产建设单位违反水土保持方案法律制度的行为，是由生产建设单位的主管人员和相关工作人员实施的，追究生产建设单位直接负责的主管人员和其他直接责任人员的法律责任，给予其处罚，能够有效惩戒、教育违法者，防止再次发生此类违法行为。这里规定的处分是行政处分，生产建设单位直接负责的主管人员和其他直接责任人员如属于国家工作人员的，依照公务员法的有关规定，由任免机关或监察机关给予警告、记过、记大过、降级、撤职或者开除的处分。

8.4.3.3　对违反弃土、弃渣堆放管理规定的处罚

《水土保持法》第五十五条：“违反本法规定，在水土保持方案确定的专门存放地以外的区域倾倒砂、石、土、矸石、尾矿、废渣等的，由县级以上地方人民政府水行

政主管部门责令停止违法行为，限期清理，按照倾倒数量处每立方米十元以上二十元以下的罚款；逾期仍不清理的，县级以上地方人民政府水行政主管部门可以指定有清理能力的单位代为清理，所需费用由违法行为人承担。”这条是对违反《水土保持法》规定，在水土保持方案确定的专门存放地以外的区域倾倒砂、石等废弃物的法律责任的规定。

这条规定的违法行为是在水土保持方案确定的专门存放地以外的区域倾倒砂、石、土、矸石、尾矿、废渣等。本法第二十八条规定：“依法应当编制水土保持方案的生产建设项目，其生产建设活动中排弃的砂、石、土、矸石、尾矿、废渣等应当综合利用；不能综合利用、确需废弃的，应当堆放在水土保持方案确定的专门存放地，并采取措施保证不产生新的危害。”因此，违反本法规定，在水土保持方案确定的专门存放地以外的区域倾倒砂、石、土、矸石、尾矿、废渣等的，应当承担法律责任。

这条规定的法律责任由县级以上地方人民政府水行政主管部门依法追究。

这条规定的行政责任有：

①责令停止违法行为，限期清理　即由县级以上地方人民政府水行政主管部门责令违法行为人立即停止在水土保持方案确定的专门存放地以外的区域倾倒砂、石、土、矸石、尾矿、废渣等违法行为，不得继续倾倒；同时责令违法行为人在一定期限内清理已经在水土保持方案确定的专门存放地以外的区域倾倒的砂、石、土、矸石、尾矿、废渣等。违法行为人逾期仍不清理的，县级以上地方人民政府水行政主管部门可以指定有清理能力的单位代为清理，所需费用由违法行为人承担。这是一种“代执行”的行政强制措施。“代执行”是指行政管理相对人拒不履行法定义务或行政机关依法对其确定的义务，行政机关或第三人代其履行义务，并由义务人承担执行费用的行政强制措施。通过“代执行”的方式，县级以上地方人民政府水行政主管部门可以有效查处违法倾倒且逾期不清理的违法行为，维护良好的水土保持管理秩序。这条规定的“执行”是由县级以上地方人民政府水行政主管部门指定“有清理能力的”单位代为清理，代为执行的单位当具有清理能力，如无清理能力，县级以上地方人民政府水行政主管部门不得指定其代执行。

②罚款　县级以上地方人民政府水行政主管部门在责令违法行为人停止违法行为、限期清理的同时，对违法行为人按照倾倒数量处每立方米10元以上20元以下的罚款。

8.4.3.4 对造成水土流失而不治理的开发建设行为的处罚

《水土保持法》第五十六条：“违反本法规定，开办生产建设项目或者从事其他生产建设活动造成水土流失，不进行治理的，由县级以上人民政府水行政主管部门责令限期治理；逾期仍不治理的，县级以上人民政府水行政主管部门可以指定有治理能力的单位代为治理，所需费用由违法行为人承担。”这条是对开办生产建设项目或者从事其他生产建设活动造成水土流失不进行治理的法律责任的规定。

这条规定的违法行为是开办生产建设项目或者从事其他生产建设活动造成水土流失，不进行治理的行为。本法第三十二条规定：“开办生产建设项目或者从事其他生产建设活动造成水土流失的，应当进行治理。生产建设单位造成水土流失拒不治理的，就违反了法定义务，应当承担法律责任。”

这条规定的法律责任由县级以上人民政府水行政主管部门依法追究。

这条规定的行政责任是责令限期治理。县级以上人民政府水行政主管部门责令生产建设单位在一定期限内治理因其开办生产建设项目或者从事其他生产建设活动造成的水土流失。对于生产建设单位逾期仍不治理的，这条规定了“代执行”的行政强制措施，即县级以上人民政府水行政主管部门可以指定有治理能力的单位代为治理，所需费用由违法行为人承担。这条规定的“代执行”是由县级以上地方人民政府水行政主管部门指定“有治理能力的”单位代为治理，代为执行的单位应当具有治理能力。如无治理能力，县级以上地方人民政府水行政主管部门不得指定其代为治理。

8.4.3.5 对拒不缴纳水土保持设施补偿费的处罚

《水土保持法》第五十七条：“违反本法规定，拒不缴纳水土保持补偿费的，由县级以上人民政府水行政主管部门责令限期缴纳；逾期不缴纳的，自滞纳之日起按日加收滞纳部分万分之五的滞纳金，可以处应缴水土保持补偿费三倍以下的罚款。”这条是对违反本法规定，拒不缴纳水土保持补偿费的法律责任的规定。

这条规定的违法行为是违反本法规定，拒不缴纳水土保持补偿费的行为。本法第三十二条规定：“在山区、丘陵区、风沙区以及水土保持规划确定的容易发生水土流失的其他区域开办生产建设项目或者从事其他生产建设活动，损坏水土保持设施、地貌植被，不能恢复原有水土保持功能的，应当缴纳水土保持补偿费，专项用于水土流失预防和治理。”“水土保持补偿费”是新《水土保持法》规定的费种，具有法定性。当事人拒不缴纳水土保持补偿费，就是违反法定义务，是违法行为，应当承担法律责任。

这条规定的法律责任由县级以上人民政府水行政主管部门依法追究。这条规定的县级以上人民政府水行政主管部门包括国务院水行政主管部门。

这条规定的行政责任有：

①责令限期缴纳　即由县级以上人民政府水行政主管部门责令依据本法应当缴纳水土保持补偿费但拒不缴纳的当事人在规定期限内缴纳水土保持补偿费。

②滞纳金　对于逾期仍不缴纳水土保持补偿费的，县级以上人民政府水行政主管部门自滞纳之日起对其按日加收滞纳部分万分之五的滞纳金。滞纳金指国家税费征收机关对不按规定期限缴纳法定税费的相对人，按滞纳天数加收滞纳税费款额一定比例的款项，是国家对逾期缴纳税费者的一种经济制裁。滞纳金具有法定性、强制性和惩罚性的特点。“法定性”是指滞纳金须由国家法律、法规明确规定，没有法定依据不得征收；“强制性”是指滞纳金的征收由国家强制力保障实施，征收主体是国家行政机关或司法机关；“惩罚性”是指滞纳金对超过规定期限未缴款而采取的惩罚性措施。滞纳金只能发生在国家机关与公民、法人或其他组织之间，不同于平等民事主体之间的“违约金”。

③罚款　违法行为人逾期不缴纳水土保持补偿费的，县级以上人民政府水行政主

管部门可以处应缴水土保持补偿费3倍以下的罚款。这条规定的“可以”表明罚款是一种选择性的处罚，即县级以上人民政府水行政主管部门视违法行为的性质、情节、危害程度等多种因素，确定是否对违法行为人处以罚款。对于情节较轻、危害较小、态度较好、主动纠错的违法行为人，可以不予罚款；对于情节较重、危害较大、态度恶劣、屡教不改的违法行为人，可以处以应缴水土保持补偿费3倍以下的罚款。

8.4.4 对乱采滥挖活动的行政处罚

《水土保持法》第五十一条：“违反本法规定，采集发菜，或者在水土流失重点预防区和重点治理区铲草皮、挖树兜、滥挖虫草、甘草、麻黄等的，由县级以上地方人民政府水行政主管部门责令停止违法行为，采取补救措施，没收违法所得，并处违法所得一倍以上五倍以下的罚款；没有违法所得的，可以处五万元以下的罚款。在草原地区有前款规定违法行为的，依照《中华人民共和国草原法》的有关规定处罚。”《草原法》的有关规定处罚如：“第六十六条 非法开垦草原，构成犯罪的，依法追究刑事责任；尚不够刑事处罚的，由县级以上人民政府草原行政主管部门依据职权责令停止违法行为，限期恢复植被，没收非法财物和违法所得，并处违法所得一倍以上五倍以下的罚款；没有违法所得的，并处五万元以下的罚款；给草原所有者或者使用者造成损失的，依法承担赔偿责任。第六十七条 在荒漠、半荒漠和严重退化、沙化、盐碱化、石漠化、水土流失的草原，以及生态脆弱区的草原上采挖植物或者从事破坏草原植被的其他活动的，由县级以上地方人民政府草原行政主管部门依据职权责令停止违法行为，没收非法财物和违法所得，可以并处违法所得一倍以上五倍以下的罚款；没有违法所得的，可以并处五万元以下的罚款；给草原所有者或者使用者造成损失的，依法承担赔偿责任。”

这条规定的违法行为是采集发菜，或者在水土流失重点预防区和重点治理区铲草皮，挖树兜，滥挖虫草、甘草、麻黄等活动。《水土保持法》第二十一条规定：“禁止采集发菜，禁止在水土流失重点预防区和重点治理区铲草皮、挖树兜或者滥挖虫草、甘草、麻黄等。”发菜、甘草和麻黄是国家重点保护、管理的野生固沙植物，在保护生态环境和草原资源，防止沙漠化方面起着重要作用。多年来，一些草原地区采集发菜、滥挖甘草和麻黄的现象十分严重，导致草场退化和沙化，严重破坏了生态环境，影响了农牧民的正常生产和生活。《国务院关于禁止采集和销售发菜制止滥挖甘草和麻黄草有关问题的通知》(国发[2000]13号)明令禁止采集发菜，取缔发菜贸易，制止滥挖甘草和麻黄草。依据《水土保持法》规定，在任何地区采集发菜，或者在水土流失重点预防区和重点治理区铲草皮，挖树兜，滥挖虫草、甘草、麻黄等活动，就是违法行为，应当承担法律责任。

这条规定的法律责任主要由县级以上地方人民政府水行政主管部门依法追究；在草原地区违反这条规定的违法行为，由县级以上地方人民政府草原行政主管部门依法追究法律责任。

这条规定的行政责任有：

①责令停止违法行为　即由县级以上地方人民政府水行政主管部门责令违法行为

人停止采集发菜，或者在水土流失重点预防区和重点治理区铲草皮，挖树兜，滥挖虫草、甘草、麻黄等违法行为。

②采取补救措施　即由县级以上地方人民政府水行政主管部门责令违法行为人采取植树种草、保护土壤等补救性措施，以治理因乱采滥挖造成的水土流失。

③没收违法所得　即由县级以上地方人民政府水行政主管部门对违法行为人因乱采滥挖而获得的经济收入予以强制没收。采集发菜，或者在水土流失重点预防区和重点治理区铲草皮，挖树兜，滥挖虫草、甘草、麻黄等违法行为，主要是为了谋取经济利益，一般均有违法所得。对违法行为人处以没收违法所得，杜绝其非法牟利的可能，能够有效打击这种违法行为，教育和促使违法行为人不再从事该违法行为。

④罚款　对于从事这条规定的违法行为、有违法所得的，除没收违法所得，还要处以违法所得1倍以上5倍以下的罚款；对于从事了这条规定的违法行为、但没有违法所得的，县级以上地方人民政府水行政主管部门可以处5万元以下的罚款。这条规定的“可以”表明，县级以上地方人民政府水行政主管部门根据违法行为的性质、情节、危害等因素，可以对违法行为人处以罚款，也可以不处以罚款。

8.4.5　执法人员在执法中的违法行为应当承担的法律责任

《水土保持法》第四十七条：“水行政主管部门或者其他依照本法规定行使监督管理权的部门，不依法作出行政许可决定或者办理批准文件的，发现违法行为或者接到对违法行为的举报不予查处的，或者有其他未依照本法规定履行职责的行为的，对直接负责的主管人员和其他直接责任人员依法给予处分。”这条是对水行政主管部门或者其他依照本法行使监督管理权的部门未依法履行法定职责的法律责任的规定。建设法治国家，首先要求包括行政机关在内的一切行使国家公权力的机关必须依法行使法定职权、依法履行法定职责、依法进行社会管理、依法提供公共服务，违法行使职权或未依法履行法定职责必须承担法律责任。按照国务院印发的《全面推进依法行政实施纲要》(国发〔2004〕10号)，依法行政的基本要求是行政机关合法行政、合理行政、程序正当、高效便民、诚实守信、权责统一。行政机关违法或者不当行使职权，应当承担法律责任，实现权力和责任的统一。这条规定水行政主管部门或者其他依照《水土保持法》行使监督管理权的部门未依法履行法定职责应当承担的法律责任，突出体现了依法行政的精神和要求。

《水土保持法》第五条规定：“国务院水行政主管部门主管全国的水土保持工作；国务院水行政主管部门在国家确定的重要江河、湖泊设立的流域管理机构(以下简称流域管理机构)，在所管辖范围内依法承担水土保持监督管理职责；县级以上地方人民政府水行政主管部门主管本行政区域的水土保持工作；县级以上人民政府林业、农业、国土资源等有关部门按照各自职责，做好有关的水土流失预防和治理工作。”第五十九条规定：“县级以上地方人民政府根据当地实际情况确定的负责水土保持工作的机构，行使本法规定的水行政主管部门水土保持工作的职责。”根据以上规定，依照本法行使监督管理权的部门，主要为县级以上人民政府水行政主管部门、流域管理机构，县级以上地方人民政府根据当地实际情况确定的负责水土保持工作的机构，以及县级以上人民政府林业、农业、国土资源等有关部门。这些部门、机构未依法履行法定职责的，均应当承担本条规定的法律责任。依据本条规定，水行政主管部门或者其他依照本法行使监督管理权的部门未依法履行法定职责的违法行为具体包括以下几方面：

(1)不依法作出行政许可决定或者办理批准文件的

行政许可是水土保持管理的重要手段，对于预防和治理水土流失具有重要作用。本法内容中涉及了行政许可，如：①第二十五条第三款，水土保持方案经批准后，生产建设项目的地点、规模发生重大变化的，应当补充或者修改水土保持方案并报原审批机关批准。水土保持方案实施过程中，水土保持措施需要作出重大变更的，应当经原审批机关批准。②第二十六条，依法应当编制水土保持方案的生产建设项目，生产建设单位未编制水土保持方案或者水土保持方案未经水行政主管部门批准的，生产建设项目不得开工建设。

(2)发现违法行为或者接到对违法行为的举报不予查处的

查处违反水土保持法的行政违法行为，是水行政主管部门或者其他依照本法行使监督管理权的部门的法定职权和职责。水行政主管部门或者其他依照本法行使监督管理权的部门，应当通过各种行之有效的方式方法，积极主动地进行监督检查，发现违法行为要依法及时、有效查处。例如，《水土保持法》第二十九条规定“县级以上人民政府水行政主管部门、流域管理机构，应当对生产建设项目水土保持方案的实施情况进行跟踪检查，发现问题及时处理。”发现违法行为而不予查处，应当作为而不作为，是失职、渎职行为，是对违法行为的放纵，严重损害水土保持工作和行政管理秩序，是一种违法行为，应当承担法律责任。水土保持是一项社会性很强的工作，需要社会各界广泛参与，动员全社会的力量共同开展水土保持。本法第八条规定，任何单位和个人都有保护水土资源、预防和治理水土流失的义务，并有权对破坏水土资源、造成水土流失的行为进行举报。对于单位和个人举报的破坏水土资源、造成水土流失的行为，水行政主管部门或者其他依照本法行使监督管理权的部门应当依法及时调查、取证、核实，举报属实、确实存在违法行为的，应当依法及时有效查处。如果接到对违法行为举报不予查处的，也是失职、渎职行为，是一种违法行为，应当承担法律责任。

(3)有其他未依照本法规定履行职责的行为的

这是兜底性、总括性规定，即水行政主管部门或者其他依照本法行使监督管理权的部门，除以上两种违法行为外，凡有其他未依照本法规定履行职责的行为的，均应当承担法律责任。未依照本法规定履行职责的行为可以是不作为，也可以是作为不到位或乱作为。这样规定，进一步完善和强化了水行政主管部门或者其他依照本法行使监督管理权的部门的法律责任，不仅有利于依法追究水行政主管部门或者其他依照本法行使监督管理权的部门违法行为的法律责任，而且有助于加强水行政主管部门或者其他依照本法行使监督管理权的部门依法行政的法治意识和素质，促进和提高依法行政的水平。

本条规定的法律责任是处分，承担法律责任的主体是直接负责的主管人员和其他直接责任人员。处分又称行政处分，是行政责任的一种，是指行政机关内部上级对下级以及监察机关、人事部门对违法的国家工作人员依法给予的法律制裁。《公务员法》第五十六条规定："处分分为警告、记过、记大过、降级、撤职、开除六种形式。"实际操作中，处分可分为3种情况：①对违法行为较轻，仍能担任现任职务的人员，可以给予警告、记过、记大过处分；②对违法行为较重，不宜继续担任现任职务的人员，给予降级、撤职处分；③对严重违法失职的，给予开除处分。具体给予违法行为人何种处分，应当由任免机关或者监察机关根据不同情况作出。行政处分的程序，大致有7个步骤：①处分的提起；②调查对证；③本人申诉；④讨论决定；⑤批准备案；⑥通知本人及归案；⑦处分的执行。

行政处分的优点表现在：第一，体现了过罚相当的原则。所谓过罚相当，是指给予一个人的处罚程度要与其所犯过错的大小相适应，既不能给予所犯违法行为比较轻的人以较重的处罚，也不能给予所犯违法行为比较重的人以较轻的处罚，从而做到追究违法行为不枉不纵。第二，有利于执法标准的统一。在以往的立法中，关于对违法行为规定什么种类的行政处分，往往不作细致的规定，这样就容易造成在执法过程中的标准不统一，对同样的违法行为，给予的处分种类可能不一样，有的严一些，有的宽一些，影响法律的严肃性。在行政复议法的立法过程中，注意了这一问题，规定了一个不同种类行政处分的梯度，这样有利于执法标准的统一，以维护法律的尊严和严肃性。

水行政主管部门或者企业、事业单位对其工作人员的处分，是它们对其内部人员的一种管理行为，它以隶属关系为基础，只涉及内部事务，并不影响其他公民、法人或组织的合法权益，因而不具有可诉性。水土保持监督人员或企业、事业单位的有关责任人员如果认为行政处分的决定不当，可以通过组织系统解决，在规定的期限内向作出行政处分的机关或者上一级机关申诉。

《陕西省水土保持执法与监督人员管理暂行办法》第十八条规定，执法与监督人员有下列情形之一，情节轻微的，其所在执法机构可暂扣执法证件，限期接受教育或者培训；情节严重造成一定影响的，可建议有关机关注销其行政执法证件，调离执法与监督岗位，并给予行政处分；构成犯罪的，移送司法机关追究刑事责任。包括：①不履行法定职责玩忽职守或越权执法，造成一定后果的；②违反法定程序或适用法律依据错误造成一定后果的；③干预开发建设单位的水土保持方案编制、工程施工监理、监测招投标活动，以权谋私的；④擅自改变行政处理、处罚决定，给行政执法带来一定影响的；⑤在水土流失补偿费和水土流失防治费征收中违法多收或擅自少收、不收的；⑥在执行公务中收取中介费和信息费的；⑦违反第八条规定，执法与监督人员在执行公务时，不向行政相对人出示执法证件表明身份，语言不文明、着装不整洁，造成恶劣影响的；⑧其他违反有关规定的行为。

思 考 题

1. 水土保持行政处罚的种类有哪些？

2. 行政处罚的一般处罚程序是什么?

3. 违法开垦的行政处罚有哪些?

4. 在崩塌、滑坡危险区或者泥石流易发区从事取土、挖砂、采石行政处罚有哪些?

5. 依法应当编制水土保持方案的生产建设项目，未编制水土保持方案或者编制的水土保持方案未经批准而开工建设的行政处罚是什么?

第9章 水土保持监督信息化管理

【本章提要】主要介绍全国水土保持监督管理系统及现场应用和信息移动采集系统，并介绍了水土保持综合监管与服务信息化平台。

十八大报告将“新四化”纳入了全面建成小康社会和全面深化改革开放的总目标中，坚持走中国特色新型工业化、信息化、城镇化、农业现代化道路，明确提出了“信息化水平大幅提升”的目标。基于国家总目标，水土保持监督也向信息化管理的方向发展。2017 年全面应用水土保持监督管理系统，2018 年年底基本建成水土保持综合监管与服务平台。

9.1 全国水土保持监督管理系统 V3.0

全国水土保持监督管理系统主要包括水土保持政策法规、重点防治区、方案管理、监督检查、监测监理、设施验收、规费征收、行政执法、技术支撑、生态文明建设、综合事务、专项工作 12 个业务应用模块。管理系统功能由核心功能和辅助功能组成，其中，核心功能指方案受理、方案录入、方案批复、监督检查等，辅助功能指法律、法规、通知公告、技术支撑单位名录等。其用户界面见图 9-1。

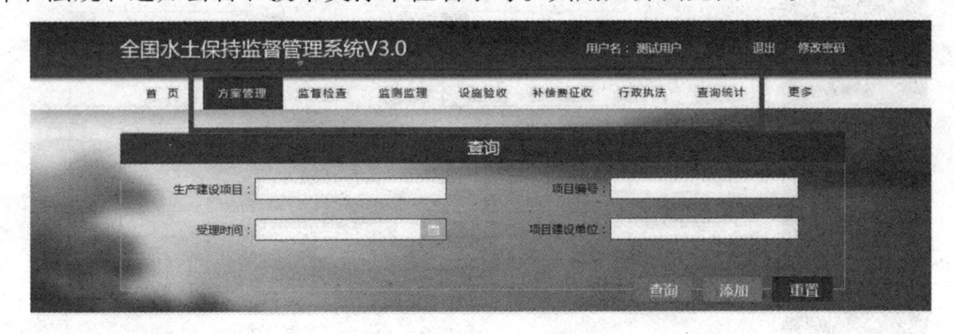

图 9-1 全国水土保持监督管理系统 V3.0 界面

9.1.1 方案管理

(1)方案受理

水行政主管部门应用本模块进行方案信息受理登记，作为录入水保方案、监督检查、监测监理等信息的入口。

受理信息包括生产建设项目名称、生产建设项目编号、项目建设单位和受理时间。项目编号可以使用系统自动生成的编号，也可以使用经受理大厅受理项目后给予该项目的一个唯一编号，见图 9-2。

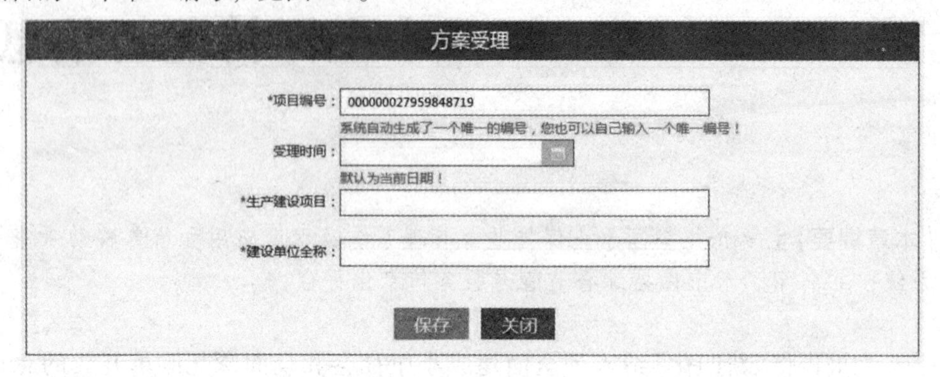

图 9-2 方案受理界面

(2) 方案录入

方案录入前，方案首先要经过水行政主管部门的受理。凭受理得到的建设单位名称和项目编号登录系统，方可进行方案录入。登录用户名为受理环节中的建设单位名称，密码为项目编号。

水土保持方案录入界面如图 9-3 所示。

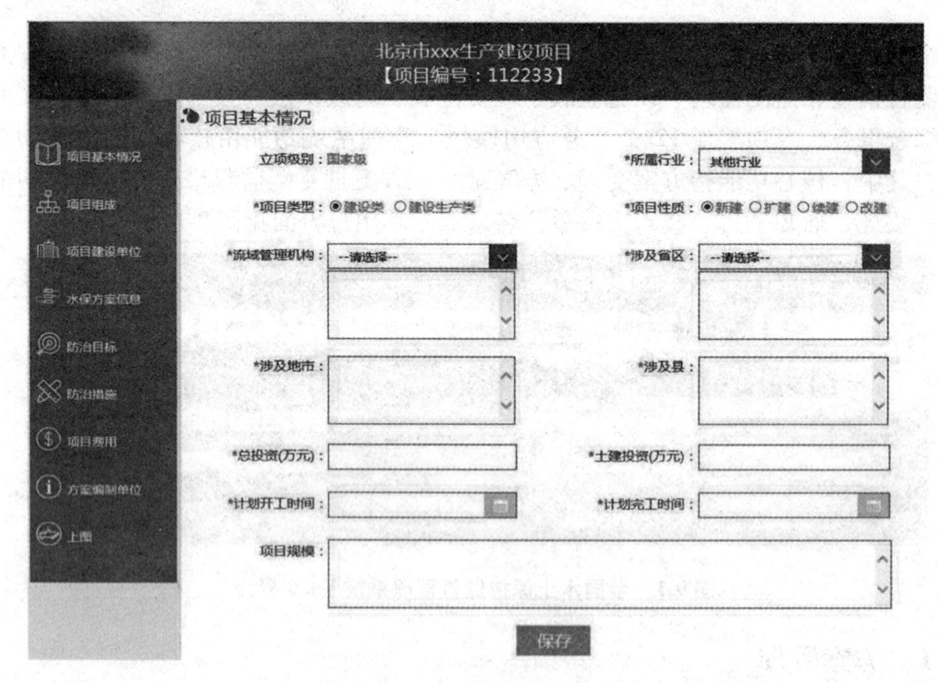

图 9-3 水土保持方案录入界面

除了手动录入之外，系统提供了模板导入功能。将方案按照一定格式整理为表格的形式，即可一键导入系统。除了录入常规的水保方案内容以外，在 3.0 系统里面新增了上图的功能。即通过图上编辑的方式以点状、线状示意图的方式标注项目位置及防治责任范围。功能包括新增点状工程、线状工程、防治责任面积等。界面见图 9-4。

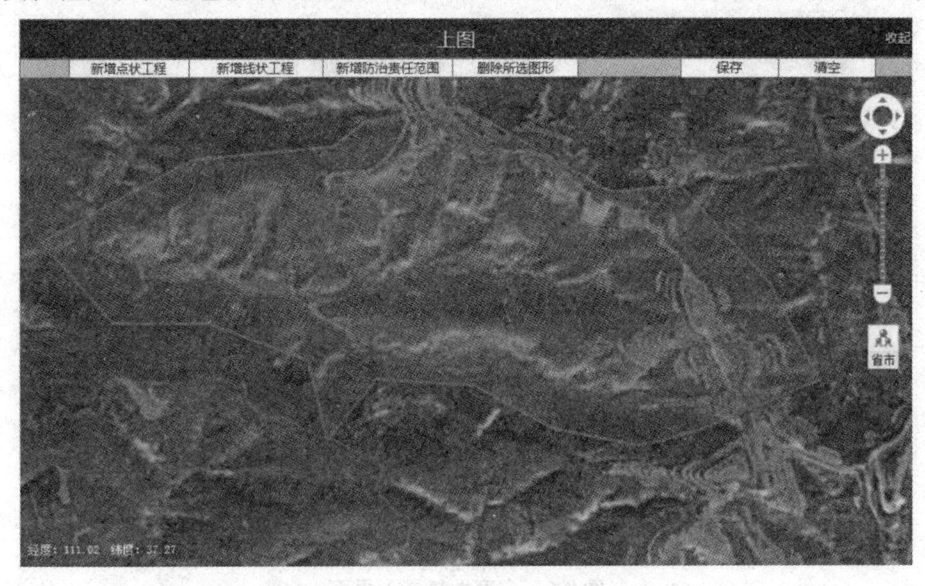

图 9-4 上图界面(编辑防治责任范围)

(3)技术审查

技术审查相关内容由技术审查单位录入。待录入技术审查信息的项目至少要经过受理。技术审查的内容主要包括生产会议基本信息，参会单位信息等。其录入界面见图 9-5。

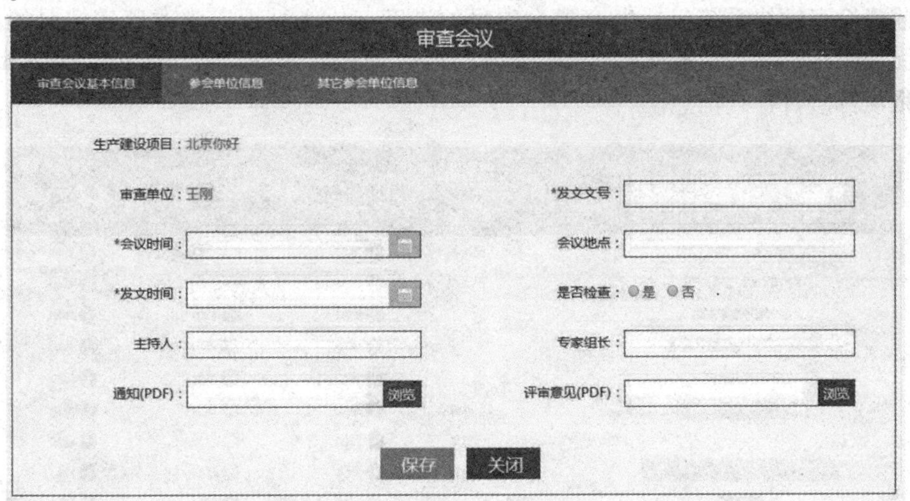

图 9-5 技术生产录入界面

(4)方案批复和项目变更

水行政主管部门对方案的批复信息进行录入，包括批复的时间、文号、单位等。其界面如图 9-6 所示。

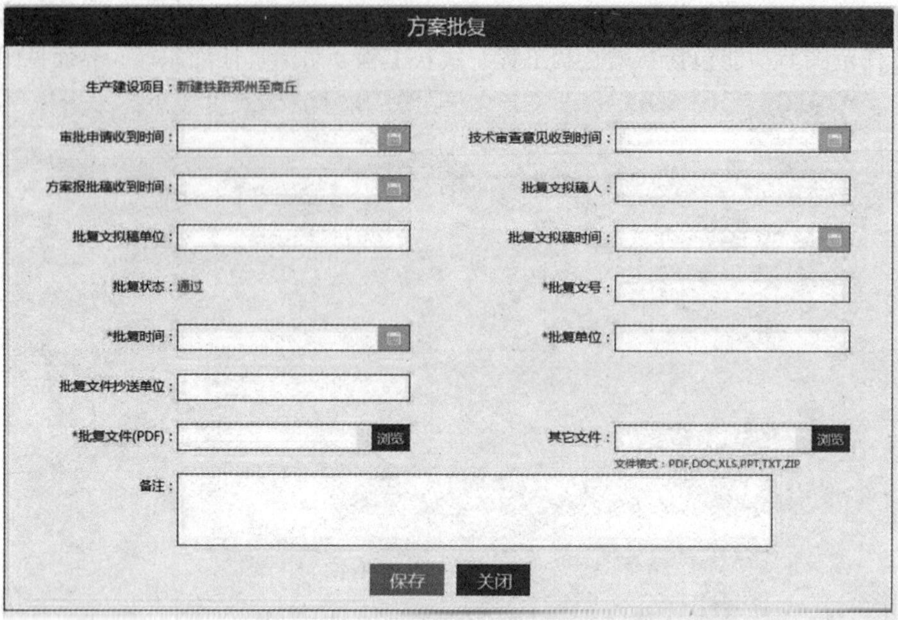

方案批复

生产建设项目：新建铁路郑州至商丘

审批申请收到时间：

技术审查意见收到时间：

方案报批稿收到时间：

批复文拟稿人：

批复文拟稿单位：

批复文拟稿时间：

批复状态：通过

*批复文号：

*批复时间：

*批复单位：

批复文件抄送单位：

*批复文件(PDF)： 浏览

其它文件： 浏览

文件格式：PDF,DOC,XLS,PPT,TXT,ZIP

备注：

保存 关闭

图9-6 方案批复录入界面

此外，系统还有方案变更的功能，用户使用该功能对变更的项目进行修改，可修改内容为：项目名称、建设单位等。

9.1.2 监督检查

监督检查模块系统包括生产建设项目的进度、检查情况、整改落实情况的内容，其界面如图9-7所示。各级水行政主管部门可根据实际业务，使用本模块录入对本级和部批项目监督检查信息。

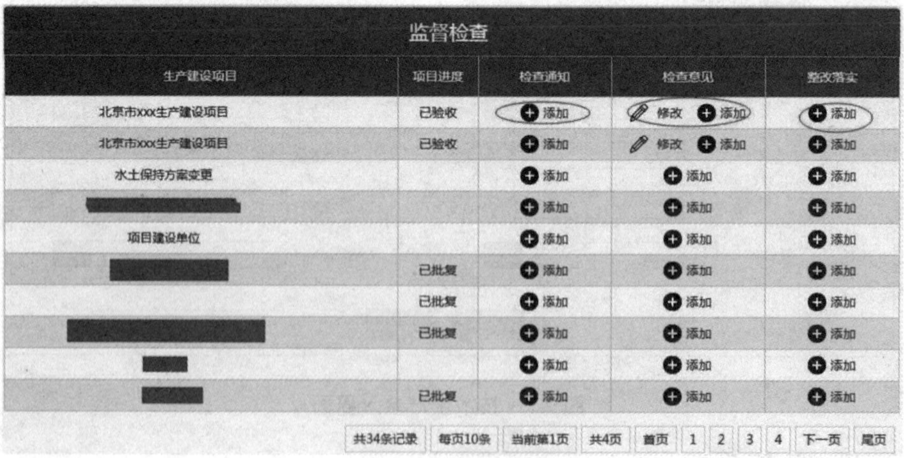

监督检查

生产建设项目	项目进度	检查通知	检查意见	整改落实
北京市xxx生产建设项目	已验收	添加	修改 添加	添加
北京市xxx生产建设项目	已验收	添加	修改 添加	添加
水土保持方案变更		添加	添加	添加
		添加	添加	添加
项目建设单位		添加	添加	添加
	已批复	添加	添加	添加
	已批复	添加	添加	添加
	已批复	添加	添加	添加
		添加	添加	添加
	已批复	添加	添加	添加

共34条记录 每页10条 当前第1页 共4页 首页 1 2 3 4 下一页 尾页

图9-7 监督检查界面

9.1.3 监测监理

(1)生产建设项目建设情况

建设情况信息功能用于建设单位上报项目建设进度、建设单位、建设情况等信息，以及上报定期报告。其界面如图 9-8 所示。

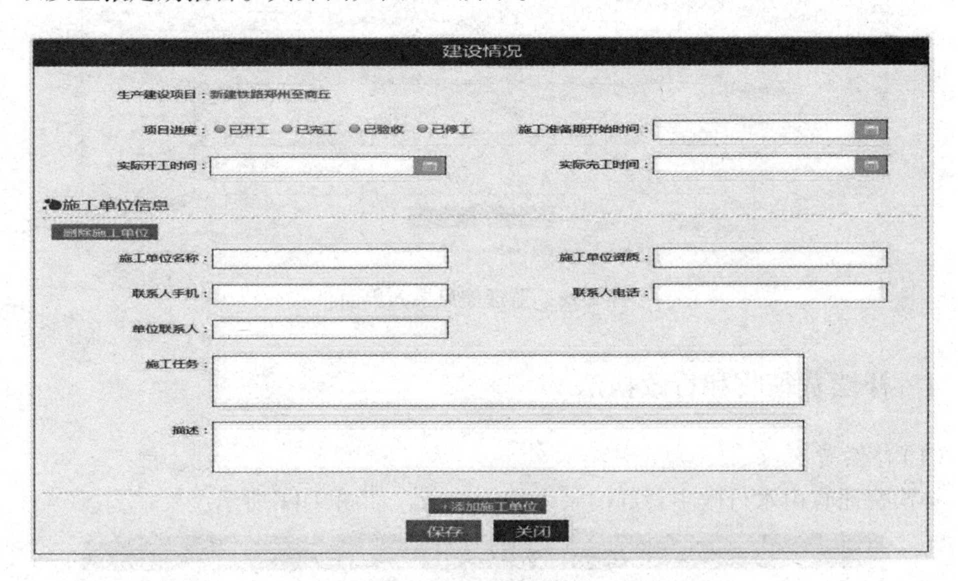

图 9-8 建设情况录入界面

(2)监测监理工作管理

生产建设项目的监测监理信息数据由建设单位进行录入，包括监测工作和监理工作录入模块，见图 9-9、图 9-10。

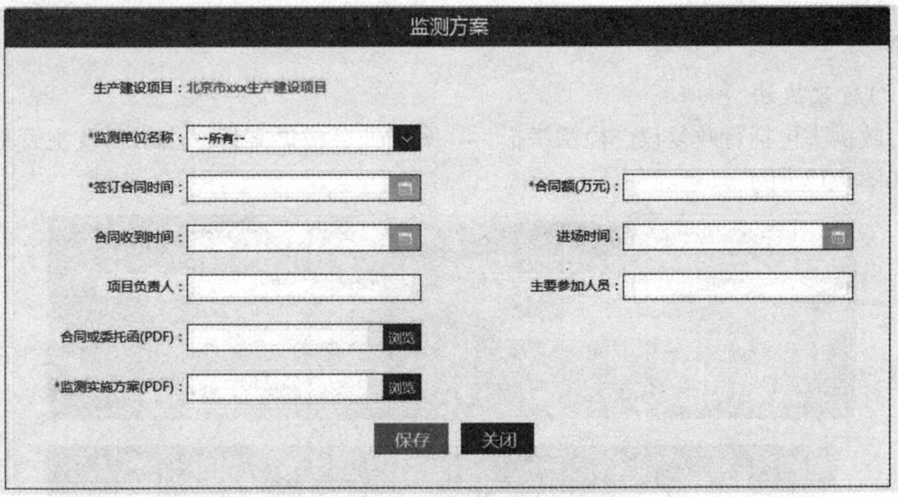

图 9-9 监测信息录入界面

监理信息

生产建设项目：da

*监理单位：

*工作成果报告(PDF)： 浏览

监理工程师：

进场时间：

方案批复费用(万元)：

合同签订费用(万元)：

项目结束时间：

工作中调查次数：

参加人员数量：

参加人员：

监理任务：

描述：

保存 关闭

图 9-10 监理信息录入界面

9.1.4 补偿费征收和行政执法

(1)补偿费征收

补偿费征收由水行政主管部门录入相关信息，如图 9-11 所示。

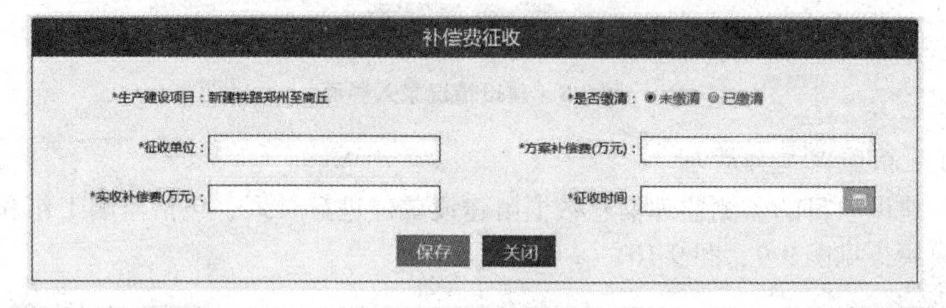

图 9-11 补偿费征收界面

(2)行政执法

行政执法包括行政复议、检举举报、立案查处、应诉案件。由水行政主管部门填写，如图 9-12 所示。

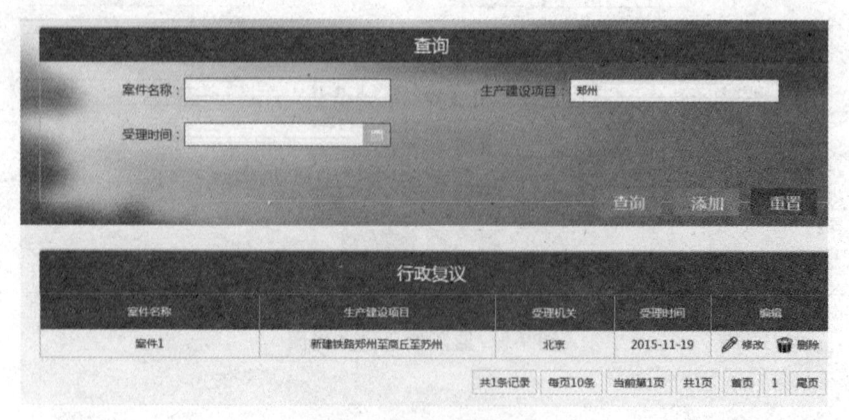

图 9-12 行政执法管理界面

9.1.5　生产建设项目管理与分析

(1)全过程管理

生产建设项目全过程管理是在一个页面可以查看方案全过程信息，无需进行跳转，如图 9-13 所示。

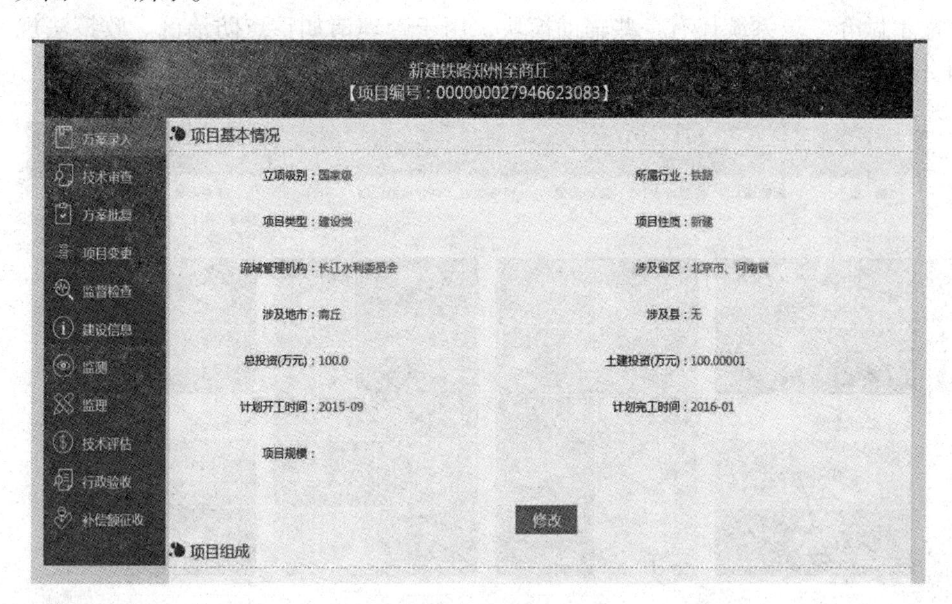

图 9-13　全过程管理界面

(2)查询统计

监督管理系统在业务模块中设计了查询统计功能之外，还单独设立了综合查询和综合统计模块。其中，综合查询中可以限定查询条件来筛选有关项目。自定义查询项为可以选择的勾选之后进行查询，用户可通过勾选自定义查询项定制所关注的指标，如图 9-14 所示。

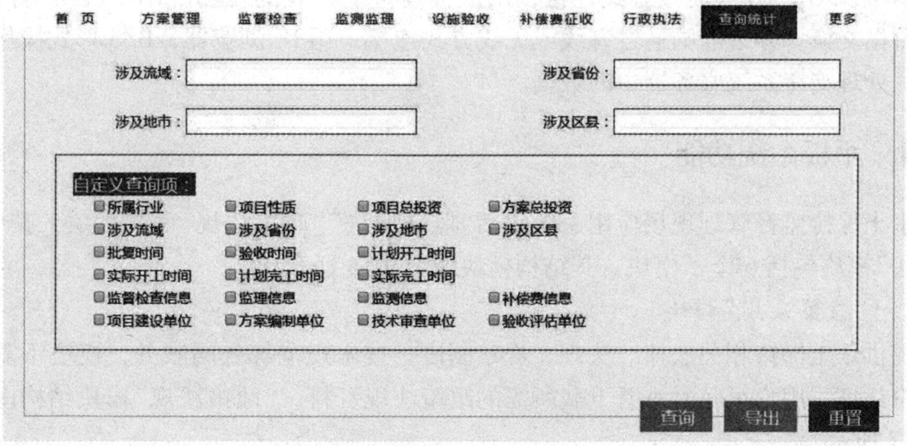

图 9-14　查询统计界面

综合统计模块中，用户可以按照阶段、项目、年度、行业写全进行统计，并生成统计图。

9.1.6 其他功能

系统的水土保持监督管理核心功能还有技术评估和验收模块，因行政验收已取消，故不做介绍。系统还有一些辅助模块，用于管理诸如重点防治区、政策法规、综合事务等辅助日常办公或核心业务的信息，如图 9-15 所示。

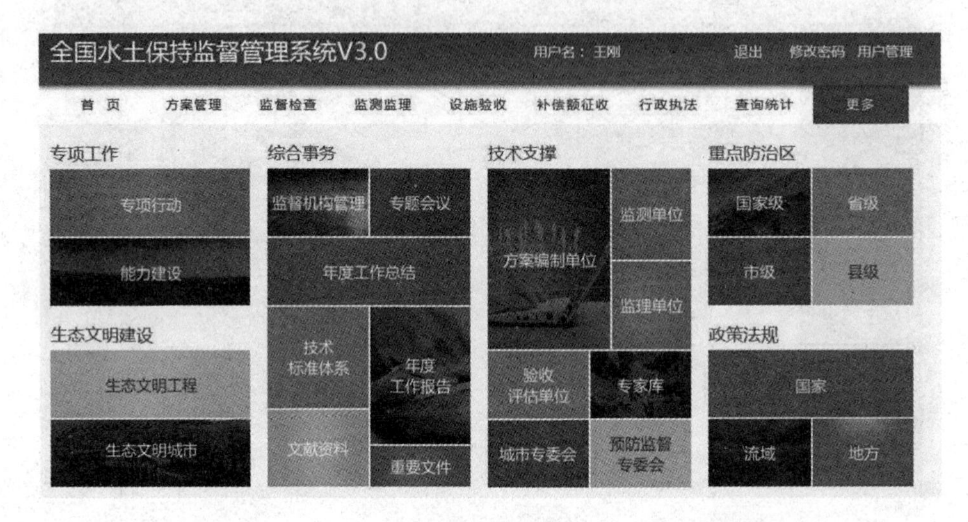

图 9-15 全国水土保持监督管理系统 V3.0 其他功能界面

9.2 水土保持监督管理现场应用和监督管理信息移动采集系统

水土保持监督管理现场应用系统包括两部分：安装在平板电脑设备上的现场应用客户端“平板系统”，安装在服务器电脑上的后台“支持系统”。平板设备与支持系统通过 Wifi、3G、4G 等无线方式连接，用平板设备上安装的现场应用系统与支持系统实现数据交换。办公电脑通过有线或无线方式连接，用 IE 浏览器，B/S 形式操作支持系统，处理支持系统服务器中的数据。

9.2.1 平板系统功能

水土保持监督管理现场应用系统包括“监督执法”“政策法规”两大模块，其中“监督执法”模块包括 6 个子模块。其结构模块如图 9-16 所示。

(1)“政策法规”模块

提供水土保持相关法律、法规、规章制度、技术规范等查阅服务，模块不需要用户身份认证，用户可随时查看下载所需的政策法规资料。“政策法规”模块结构内容如图 9-17 所示。

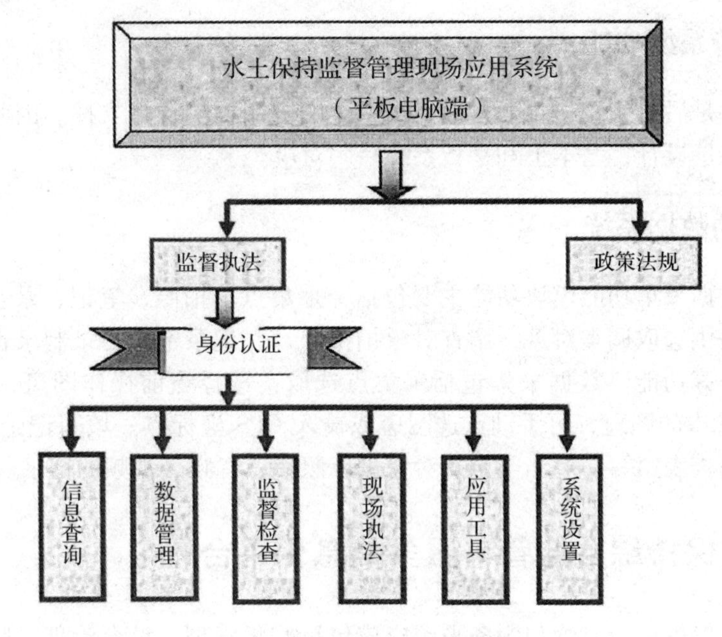

图 9-16 平板系统模块结构

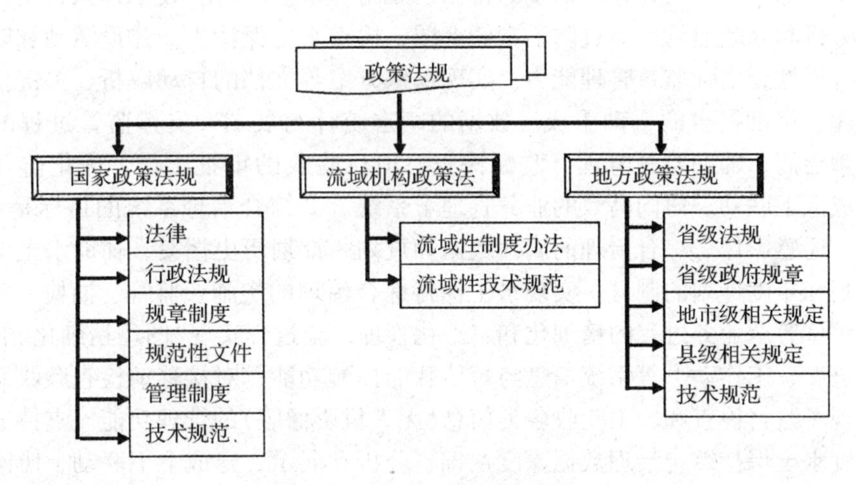

图 9-17 政策法规模块结构

(2)"监督执法"模块

此模块包括 6 个子模块：信息查询，提供水土保持监督管理系统网站上信息查阅、下载及平板设备上信息的检索服务；数据管理，提供对生产建设项目数据导入、导出、更新、管理服务；监督检查，提供照相、摄像、录音、记录等数据采集及表格文档填写服务；现场执法，提供现场调查取证，编制执法文书服务；应用工具，提供长度面积测量、计算服务；系统设置，主要是对系统运行环境进行配置。

9.2.2 支持系统功能

支持系统是后台系统，主要是为平板系统的应用提供数据支撑。因此，内部模块结构、界面菜单设计，基本上和平板系统一一对应。

9.2.3 移动数据系统

一般，数据采集功能模块功能主要包括：采集点、拍照、笔记、录音、录像、调查表。主要提供选取调查对象，调查对象拍摄照片、记录笔记、录制录音、获取影像及填写调查表等功能。数据采集包括采集点选取：选择当前操作图斑，有GPS信号时，选GPS选中的图斑，可手动点选图斑或输入GPS坐标点。填写记录。采集点后，进行预制的调查表填写，对当前调查对象进行照片、音频、视频的记录获取。

9.3 水土保持综合监管与服务信息化平台

国家水土保持综合监管与服务平台应该包括监督管理、综合治理、监测评价和综合服务4个部分：①监督管理系统的目标是利用“天地一体化”技术体系，实现扰动状况自动分析和高效监管，通过防治责任上图，检查水土保持生产建设活动和防治措施的扰动合规性，增强监督管理能力；实现水保方案等文档的自动解析、关键信息的抽取和入库、审批报告的自动生成、数据的动态统计与展示，支撑监管过程的统一通信、视频会商，辅助监测监理、监督检查、项目验收的审批工作，优化监督管理能力；建成上下联动、协同高效的业务管理子系统。②综合治理系统的目标是利用GIS专题图、遥感影像、综合治理的属性数据和规划、计划历史档案，辅助水土保持综合治理规划和年度计划的制订。实现水土保持综合治理的实施、监管、抽检、验收、后续效益评价等全业务过程的精细化和扁平化管理，全过程实现“图斑精细化”管理；增加工作进度、工作动态等系统信息与短信智能提醒功能；对接移动检查验收系统，并增加对现场监督检查和竣工验收各类信息(无人机影像等)的管理功能。支持五级管理的多维度水土保持综合治理数据深度挖掘、分析和展示，建成上下联动、协同高效的业务管理子系统。实现水土保持综合治理报表报告的自动生成。将已有系统的数据与新增数据融合(格式和语义上一致，内容上产生新信息)，实现平台数据共享。③监测评价系统的目标是整合动态监测的点、面数据资源，管理水土流失动态的监测数据和全国水土流失普查数据，提供水土流失年度消长分析、评价和发布成果数据的自动生成和整编功能，全面支撑生产建设项目的监督性监测、综合治理重点工程效益评价监测、水土保持违法和重大应急事件的监测，辅助水土保持目标责任制考核工作，建成上下联动、信息共享和监测公告的业务管理系统。④综合服务系统的目标是在公众服务方面，整合监督管理、综合治理、监测评价等业务系统的公众服务信息，形成面向公众的统一信息发布平台。提供水土保持科普读本、科普视频、科普图片、科普活动信息、科普基地信息等科普服务内容。提供水土保持优势植物信息服务。在专业服务方面，提供水土保持数据资源目录服务、水土保持科研创新协作系统、水土保持大数据政务业务辅助决策信息服务。

9.3.1 平台的总体架构

(1)水土保持数据资源层

水土保持数据资源层提供支撑平台业务运行的各类数据资源。水土保持基础数据库包括水土保持类型区划、水土保持小流域单元、水土保持防治区区划、DEM、自然因素中降水和风速、多期遥感历史数据等。水土保持业务数据库包括了水土保持监督管理、综合治理、监测评价和综合服务子系统所专有的数据资源。

(2)水土保持业务应用系统层

水土保持业务应用系统层为进行水土保持监督管理、综合治理、监测评价和综合服务等业务提供各类基础业务组件和功能模块。其中，水土保持监督管理子系统主要包括水土保持方案解析、防治责任上图、扰动自动分析、合规性检查、统计报表和现场复核检查等模块；综合治理子系统主要包括图斑精细化管理、辅助规划计划制订、现场检查、后期效益评价、数据分析与预测、报告报表自动生成和实施方案管理等模块；监测评价子系统主要包括监测点数据管理、区域动态监控、监测网络管理、遥感定量分析、年度消长分析和水土保持目标责任制考核等模块；综合服务子系统主要包括统一信息发布、水土保持科普、优势植物资源管理、水土保持大数据行政与业务辅助决策模块、水土保持科研协作和国家水土保持科技示范园等模块。统一认证面向“单点登录、多点使用”的需求，为各类用户提供一站式的登录认证，根据用户的授权，提供相应的业务系统的功能模块，支持不同层级、不同角色的业务细分。

(3)用户界面层

为用户提供使用系统的各类界面，用户层描述了平台的服务用户。平台的使用者可划分为行业用户和相关行业科研工作者及公众用户两类。其中，行业用户包括水土保持相关的行政和事业单位人员以及水土保持相关从业人员。相关行业科研工作者及公众用户主要包括从事水土保持相关领域的科研人员和社会公众两类。

9.3.2 总体功能简介

9.3.2.1 监督管理系统

水土保持监督管理的业务流程如图9-18所示。具体功能已经在9.1中介绍，不再赘述。

9.3.2.2 综合治理系统

(1)业务流程

水土保持综合治理是我国水土保持的核心业务。其主要包括水土保持综合治理规划、计划、实施、监督、检查、验收、分析、评价等环节。其业务流程如图9-19所示。

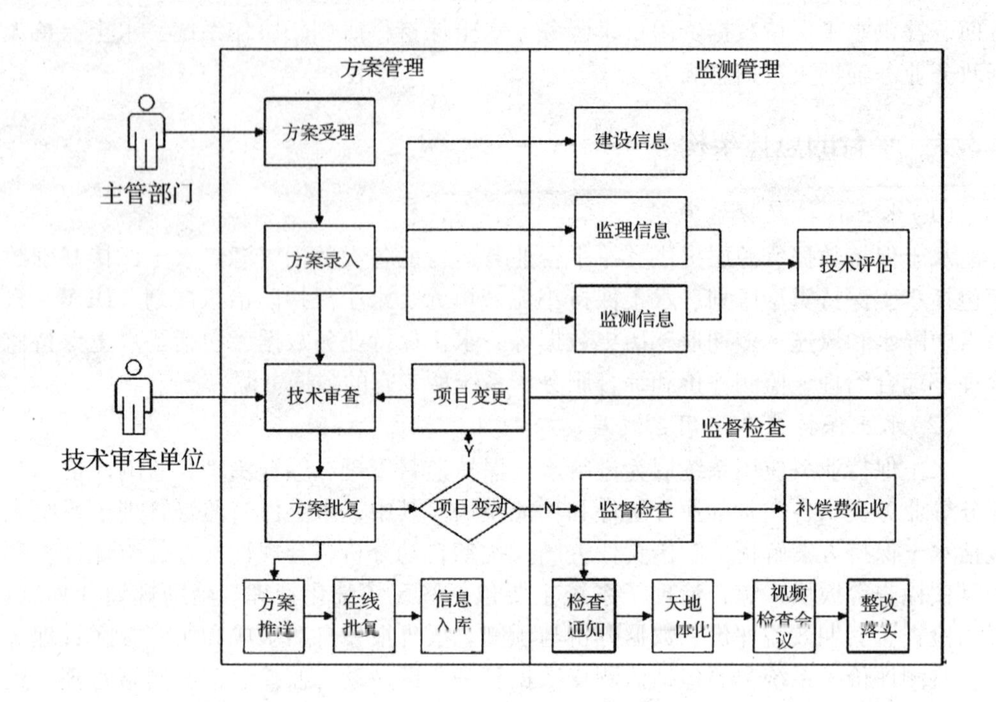

图9-18 水土保持监督管理业务流程

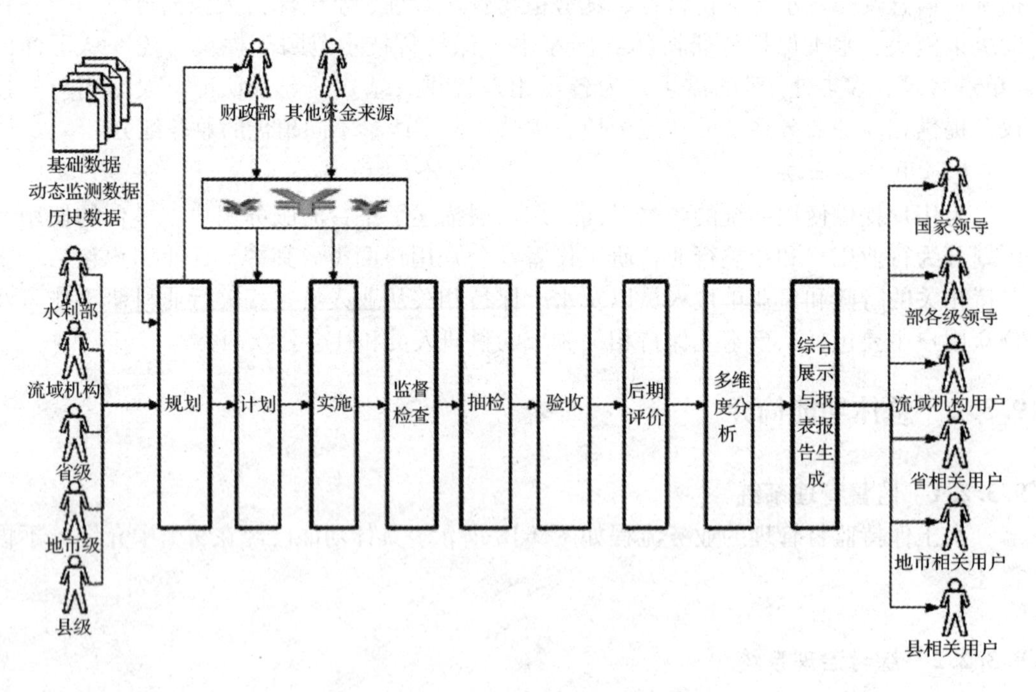

图9-19 水土保持综合治理业务流程

(2)综合治理子系统

水土保持综合治理子系统的功能包括辅助规划、辅助计划、任务与资金分解、实施与施工全过程监控(图斑入库)、抽检(无人机等手段)、验收、项目后期效益监测与评价(无人机等手段)、多维度数据统计、分析、评价、预报、预测、基于 WebGIS 的属性数据可视化展示、报表报告自动生成等功能。不同的管理级别，国家—流域—省市—县级根据需要各有不同。

9.3.2.3 监测评价系统

(1)业务流程

全国水土保持监测评价系统主要业务包括：水土保持公告、水土保持动态监测、重点防治区监测、应急及案件查处监测、重点工程治理成效监测、生产建设项目集中区监测、全国水土流失普查、基础数据管理、监测点历史数据管理、水土保持监测评价等(图 9-20)。

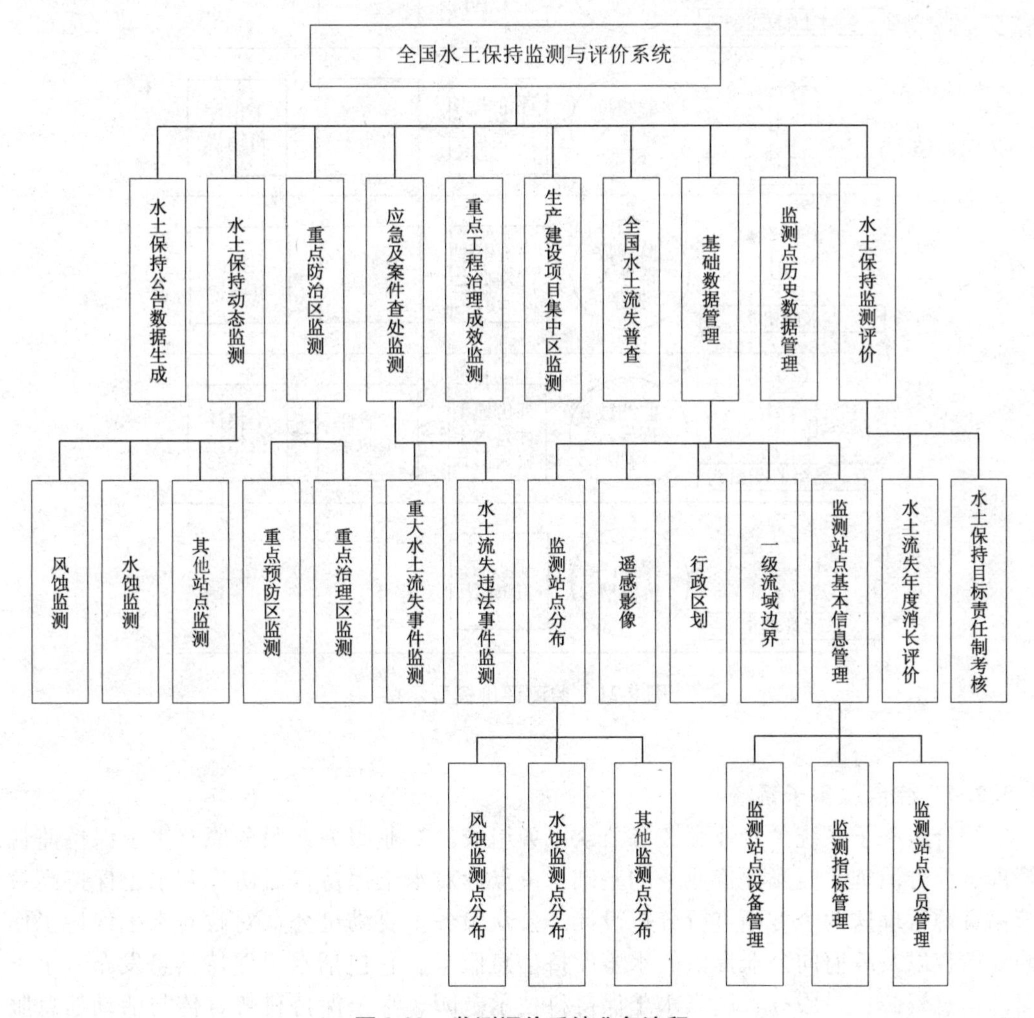

图 9-20 监测评价系统业务流程

(2)监测评价子系统

水土保持监测评价系统主要实现对各项监测数据的模型处理，进行水土保持项目的效益评价，包括生态效益、经济效益及社会效益评价。系统管理员在系统中加入水土保持行业评价分析模型，系统用户通过选择重点防治区动态监测、全国水土流失普查结果或水土流失野外调查结果，结合抽样调查和统计资料，运行水土保持行业认可的评价模型算法，计算分析全国、省级和县级水土流失消长情况，并结合监测站点的监测结果检验修正评价结果，为各级政府落实水土保持目标责任、开展生态文明评价考核提供基础依据。其评价模型和应用见图9-21。

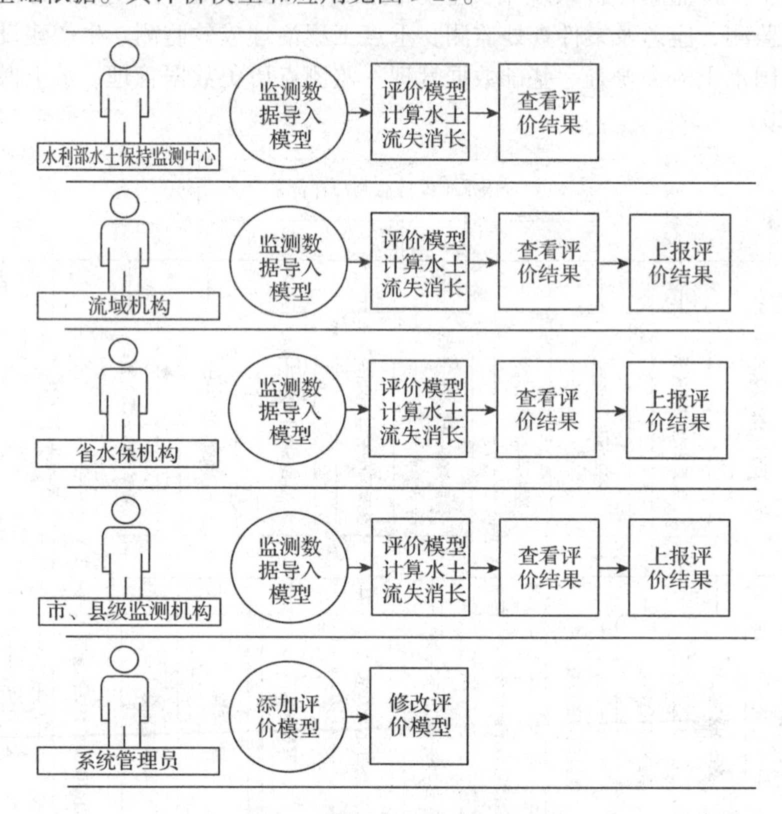

图9-21 监测评价模型示意

9.3.2.4 综合服务子系统

综合服务子系统由专业服务和公众服务组成。专业服务在服务原有水土保持监督管理、综合治理、监测评价业务的基础上重点针对水土保持科研协作和水土保持高效植物资源管理这两个方面进行分析设计。公众服务主要满足公众对政府水土保持工作的知情权以及政府向公众提供的水土保持信息服务，它包括水土保持信息发布、水土保持信息资源目录服务、国家水土保持科技示范园、水土保持科普宣传与活动信息服务(图9-22)。

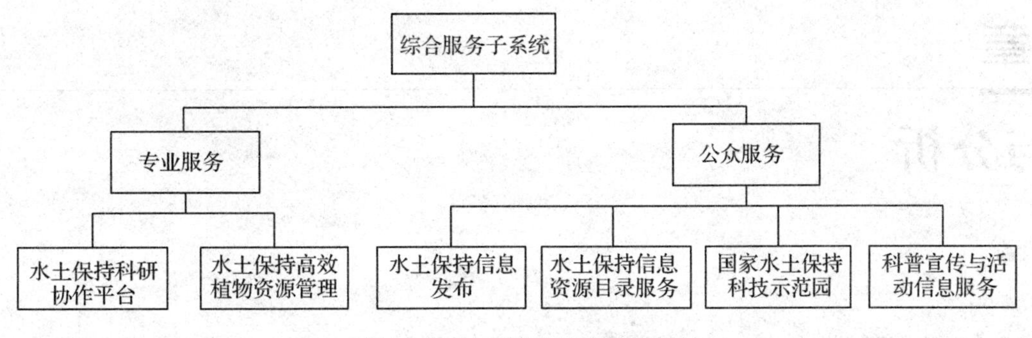

图 9-22 综合服务子系统框架

思 考 题

1. 简述水土保持监督管理系统的主要功能。
2. 简述水土保持综合监管和服务信息平台的架构和功能。

第 10 章

案例与分析

【本章提要】本章结合了行政诉讼、行政复议和水土保持行政处罚的规章，列举了相关案例进行分析。

10.1 行政诉讼案例

10.1.1 巴楚县特大毁林开垦行政诉讼案件

案情简介：

2006 年 3 月，席某等人同巴楚县夏玛勒胡杨林场签订了《林场土地承包合同》，林场将土地承包给他们发展经济林。

2008 年 5 月中旬，席某等人分别被自治区林业公安局传唤刑拘，理由是他们涉嫌毁林擅自改变土地用途。同年 11 月 17 日至 20 日，包括席某、王某、陈某在内的 22 个承包户收到自治区林业厅和自治区林业公安局签发的《行政处罚决定书》和《暂收案款凭证》。《行政处罚决定书》中称，根据《森林法实施条例》第四十三条规定："未经县级以上人民政府林业主管部门审核同意，擅自改变林地用途的，由县级以上政府林业主管部门责令限期恢复原状，并处非法改变用途林地每平方米 10 元至 30 元的罚款。"

根据这个规定，自治区林业厅认定席某非法占用、改变重点公益林用途 $136.62hm^2$，王某、陈某改变重点公益林地用途 $101.26hm^2$，以每平方米 10 元的罚款额度计算，席某罚款额为 1 366.2 万元，王某和陈某共被罚款 992.5 万元。

2009 年 3 月，由于不服自治区林业厅开出的巨额罚单，承包巴楚县夏玛勒胡杨林场林地的果农席某、王某、陈某把自治区林业厅告上法庭，要求撤销行政处罚决定。

处理过程：

2010 年 1 月，经乌鲁木齐市中级人民法院审理后认为，根据《森林法》第二十三条规定"禁止毁林开垦和毁林采石、采砂、采土以及其他毁林行为"，以及《森林法施条例》第四十三条，席某、王某、陈某在国家公益林区内开垦林地，毁损公益林，其行为违反法律、法规。自治区林业厅的处罚决定认定事实清楚，证据充分，应予维持。巴楚县林业局批复实施的《巴楚县夏玛勒胡杨林营造林规划项目》具体措施是营造林，3 人实施了毁林开垦行为，与规划项目内容相悖。据此，一审法院驳回了席某等人的诉讼请求。席某等因不服一审判决，向自治区高级人民法院提起上诉。2010 年 3 月 25 日，自治区高院依法组成合议庭，公开开庭审理了本案。自治区高院认为，被上诉人自治区林业厅作出的林业行政处罚决定其行政程序不合法；在行政处罚事实认定方面，没有正确认定违法行为类别，其违法事实认定不清，影响法律法规的正确适用。鉴于本案上诉人存在擅自开垦、毁林开垦、擅自耕种棉花的行为，也有《森林法》所禁止的行为，对此，应在查清违法事实的基础上作出相应处理，法院遂于 2010 年 6 月 24 日作出下述终审判决：自治区高级人民法院撤销了乌鲁木齐市中级人民法院的一审判决及自治区林业厅作出的《林业行政处罚决定书》，判令自治区林业厅依法重新作出具体行政行为。

案评：

新疆巴楚县是世界上罕见的胡杨林生长区之一，南疆巴楚原始胡杨林造型奇特，有“活三千年不死，死三千年不倒，倒三千年不朽”的说法，起着防风固沙、涵养水源的重要作用，素有“母亲林”之称，是紧连塔克拉玛干沙漠的一片不可多得的绿洲。

与此次行政处罚相关的毁林案被称为“巴楚县特大毁林开垦案件”，共损毁国家重点公益林 1 600hm^2，造成经济损失 2.2 亿元人民币。本案焦点围绕席某等人与巴楚县夏玛勒胡杨林签订的《林场土地承包合同》是否为合法有效合同。原告认为：自治区林业厅的处罚主体不对，不应该处罚果农，因为依据《森林法实施条例》第四十三条：“未经县级以上人民政府林业主管部门审核同意，擅自改变林地用途的，由县级以上人民政府林业主管部门责令限期恢复原状。”本案中，发包方——夏玛勒胡杨林场在发包前已就利用林间空地和弃耕地发展林果业编制了详细的规划，上报后获得了巴楚县林业局的同意，为此，还以“巴林字(2005)第 9 号”文件的形式作出批复。再者，即便没有批复，改变林地用途的应是发包方夏玛勒胡杨林场，原告的所有行为均是按合同办事，没有改变林地性质，如有违法那一定是夏玛勒胡杨林场在违法。

对于席某等人与巴楚县夏玛勒胡杨林签订的《林场土地承包合同》，被告自治区林业厅方面认为，他们的毁林行为已给国家造成了重大损失，是无效合同。检察机关查办了巴楚县一名原副县长以及夏玛勒胡杨林场原场长、原党总支书记等 5 人在内的渎职系列案件。由于二审法院认为在行政处罚事实认定方面，没有正确认定违法行为类别，其违法事实认定不清，影响法律、法规的正确适用，因此自治区高级人民法院撤销了乌鲁木齐市中级人民法院的一审判决及自治区林业厅作出的《林业行政处罚决定书》，判令自治区林业厅依法重新作出具体行政行为。

10.1.2 对采挖、拉运麻黄草行政处罚决定案

案情简介：

1992 年 3 月，原告买某在托克逊县辖区内采挖麻黄草 2t。因该县麻黄厂已停止收购麻黄草，3 月 31 日买某雇用了该队个体运输户阿某的牌照为新疆 40—04040 号汽车，将 2t 麻黄草运至乌鲁木齐新疆制药厂出售时，被乌鲁木齐市草原监理所工作人员发现。经检查，买某未持有采药许可证及调运、货运的合法批准手续，仅出示了一张托克逊草原监理所于 2 月 26 日开出的有效期截至 3 月 20 日的便函，而且买某所采的

麻黄草有部分系带根采挖，违反了《新疆维吾尔自治区〈草原法〉实施细则》的有关规定。被告便于1992年4月7日作出行政处理决定：一、没收草主买某的麻黄草，并处以麻黄草价款两倍的罚款；二、没收车主阿某拉运麻黄草的使用工具新疆40—04040号汽车。对上述处理决定，买某、阿某均不服，分别向乌鲁木齐市水磨沟区人民法院提起诉讼。原告买某诉称：拉运麻黄草是经托克逊县草原站同意的，并向法院提供了采药许可证及托克逊县草原站允许把草药拉运外地的证明，请求法院依法撤销被告对其作出的行政处罚决定。原告阿某诉称：新疆40—04040号车主与草药主是雇佣关系，不能把汽车作为采挖使用工具予以没收，请求法院判决撤销被告乌鲁木齐市草原监理所没收其汽车的行政处罚决定；判令被告赔偿原告因车被扣而造成的正常营运收入损失8 000元；赔偿已预交的4~5月份的公路运输管理费100元；赔偿已预交的4~5月份的车船使用税200元以及因诉讼造成的误工费、住宿费等损失200元。

处理过程：

水磨沟区人民法院经审理认为：原告买某雇用个体运输户阿某的汽车，拉运麻黄草到乌鲁木齐新疆制药厂出售，当时草主只持有托克逊县草原监理所3月26日出具的采集麻黄草片区及不准外运的证明，并无畜牧、医药管理部门颁发的采麻黄草证。所采的麻黄草，有部分系带根采挖，违反“采取绿色的茎枝，严禁连根采挖”的规定，属不合法采集麻黄草。在诉讼中，原告买某虽提供了采草证和采集日期及拉运外地的证明，但采草证是5月10日补办的，且两次证明所提供的采草地点也相互矛盾，为此本院不予认可。草原监理部门对违法采运麻黄草的行为进行处罚，是合法的。但被告把买某雇用个体运输户拉运麻黄草的汽车作为采草药的使用工具，不妥。故根据《中华人民共和国草原法》第十一条、《新疆维吾尔自治区〈草原法〉实施细则》第二十六条、四十条、四十二条第五款之规定和《中华人民共和国行政诉讼法》第五十四条的规定，于1992年5月30日判决：一、维持乌鲁木齐市草原监理所对原告买某没收麻黄草、处以麻黄草价款二倍罚款的处罚决定；二、撤销对原告阿某的新疆40—04040号汽车作为采草使用工具没收的处罚决定；三、由被告赔偿原告阿某4~5月公路运输管理费100元，其余请求不予支持。

一审判决后，买某不服，仍以原诉理由向乌鲁木齐市中级人民法院提起上诉。乌鲁木齐市中级人民法院受理后，因上诉人买某在法定期限内不预交二审案件受理费，也未提出缓交诉讼费用的申请。因此，乌鲁木齐市中级人民法院依据《人民法院诉讼收费办法》第十三条第二款的规定，于1992年8月16日作出裁定：该案按自动撤回上诉处理。

案评：

本案是一起不服草原监理所处罚引起的行政诉讼案，涉及以下几个问题。

(1)买某采挖、销售麻黄草的行为是否合法？买某于1992年3月在托克逊县辖区内采挖麻黄草2t，所采的麻黄草系部分带根。《新疆维吾尔自治区〈草原法〉实施细则》第二十六条规定，“禁止在荒漠、半荒漠草原和沙化地区砍挖灌木、药材及其他固沙植物”；“进入草原者必须持有畜牧部门与医药管理部门共同核发的采药许可证”；“采挖时必须保留一部分植物的母株”；“禁止连根采挖”。吐鲁番地区土处(89)20号

《关于保护草原植被，有计划的开发麻黄草资源的通知》第四条明确规定“禁止本区麻黄草向外地销售”。本案原告人买某在未取得当地畜牧、医药部门采药许可证的情况下，违法采挖部分带根麻黄草，并且运往乌鲁木齐市销售，违反了上述有关规定。原告人买某于5月10日向一审法院提供的采药许可证和托克逊县草原站出具的允许其外运麻黄草的证明，是事后补办的，且其采草药地点相互矛盾，一审法院不予认可，是正确的。

(2)新疆40—04040号汽车车主阿某受雇运输麻黄草，该车能否作为“使用工具”，予以没收？《新疆维吾尔自治区〈草原法〉实施细则》第四十二条第六款规定：“违法采挖草原上的野生植物、药材、草皮、沙土造成植被破坏的，没收非法所得和使用工具。”该实施细则所指的“使用工具”，是指用于违法采挖的工具，而汽车不属于这种工具，况且车主阿某并未参与采挖麻黄草，只是受雇主委托运送麻黄草，乌鲁木齐市草原监理所把汽车作为采挖使用工具予以没收，没有法律依据。一审法院判决撤销把原告的新疆40—04040号汽车作为采草使用工具没收的处罚决定，是正确的。

(3)关于原告阿某要求草原监理所赔偿因没收汽车而造成的经济损失问题。《行政诉讼法》第六十七条第一款规定：“公民、法人或者其他组织的合法权益受到行政机关或者行政机关工作人员作出的具体行政行为侵犯造成损害的，有权请求赔偿。”本案中“乌鲁木齐市草原监理所没收原告阿某的汽车二个月”，致使该车在此期间不能投入正常营运，给原告造成了一定的经济损失。原告要求被告赔偿因车被扣而减少的正常营运收入损失，其理由是成立的，被告应予赔偿。原告请求被告赔偿其预交的4～5月的公路运输管理费100元和车船使用税200元，则是无理由的。因为这两笔费用，是其从事运输营业必须交纳的，与其车被扣而造成的经济损失无关。

10.2 行政复议案例

10.2.1 陕西某县王某不服水利局处罚行政复议案例

案情简介：

王某由于营业执照过期依旧进行非法采砂被所在县水利水土保持局作出先行登记保存通知书，对黄河捞鱼滩砂场（王某）的两台“厦工牌”铲车及抽砂船等机械以先行登记保存的形式查封、扣押至该县水利水土保持局院里，未通知财产所有人到场。并作出行政处罚决定书：①立即停止在捞鱼滩的非法采砂行为；②没收非法所得55万元；③罚款人民币2万元。王某不服，诉被告县水利水土保持局水行政处罚和行政赔偿一案，该县人民法院于2008年9月10日受理后，依法组成合议庭，经审理于2008年11月14日作出第2号行政判决书，宣判后原告王某不服，提出上诉，市中级人民法院于2009年2月24日作出终字第00001号行政裁定书，撤销一审判决，发回该县人民法院重审。

王某诉称：王某依法成立了“黄河捞鱼滩砂场”。十年来，先后投资近千万元。作为一个合法的非国有企业，照章纳税，合法经营。自水利水土保持局负责管理砂场采砂后，只收费，不办采砂许可手续，使黄河滩所有砂场处于无证经营状态。2008 年 6 月 19 日水利水土保持局超越职权，违反规定，不仅对王某作出了严重违法的行政处罚决定，而且非法扣押了其大型机械设备，严重地侵犯了原告合法权益。为维护原告合法权益，根据《行政诉讼法》的相关规定，现提起行政诉讼。请求：①依法撤销水利水土保持局作出的行政处罚决定书；②赔偿因违法行为给王某造成的一切经济损失。

该县水利水土保持局辩称：水利水土保持局具备执法主体资格，其作出的行政处罚事实清楚，证据充分，程序合法，适用法律正确，处罚适当，应为合法、有效的行政处罚决定。因此，请求人民法院依法予以维持。

处理过程：

经法院审理查明：1998 年 9 月 4 日该县行政村与该县某镇四居委居民王某签订了“川口四荒地拍卖合同书”。期限：1998 年 10 月 1 日至 2028 年 9 月 30 日共 30 年，共计 47.5hm^2，价款 6 000 元一次交清。之前，1997 年 7 月 28 日该县贫困地区经济开发领导小组办公室文件[宜开发办(1997)24 号]作出“关于黄河捞鱼滩综合开发项目立项报告”，批复同意该县黄河捞鱼滩综合开发责任有限公司申请承建的黄河捞鱼滩综合开发项目立项。

2003 年 6 月 31 日王某在该县国税局办理了税务登记证，证件有效期：2002 年 6 月 20 日至 2006 年 6 月 19 日；2002 年 6 月 20 日，王某在该县工商局办理了个体工商户营业执照，期限：2002 年 6 月 20 日至 2006 年 6 月 19 日；2001 年 1 月 17 日王某在该县矿产资源管理办公室办理了“采矿许可证”，期限 2 年。2007 年 10 月 26 日该县水利水土保持局工作人员曾给王某作过谈话，要求在 2007 年 11 月 13 日停止采砂作业；2007 年 10 月 31 日，水利水土保持局作出《水行政处罚事先告知书》。

本案经合议庭评议并经该县人民法院审判委员会讨论认为，依据《中华人民共和国行政诉讼法》第五十四条第一款第二项和《中华人民共和国赔偿法》第二十八条第一款第二项之规定，判决如下：

一、维持该县水利水土保持局作出的行政处罚决定书的第一项“立即停止在捞鱼滩的非法采砂行为”和第三项“罚款人民币二万元”，撤销第二项“没收非法所得五十五万元”。

二、解除对王某机械设备的查封、扣押(除两台“厦工牌”铲车外，其余设备已于 2009 年 6 月 15 日返还原告)。

诉讼费 50 元由水利水土保持局负担。

案评：

此案是一个典型的行政复议的案例，王某在位于黄河捞鱼滩其承包的四荒地内，未办理采砂许可证(工商注册被注销)进行采砂，其行为违法。该县水利水土保持局作出的行政处罚“没收王某非法所得五十五万元”，事实不清，证据不足；查封、扣押王某铲车等设备没有法律依据，因此该县人民法院的判决有依有据，公平公正。

10.2.2 广西某市郑某不服林业局处罚行政复议案例

案情简介：

某市林业局于2011年4月6日作出的《行政处罚决定书》，对郑某作出林业行政处罚。该决定书的主要内容：郑某作为原空心砖厂负责人，没有按照林业主管部门批准面积范围使用林地，超范围使用林地1.17hm²，且在超范围使用的林地上取土、建窑、建厂、打制晒坪的行为，造成了林地的林业种植条件严重毁坏、污染。其行为违反了《中华人民共和国森林法》第十八条的规定。根据《中华人民共和国森林法实施条例》第四十三条之规定，决定：①责令于一个月内将非法占用的林地恢复原状；②并处罚款349 450.2元。罚款在接到本决定书之日起15日内缴至该市农业银行世纪支行(指定账号)，到期不缴纳的，每日按罚款数额的百分之三加处罚款。并告知郑某如不服决定可在法定期限内申请复议或者提起行政诉讼的权利。

郑某不服该市林业局林业行政处罚，于2011年9月30日向区人民法院提起诉讼，法院于2011年10月13日受理。

郑某诉称：①郑某于2006年1月与赵某合资建空心砖厂，法定代表人为赵某。该厂的租地、用地手续和立项规划等全部手续均由赵某办理。同年12月31日，赵某将其名下的50%股权转让给郑某后，一直延续使用前任法定代表人出资的土地在合法经营生产。2010年5月，砖厂因未通过年检被工商行政管理部门注销。因此，林业局只对郑某作出处罚属于处罚对象错误。②砖厂使用的林地是经合法批准的，林业局认定郑某未经批准超面积使用林地，但没有相应的证据予以证实，属于认定事实不清，证据不足。③砖厂的建设用地选址是经该市发改委、规划、林业、水土、消防和环保等部门批准同意的，并办理有工商营业执照和进行了税务登记，足以证明郑某的用地行为合法且符合国家相关政策，应当免受处罚。④应当停止执行该处罚决定，否则会造成不可挽回的重大损失。综上所述，请求法院依法判决撤销该市林业局的《行政处罚决定书》。

处理过程：

经审理查明，砖厂使用的土地涉及两村的集体土地，其中部分为农用地，部分为林地，林地均属于A村的土地范围内。该厂建设选址时经过了该市规划、土地、环保、消防和发改委等有关部门同意。2005年12月12日，空心砖厂使用的部分林地经广西林业局《使用林地审核同意书》批准转为建设用地。2006年12月31日，赵某将自己所持砖厂股份份额全部转让给郑某，双方签订了《转让股权协议》，该协议约定郑某承接后的土地租金按照原合同《土地入股办厂合同书》不变，并按合同向土地出租方交纳及所有费用。之后，郑某向当地工商行政管理部门申请并领取了《个体工商户营业执照》，组成形式为个人经营；经营场所为A村。2009年9月，空心砖厂停产。2010年5月25日，因该砖厂2008年度未通过年审，被工商行政管理部门予以注销。

法院认为，林业局经调查取证后，对郑某作出的《行政处罚决定书》认定事实清楚，证据充分，适用法律正确，程序合法，法院应依法予以维持。至于郑某的诉请，理据不充分，法院不予支持。

综上所述，根据《中华人民共和国行政诉讼法》第五十四条第(一)项的规定，判决如下：维持市林业局于2011年4月6日向郑某作出的《行政处罚决定书》。

案评：

本案中，郑某空心砖厂实际使用林地面积为2.19hm^2，经林业主管部门批准使用的林地面积为1.12hm^2，未经批准使用的林地面积为1.17hm^2，且在超范围使用的林地上取土、建窑、建厂、打制晒坪的行为违反了《中华人民共和国森林法》第十八条第一款规定："进行勘查、开采矿藏和各项建设工程，应当不占或者少占林地；必须占用或者征用林地的，经县级以上人民政府林业主管部门审核同意后，依照有关土地管理的法律、行政法规办理建设用地审批手续，并由用地单位依照国务院有关规定缴纳森林植被恢复费。森林植被恢复费专款专用，由林业主管部门依照有关规定同意安排植树造林，恢复森林植被，植树造林面积不得少于因占用、征用林地而减少的森林面积。上级林业主管部门应当定期督促、检查下级林业主管部门组织植树造林、恢复森林植被的情况。"故法院在复议中维持林业局向郑某作出的《行政处罚决定书》。

10.3 水土保持行政处罚案例

10.3.1 云南省某县陡坡开荒案例

案情简介：

云南省某县水土保持办公室接到群众举报，在封山箐水库库区普某非法开垦陡坡地，造成大量水土流失，部分松土已滚落到水库里，造成了水库淤积。执法人员向水土保持办公室领导请示同意后决定立案查处，随后派执法人员王某一人去现场进行了认真的走访和调查取证工作，开垦面积达到1 000m^2。

处理过程：

2008年7月6日向普某下达了责令停止水土保持违法行为通知书，2008年7月7日根据普某造成的危害及水保法律、法规，最后决定对普某进行罚款2 040元，并要求对其已造成的水土流失采取修挡墙、建拦沙坝、营造水土保持林等补救措施。

案评：

水保办在本案执法过程中有些不合法之处：①根据《行政处罚法》行政机关在调查或者进行检查时，执法人员不得少于两人。②根据原《水土保持法》处罚超过陡坡开荒的法定要求，最多处罚2 000元，而给予的行政罚款为2 040元，自由裁量把握不准确。③作出处罚决定之前3日通知当事人，以保证当事人的申辩和陈述权，程序违法。

10.3.2 陕西省某油田拒绝缴纳水土保持补偿费案例

案情简介：

2013年，某市的水土保持监督总站给该市油田下发了《水土保持行政征收决定书》，在决定书中，该市水土保持监督总站要求油田缴纳8.5亿元欠款，其中包括

2009年7月至2012年3月，油田在境内开采石油、天然气形成的7.4亿元水土流失补偿费，以及逾期按日加收0.2%滞纳金所形成的1.1亿元逾期罚款。2009年1月1日，陕西省开始实施此前颁布的《陕西省煤炭石油天然气资源开采水土流失补偿费征收使用管理办法》：凡在陕西省行政区域内从事煤炭、石油、天然气资源开采的企业，应缴纳水土流失补偿费，计征标准为：原煤，陕北每吨5元、关中每吨3元、陕南每吨1元；原油，每吨30元；天然气，每立方米0.008元。该《办法》还规定，所涉企业应每月向地税部门申报并缴纳上月的水土流失补偿费，企业缴纳的水土流失补偿费可在所得税前抵扣。对于水土流失补偿费的分配，按征收总额省40%、市县两级60%的比例划解使用，而使用领域主要在水土保持方面。《办法》实施之后，当地政府多次要求该石油缴纳8.1亿元的水土流失补偿费。但该石油公司方面以同样的理由拒绝缴纳。由此计算，加上逾期罚款，该油田总共需要向两地政府缴纳16.6亿元。随后的2013年6月9日，该油田在区法院起诉市水土保持监督总站，要求撤销上述决定书。石油公司在起诉书中表示，征收项目未经国家财政部和发改委审批和备案，收费依据违法，因此拒绝缴纳。2013年7月，区法院一审判决石油公司败诉。然而，石油公司拒绝执行。随后事情激化到法院冻结该油田的银行账户。

处理过程：

11月7日，陕西省财政厅、物价局与工信厅联合印发了《关于进一步规范涉及石油天然气生产企业基金收费和征收管理的通知》(以下简称《通知》)。《通知》称，陕西省将对涉及原油、天然气的行政事业收费和政府性基金实行清单制管理。该清单中将涉及油气的11个行政事业性收费和政府性基金列为“公布取消及违规设立”名录。其中包括水土流失补偿费、水土流失防治费、林地补偿费、退耕还林补助费等。也就是说，《水土保持补偿费征收使用管理办法》实施后，陕西省就开始商定取消2009年起征收的水土流失补偿费。

但是，陕西省财政厅明确表示：“水土流失补偿费，名字虽变了，但项目还在，以前欠缴的现在还得缴。该石油公司欠缴榆林、延安两地15.5亿元的水土流失补偿费的收取是基于陕西省出台法规，该石油公司须依法缴纳。”

案评：

《中华人民共和国水土保持法实施条例》第十九条规定：“企业事业单位在建设和生产过程中造成水土流失的，应当负责治理。因技术等原因无力自行治理的，可以交纳防治费，由水行政主管部门组织治理。防治费的收取标准和使用管理办法由省级以上人民政府财政部门、主管物价的部门会同水行政主管部门制定。”

依据2009年陕西省开始实施的《陕西省煤炭石油天然气资源开采水土流失补偿费征收使用管理办法》，该石油公司一直未曾缴纳水土流失补偿费，直到2014年5月1日起，我国施行《水土保持补偿费征收使用管理办法》，取消水土流失补偿费，加收水土保持补偿费，加之该石油公司欠缴两地15.5亿元的水土流失补偿费的收取是基于陕西省出台法规，该石油公司须依法缴纳。

10.3.3 内蒙古某旗违法挖沙案例

案情简介：

1998年8月21日，内蒙古某旗水保监督站接到村监督员(兼职)举报，在黄河一级支沟孔兑沟沟口处的冲积扇地带有大批车辆及大型装载机正在挖砂。水保监督站当即进行了案件受理登记并立即派人赶赴现场查看。经调查挖砂者系乌盟公路工程局该村项目经理部，该单位承建清—喇公路(清水河县到喇嘛湾)，需要大量砂石，在未经当地水保部门同意也没有采取任何水保措施的情况下，擅自在前房子村孔兑沟沟口处采挖砂石，造成严重水土流失。现场调查得知该施工单位计划挖砂21 000m^3，现场调查时已开挖面积8 002m^2，剥离表土4 001m^3，均乱堆弃在沟口处，没有采取任何防护措施，若遇大雨将全部冲入黄河。

为防止水土流失进一步扩大，该旗水保监督站及时向该施工单位送达了《责令停止违法行为通知书》，责令其必须在1周之内，将乱堆乱放的弃土清理到指定地点，并到该旗水保监督站办理有关手续，缴纳水土流失防治费21 000元。

但项目部无视《责令停止违法行为通知书》，依然我行我素，而且从1998年8月25日以后又调动30多辆载重自卸车每天24小时连续突击采运。针对这种情况，水保监督站于9月18日依据《水土保持法》第十八条、第十九条，内政发〔95〕第136号文《内蒙古自治区水土流失防治费征收使用管理办法》第五条，内政发〔96〕第29号文《内蒙古自治区水土流失防治费征收使用管理办法实施细则》第十二条之规定，派人到该村项目经理部，送达了《水土保持行政处罚决定书》，对当事人作出如下处罚决定：①立即到水保监督站办理有关手续；②交纳水土流失防治费21 000元整；③从即日起至15日内，如不缴纳，逾期每天加收总额0.1%的滞纳金；④限期在5日之内对堆弃在河道内的剥离表土进行清理；⑤若对上述处罚决定不服，可以在接到处罚决定书之日起15日内向伊盟水保办申请复议，也可以在接到处罚决定书之日起15日内向准旗人民法院起诉。

1998年10月15日，水保监督站向人民法院递交了申请执行书。人民法院行政庭审理复查有关证据后，认为处罚决定事实清楚，证据充分，适用法律、法规准确，程序合法。

10月25日，传当事人进行了第一次法庭调解。当事人对自己的违法事实供认不讳，同意接受处罚，但又以工程款未到位等理由推迟交款日期，几次催交无望，法院决定冻结该单位银行账户，可是当事人早有准备，提前将账户的存款全部转移。至此法院认为当事人有逃跑迹象，便立即到该施工单位的另一个施工驻地，查封了其普通型桑塔纳轿车1辆，并限其在10日内将所欠款21 000元防治费交到水保监督站。11月6日水保监督站和法院行政庭同志再去找当事人时，当事人已驾车逃跑，其所有施工点均空无一人。办案人员几经追查于1998年年底找到一个给该单位看工程机械设备的张某。张某介绍说："今年的工程结束了，明年可能还要到这里施工，但现在负责人(当事人)不会来了"。针对这种情况法院采取缓兵之计，停了一段时间没有追查。

1999年5月10日，办案人员又到了事发县找到了该施工单位，该单位办公室主任郭某出面接洽，并声称一切事务由他全权负责，所欠规定费用待工程款到位后一定如数交付。办案人员几次追查无果后，法院对郭某发了传票通知，要求其于1999年7月20日到准旗法院受审，但该负责人也逃跑了。

7月26日办案人员追查时，清—喇公路全线已告竣工，所有人员、设备已全部转移。

处理过程：

1999年8月5日办案人员多方了解得知，该施工单位又在清水河县城内准备投标施工，经过几天的明察暗访，终于在一个小旅店内找到了当事人。由于违法事实的存在，并在强大的社会舆论和神圣的法律威慑下，公路工程局项目经理部负责人不得不坐回来协商，当日双方达成协议：①由该项目经理部付给准旗水保监督站水土流失防治费16 000元并当日执行；②限其在10日内将采挖的坑穴，全部复垦，并将乱堆乱弃的表土清理到指定地点，由监督站派人监督施工。

1999年8月10日协议内容已全部实施。

案评：

(1)行政处罚决定书中存在以下几个问题

①收缴水土流失防治费依据不准确　按照《内蒙古自治区水土流失防治费征收使用管理办法》第五条，造成水土流失，有水土保持方案不能自行治理的，按批准方案确定的数额缴纳水土流失防治费；没有水土保持方案的，按下列标准缴纳水土流失防治费：破坏地貌植被，按采挖面积，每平方米一次性缴纳0.3～0.4元；弃土、弃渣按实际堆放量每立方米一次性缴纳2～3元。以缴纳上限计算水土流失防治费为：$8\,002\times0.4+4\,001\times3=15\,203.8$元。

②水土保持补偿费未收缴　按照《内蒙古自治区水土流失防治费征收使用管理办法》第十三条，破坏侵占水土保持设施应缴纳补偿费。破坏水土保持生物措施，按占地面积每平方米一次性缴纳0.5元；破坏塘坝、护坝等水土保持工程设施，按恢复同等标准的工程造价计收。补偿费用于该水土保持设施的恢复。以缴纳上限计算水土保持补偿费为：$8\,002\times0.5=4\,001$元。

③未进行行政处罚罚款　依照原《水土保持法实施条例》第三十六条的规定处以罚款的，罚款幅度为500元以上5 000元以下。

④该旗所在市水保办不具备行政复议主体资格，行政复议机关应为伊盟水务局
复议申请提出的期限缩小，根据《行政复议法》第九条："公民、法人或者其他组织认为具体行政行为侵犯其合法权益的，可以自知道该具体行政行为之日起六十日内提出行政复议申请。"向法院提起诉讼的期限缩短，按照《行政诉讼法》第三十九条："公民、法人或者其他组织直接向人民法院提起诉讼的，应当在知道作出具体行政行为之日起三个月内提出。法律另有规定的除外。"

(2)处理结果不合法

除上述处罚依据不妥外，按照《行政诉讼法》第五十条："人民法院审理行政案件，不适用调解。"法庭第一次调解就违背《行政诉讼法》要求，双方达成协议：由该项目经理部付给准旗水保监督站水土流失防治费16 000元并当日执行。水土流失防治费由

21 000元降到16 000 元，是行政执法不严的表现。

10.3.4 非法采金业主造成水土流失的行政处罚

案情简介：

2005 年10 月，甘肃省某村村民张某反映，业主何某在楼沟里非法采金，严重破坏了生态环境，尾矿废渣堵塞主行洪道，2005 年7 月1 日发生特大暴雨，由尾矿废渣形成的泥石流将其部分房屋家当冲毁，要求政府依法追究何某非法采金造成人为水土流失危害的责任并给予其经济赔偿。

遵照县委、县政府有关领导批示，由该县水土保持局和国土资源局、镇人民政府组成联合工作组，及时对反映的情况进行了认真细致的核查和取证工作。经查，张某所反映的情况基本属实，何某在楼沟里拥有3 个采金洞槽，其尾矿废渣均弃置于主沟道内，弃渣占用沟道面积3 475m^2，7 月1 日的泥石流向下游冲泄了9 565m^{3}废渣，使居住在沟口的张某的部分房屋家当被冲毁。

处理过程：

基于如上违法事实，根据《水土保持法》第三十六条、《水土保持法实施条例》第三十条，该县水土保持局于2005 年11 月25 日向何某送达了《行政处罚事先告知书》和《举行听证通知书》。同时，依据《甘肃省水土流失危害防治费、补偿费征收、使用和管理办法》，结合实地勘测，一并委托水土保持监督站向其作出了征缴水土流失危害防治费4. 68 万元的决定。何某不服，并向该县水土保持局提出了听证申请，该县水土保持局遂委托法制局派员主持，于2005 年12 月27 日举行了行政处罚听证会，后经报人民政府核准，于2006 年1 月22 日正式向何某送达了关于罚款0. 6 万元的行政处罚决定书。

此外，应受害人张某请求，根据《水土保持法》第三十九条规定，结合该县物价局价格鉴定中心关于水毁财产的《价格鉴定结论书》(2005 年12 月2 日)的鉴定结论，给何某送达了向受害人张某赔偿经济损失54 978 元的行政处理通知。

接到行政处罚和处理通知后，何某向市水土保持局提出了行政复议申请，市局于2006 年4 月20 日作出了如下复议决定：①维持县水土保持局关于责令停止违法行为、罚款0. 6 万元的行政处罚；②鉴于县水土保持生态环境预防监督站不具行政处罚资质，撤销其向何某征缴水土流失危害防治费4. 68 万元的处理决定，由具备处罚资质的单位重新作出。

根据《水土保持法》第三十九条规定，对民事赔偿部分不予复议。依据复议结果，经专题研究，县水土保持局于2006 年5 月29 日分别以“文水保发〔2006〕15 号”和“文水保发〔2006〕16 号”文件，向何某作出了责令停止违法行为，罚款0. 6 万元的行政处罚和征缴水土流失危害防治费4. 68 万元的处理决定。同时，通知其赔偿张某经济损失54 978 元。

2006 年6 月12 日，何某以不服“文水保发〔2006〕15 号文”和“文水保发〔2006〕16 号文”的决定为由，通过该县人民法院对水土保持局提起了行政诉讼。开庭前夕，得悉水土保持局准备充分、应诉积极，加之慑于水土保持法律、法规的威严，何某又主动向县人民法院提出了撤诉要求，表示深刻反省自身违法行为，并就自己先前对水保执法人员的态度和行为表示赔礼道歉。

在此前提下，经过认真研究，本着处罚与教育相结合的原则，县水土保持局同意了何某改对簿公堂为协商解决的请求，并就履行判决的方式，与其达成如下共识：①何某在正式签字前缴纳罚款0.6万元，并停止造成水土流失的违法行为；②经何某请求，同意由其按4.68万元的防治费份额，遵照水保局技术设计、标准和时限在指定地点修建方量360m^3的浆砌石拦渣坝一道，并积极接受水土保持执法人员的监督和检查；③鉴于受害方张某和违法方何某均不服我局作出的民事赔偿决定，加之受害方张某后期的部分要求明显超越了县水土保持局和监督站的处理范围，决定由当事双方通过民事诉讼途径解决赔偿纠纷。至此该案初步结案。

案评：

本案是水土保持行政执法比较成功的案例。从群众举报—调查取证—听证—作出行政处罚—行政复议—行政诉讼—执行各阶段执法程序合法，涉及《水土保持法》《行政处罚法》《行政复议法》《行政诉讼法》多部法律内容，需要执法人员有完备的专业法律知识储备才能保证水土保持法律、法规得到贯彻和落实。水土保持行政执法的效果从最初的水土流失危害防治费、水土保持补偿费的征收是否到位作为结案的依据，发展到现在以生产建设项目所造成的水土流失是否得到有效控制作为依据，行政执法机关的职能逐渐向服务方向转变。行政复议的结果更换了行政处罚主体，对行政执法的监督作用凸现出来。本案中美中不足的是水土保持补偿费的征收没有落到实处，执法过程中若与河道管理部门一起执法效果会更好。

10.3.5　砖窑建设和生产造成水土流失的行政处罚

案情简介：

向阳堡村委会于2005年7月在25°以上陡坡地建造制砖“龙窑”2座，2006年8月又在附近加建“龙窑”3座，“轮窑”1座。在建设和生产过程中，村委会没有采取预防和治理水土流失的措施，水土流失严重，造成五一村的灌渠淤塞，部分农田受害。五一村因此向县水务局报案，要求向阳堡村停止违法行为，县水务局立案受理。

处理过程：

县水务局迅速组成了由水资源办公室牵头，由水保站和水利公安派出所参加的联合调查组，于2006年8月11日进行了现场调查。通过询问当事人和相关人员及实地勘察、拍照、摄像，制作了现场平面示意图。现场情况为：由于制砖挖取深层土，使用拖拉机推铲使表面土层堆积如山。遇到大雨后，堆积的表面松土流失严重，造成了七一水库干渠填塞，其中靠近砖厂有100m的渠段淤积达80cm厚。还有泥沙冲入西山坑农田，流失的沙土又沿排灌渠道流入小岭河，多处表面松土堆积很高，造成水土流失比较严重。更由于排水渠道狭小，仍有泥沙冲没西山坑农田的可能性，危害后果不堪设想。通过宣传教育，在事实面前，向阳堡村承认违法行为。

县水务局于2006年8月15日向横头山镇向阳堡村送达了《行政处罚告知书》和《行政处罚听证告知书》，并于8月22日送达了《行政处罚决定书》，决定予以下列处罚：①按原设计标准，修复七一水库西山坑渠段；②维修西山坑潭坡北、南环山沟；③在轮窑区堆积的表面松土植树、种草，预防水土流失；④潭坡尾部水土流失严重，应种树，建设防护堤，种草皮，以防止此问题发展；⑤限9月15日前完成上述4项治理任务。

横头山镇向阳堡村委会于2006年9月15日前完成了上述治理任务，并向桦川县水务局提交了保证书，接受行政处罚。

案评：

本案是在《水土保持法》颁布实施后，发生的一起比较典型的水土保持案件，此案的查处在全县震动很大，起到了“以案示法”的社会效果。向阳堡村破坏水土保持的行为具备了以下行政违法的要件：一是该村破坏水土保持的行为，已经是实施的事实行为；二是这种行为已经触犯了《水土保持法》，即触犯了水土保持法规保护的社会关系(与五一村的利害关系)和社会秩序(在陡坡取土事先未做好水土保持的预防，事后又不进行治理)；三是这种行为具有社会危害性，包括对五一村农田的现实危害和淤塞渠堤，影响防洪的潜在危害；四是违法的主体是具有责任能力的组织(村委会)；五是行为人完全清楚自己的行为对水土保持工作以及他人的合法权益所造成的危害，并且有法不依，放任违法行为的发生，对违法行为负有主观责任。因此，县水务局对其进行查处是依法行政。

县水务局在查办此案中，履行了水法律法规赋予的职责，做到“执法主体合法，执法行为合法，执法程序合法”，事实清楚，证据充分，无乱作为行为，树立了水土保持行政执法的良好形象。

10.3.6 水泥厂生产中破坏水土资源的行政处罚

案情简介：

某县水利局水土保持执法与监督站执法人员在2000年第一季度巡查中发现，一水泥厂在生产过程中大量采石、取土，存在着破坏水土资源的情况，随即通知其缴纳水土保持补偿费。本着为企业做好服务的原则，执法人员三番五次去做工作，宣传水土保持法律、法规，希望得到该厂的理解和支持，主动缴纳水土保持补偿费。由于该厂在与执法人员初期接触中对执法工作有一些看法，同时对水土保持法的认识和了解也不多，虽经执法人员多次解释和宣传，但该厂仍然认为当初招商引资时并没有这项收费，认为这是乱收费，因而拒不缴纳水土保持补偿费。

处理过程：

县水利局水土保持执法与监督站于当年5月22日经水利局领导同意立案后，即着手收集该厂违法生产的证据，在证据确凿的前提下向该厂下达了《责令停止违法行为通知书》，要求其必须在5月25日前缴清所欠水土保持补偿费，逾期按有关法规处理。该厂仍不理不睬。经请示局领导同意，于5月26日下达了《水土保持行政处罚决定书》对其处以5 000元罚款，并追缴所欠水土保持补偿费27 600元。

该厂在法定期限内向县人民法院提起行政诉讼，以自己在生产过程中未造成水土资源流失和水土保持设施毁坏为由，要求撤销行政处罚。县水利局接到法院传票通知于6月30日出庭，公开开庭审理此案。局领导经过协商后授权水土保持执法与监督站法人作为代理人出庭应诉。作为部门法律、法规的执行者，比一般的法律工作者更了解所执行的法律、法规，经过准备后决定不聘请律师辩护，而是自行辩护。

庭审焦点是生产水泥是否应该缴纳水土保持补偿费。在庭审过程中，该厂律师辩称其生产所用矿石和泥土均为购买而来。水土保持执法与监督站则指出：《贵州省水土流失防治费征收管理办法》的附表中已明确将以水泥为产品的企业列入收费对象，对其进行征费是依法办理；该厂通过占有、利用国家水土资源而达到获取利益的目的，进而拒缴水土保持补偿费的行为也是违反法律规定的。因此，对其进行处罚是恰当、合法的。庭审后，法院法官为进一步掌握补偿费征收的有关执行依据，特地向拥有解释权的省水利厅进行了咨询。省厅领导十分重视这场行政诉讼，专门出台文件对生产水泥的企业进行征收水土保持补偿费做了明确的解释，即只要生产的产品是水泥的企业，就必须缴纳水土保持补偿费。依据此解释，县人民法院作出了维持水土保持执法与监督站所作出行政处罚决定的一审判决。

该厂不服，以与一审相同的理由于8月26日向中级人民法院提起上诉，要求重新审理，并请求撤销一审判决和行政处罚决定。根据相关规定，二审判决即为终审判决。事关重大，县水土保持执法与监督站根据其上诉请求作出了书面答辩。经中级人民法院审理，中级人民法院于12月21日作出了该厂应缴纳水土保持补偿费27 600元，以未严格按照法定程序操作、违反行政处罚法的有关规定而撤销了罚款5 000元的判决。在中院作出终审判决后，该厂仍不缴纳费用，水土保持执法与监督站于2001年2月19日向县人民法院提出强制执行申请，查实了该厂银行账号，通过银行转账强制执行了这一判决。至此，案件得以圆满结束。

案评：

在新形势下，应强化水保执法与监督职能，政府应加大对水保执法与监督工作支持力度，建立“经济发展靠市场，水保工作靠政府”的运行机制。在此基础上采用经济手段、法制手段、教育手段相结合的办法，全面提高水保执法与监督的地位和工作效率，使预防为主的水保工作方针切实得以落实。①领导重视，上级支持是关键。接到法院传票后，局领导对这场诉讼相当重视，积极应诉。在一审期间，州水保站领导亲自到庭旁听，州电视台制作了专题节目；二审时局领导亲自布置方案应对，并表态：诉讼输赢都是次要的，关键要通过案件宣传水保法、维护法律尊严，让办案人员不要有心理负担。②企业是市场经济的主体，执法部门的主要工作是为企业搞好服务、保驾护航，但企业的运行必须在遵纪守法的前提下进行，若有违反，则必须给予纠正。③执法人员必须熟练掌握本部门法律、法规，同时也必须熟练掌握相关的法律、法规。④对当事人作出处罚前应收集完备相关的证据证词，做好充分准备。执法人员在执法过程中必须严谨，具有高度的工作责任心和对企业认真负责的态度。⑤执法必须坚持公平、公正、公开的原则，不能厚此薄彼，优亲厚友，否则会极为被动。

10.3.7 广西某市地下采煤拒绝缴纳水土保持补偿费

案情简介：

2006年5月，该市水利局经调查发现，某矿务局从2004年1月至2006年3月间的原煤生产量为82.18万t，依规定应当缴纳水土保持补偿费82.18万元，但某矿务局于2004年、2005年两年共缴纳了16万元，尚欠66.18万元。2006年6月5日，该水利局向某矿务局发出了水土保持补偿费征收通知，并多次对该局进行说服教育，但该局在法定期限内没有要求听证，也不履行缴费义务。

处理过程：

2006年8月11日，水利局向某矿务局作出追缴尚欠的水土保持补偿费罚款的行政处罚，某矿务局不服处罚，于2006年10月31日将水利局诉至区人民法院。

2006年12月19日，人民法院判决维持水利局行政处罚决定。某矿务局不服一审判决，又上诉至市中级人民法院。2007年1月9日，市中级人民法院依法公开开庭审理了此案。上诉人与被上诉人双方在法庭上展开了激烈的辩论。广西某矿务局称，矿务局在生产过程中没有占用或损坏水土保持设施，对生产过程中产生的弃土、废渣也一直坚持有效治理，不应缴交水土保持补偿费和水土流失防治费。

水利局认为，广西某矿务局虽然对堆放的弃土、废渣进行了治理，但这仅仅是对堆放的弃土、废渣造成的水土流失的防治，而其从事地下采煤生产和堆放的弃土、废渣损坏了原有的水土保持设施，降低或削弱了原有水土保持功能，依法应缴交水土保持补偿费。水利局征收的水土保持补偿费，并非是水土流失防治费。水利局对矿务局拒不履行缴费义务进行处罚，也没有超越职权或滥用职权。

经过查明事实，最后，中级人民法院认为，广西某矿务局从2004年1月至2006年3月间，原煤生产量为82.18×10^4t，其在生产原煤的同时，也实际占用了水土保持设施。于是根据《中华人民共和国水土保持法实施条例》第二十一条第二款和《广西壮族自治区水土保持补偿费、水土流失防治费征收使用管理办法》第三条第二款的规定，判定矿务局应当依法交纳水土保持补偿费，认定水利局对矿务局应缴的补偿费依法进行追缴合法。同时，根据《广西壮族自治区行政事业性收费管理条例》第二十六条"公民、法人和其他组织同收费单位因收费发生争议时，应当先按收费许可证所列项目和标准缴交，对应缴而不缴，经解释教育仍拒不缴费的，收费单位除按有关规定处理外，可以酌情处以应收费一倍以下的罚款"的规定，认定水利局对矿务局拒不履行缴费义务进行处罚也没有超越职权或滥用职权，矿务局上诉理由不能成立，不予支持。

2007年4月17日，市中级人民法院依法对广西某矿务局不服某市某区水利局水行政处罚一案作出了驳回上诉、维持原判的终审判决，判令某矿务局依法缴纳尚欠的水土保持补偿费66.18万元。至此，一起历时336天的行政纠纷案终结。

案评：

《中华人民共和国水土保持法实施条例》第二十一条第二款规定："任何单位或个人不得破坏或者侵占水土保持设施，企业事业单位在建设和生产过程中损坏水土保持设施的，应当给予补偿"。本案中的争议，反映出当事方对水土保持设施的概念存在模糊认识。

水利部在《关于水土保持设施解释问题的批复》(水利部水保〔1996〕216号)中指出，水土保持设施不仅包括人工建造的水土保持工程，还包括原地貌，即“‘水土保持设施’是指具有防治水土流失功能的一切设施的总称。《水土保持法实施条例》第二十一条第二款所称‘补偿’，是指对损毁或侵占水土保持设施所造成的水土保持功能的丧失或降低所必须给予的补偿。”

本案上诉人某矿务局在生产过程中虽然对产生的弃土、废渣坚持了有效治理，但其从事地下采煤生产和堆放的弃土、废渣，占压、损坏了包括原地貌在内的原有水土保持设施，降低或削弱了原有水土保持功能，依法应缴交水土保持补偿费。

根据广西壮族自治区物价局、财政厅《关于印发〈广西壮族自治区水土保持补偿费、水土流失防治费征收使用管理办法〉的通知》(桂价字〔1999〕247号)规定，对采煤等生产活动按产品产量计收水土保持补偿费，每吨计收0.8~1元，因此本案被上诉人广西某市水利局应征收广西某矿务局82.18万元。

综上所述，本案上诉人广西某矿务局占压、损坏水土保持设施的事实及危害程度清楚，本案被上诉人广西某市水利局执法依据充分，程序合法，收费标准合理。某市中级人民法院依法判令广西某矿务局向水利局缴纳尚欠的水土保持补偿费66.18万元，完全正确。

10.3.8　某市水利局依法查处电力公司某工程部破坏水土保持设施案

案情简介：

2001年3月，某市水政监察支队在执法检查中发现，电力公司某工程部在位于该市某村处正在修建的500kV变电站工程中，破坏原地貌水土保持设施，造成水土流失，该单位在开工建设前后既未按有关规定编制水土保持方案，也未报水行政主管部门审批。市水政监察支队执法与监督管理人员多次上门要求其做好相关水土保持工作，但该单位仍未采取任何水土保持措施。

处理过程：

案发后，市水政监察支队组织水政监察执法与监督管理人员深入现场勘验，调查中发现，该单位未按有关技术规范要求编制水土保持方案，在施工中也未采取任何防治水土流失措施，严重破坏了原有地貌、植被及生态环境，致使大面积泥土裸露，一遇雨天将造成严重的水土流失，面积达49 390hm^2。

为了搞好水土保持，优化生态环境，市水政监察支队在多次向该单位宣传《中华人民共和国水土保持法》和《省人民政府关于征收水土保持补偿费和水土流失防治费的通知》的基础上，于2001年4月15日根据有关法律、法规，对该单位送达了《关于水土保持有关问题的函》，要求迅速按照有关技术规范要求编制《水土保持方案报告书》，报水行政主管部门审批，并按经审批的方案认真实施。又于5月10日送达了《水土保持设施补偿费征收通知书》并要求该单位一次性缴纳水土保持补偿费74 085元。但该公司某工程部以在建设过程中未编报《水土保持方案》等为由，拒缴水土保持补偿费。为此，水利局于7月13日向该单位下达了《违反水法规行政处理决定书》，限期责令该单位按照有关技术规范要求编报《水土保持方案报告书》报市水利局审批，对工程建设造成的水土流失立即进行治理，并向水利局一次性交纳水土保持补偿费74 805元。该单位在规定的期限内，既未向水行政主管部门说明是否编报水保方案的情况和理由，又不履行交纳水土保持补偿费的义务。10月15日，水利局向市中级人民法院申请强制执行，经法院受理后，作出裁定：准予强制执行市水利局作出的《违反水法规行政处理决定书》。在法院的支持和协助下，该单位迫于法律的威严，及时主动与市水利局进行协商交纳了水土保持补偿费，并迅速编报了水保方案。

案评：

该案是该市水行政主管部门运用《中华人民共和国水土保持法》和《省人民政府关于征收水土保持补偿费和水土流失防治费的通知》查处的第一起水保案例。该案从发现到处理执行完毕整个过程中，自始至终紧紧抓住某公司某工程部在施工建设中先斩后奏所造成的水土流失的这一主要事实，程序合法，引用法律、法规、规章条款准确，处理得当，达到了预期的效果。通过对案件的查处，可以发现虽然《水土保持法》实施已有十多年了，但人们对该法的了解和认识都还不够，因此必须进一步加大宣传力度。同时在工程建设项目的审批时，应按照《水土保持法》的规定，严格审批，使之在工程建设中做到“三同时”，即工程同时设计、同时施工、同时投产使用，便于水行政执法的顺利开展，推动水土保持工作的深入开展，切实保护生态环境。

10.3.9 陕西汉中公路建设造成水土流失处罚案例

案情简介：

包茂高速公路毛坝至陕川界段全长18.9km，由陕西省交通厅利用外资项目办公室投资建设，其下设建设管理处负责工程建设，中铁十二局、中铁十八局集团公司负责工程施工，工程于2007年下半年正式开工。

因该工程在没有经由水行政主管部门批准的水土保持方案的情况下擅自开工，且随意倾倒弃土、弃渣，造成了严重人为水土流失。县水保监督站经多次监督检查无效、业主不履行法定义务的情况下，于2008年3月依法对以上两个施工单位进行立案查处，并于2009年6月5日向两施工单位送达了行政处罚事先告知书，6月17日送达了行政处罚决定书、行政征收决定书。但两施工单位仍不履行法律义务，继续违法施工。在此情况下，2009年9月15日县水保监督站向县法院递交了强制执行申请书，10月13日县法院向两个施工单位下达了行政案件执行裁定书。

处理过程：

在各级水保监督部门多次对该工程进行执法与监督及有关法律、法规宣传教育下，建设单位补报了水土保持方案并于2009年11月2日在西安通过了省水土保持局组织的专家审查。会上省水土保持局有关领导建议对此案进行调解解决，在省水土保持局和汉中市水保监督站的督促和协调下，12月3日由镇巴县法院行政庭主持，县水保监督站与建设管理处达成了3项。建设单位依法履行了各项水土保持责任和义务，此案的查处在社会上引起了强烈的反响。

案评：

以“庭外和解、原告申请撤诉”的方式而实现的《行政诉讼法》第五十条规定，人民法院审理行政案件，不适用调解。这是因为行政机关其本身的权利是国家和人民赋予的，它代表国家进行行政管理工作、行政机关自身无权处置国家和人民所赋予的权利，不能单独为解决争议和纠纷，而对自己依法享有的权利作出让步，从而使国家和人民的利益蒙受损失。庭外合解既没有充分维护原告的合法权益，又不能真正监督行政机关依法行政，有悖立法精神，阻碍了民主与法治建设的进程。但是，自从《中共中央办公厅国务院办公厅关于预防和化解行政争议建立行政争议解决机制的意见》(中办发[2006]27号)下发以后，党中央、国务院要求及时化解行政争议，维护社会和谐稳定，提出要把行政争议化解在基层、化解在初发阶段、化解在行政机关内部。特别是《中华人民共和国行政复议法实施条例》于2007年8月1日施行后，对审理行政复议案件适用调解、和解作出具体规定，这昭示着在不违反处理行政案件的基本原则的前提下，审理行政复议案件提倡适用调解和促进和解的原则。实践证明，通过和解、调解的方式解决行政争议，不仅程序简捷，当事人自愿，对行政机关而言，也提高了行政工作效率。

10.3.10 非法侵占太行堤国有土地耕作案例

案情简介：

此案是关于岳某与于某、某县的村民委员会、该县水利局侵权纠纷，起因是岳某与村委会于1985年签订了争议地的土地承包合同，并整平后开始耕种。于某与该县水利局于2000年签订了太行堤保护治理协议，并提供争议地国有土地使用权证书。

一审法院依据于某提供的国有土地使用权证书和与该县水利局签订的治理保护太行堤的协议，充分证明于某对争议地享有土地使用权，而岳某提供的证明土地权属的证据，证明效力均低于于某提交的国有土地使用权证书。《中华人民共和国水土保持法》第二十六条第二款、第三款规定：“对荒山、荒丘、荒滩水土流失的治理实行承包的，应当按照谁治理谁受益的原则签订水土保持承包治理合同。承包治理所种植的树木及其果实，归承包者所有，因承包治理而新增加的土地由承包者使用。”村委会将土地发包给岳某，岳某强行耕种土地的行为，共同侵犯了于某对土地的使用权，应立即停止侵害、排除妨碍。依据《中华人民共和国水土保持法》第二十六条第二款、第三款、《中华人民共和国民法通则》第八十一条第三款之规定，原审判决：①岳某、村委会于判决生效后第一个收获季节截止时(每年的6月10日或10月10日)将土地上障碍物予以清除，并将土地交付给于某。②岳某、村委会每年赔偿于某经济损失1 200元(按4亩*计算，每亩赔偿300元)，互负连带赔偿责任。自2005年10月7日起赔偿于某至停止侵权之日止。如果未按判决指定的期间履行给付金钱义务，依据《中华人民共和国民事诉讼法》第二百二十九条之规定，应当加倍支付迟履行期间的债务利息。

岳某不服原审判决，向市中级人民法院提起上诉。

---

* 1亩＝0.067hm^2。

岳某上诉称：①于某的起诉主体错误。岳某与村委会于1985年签订了土地承包合同，并于1999年与村委会续订了为期50年的承包合同。因于某和岳某履行的合同不同，双方属不同法律关系，故于某无权起诉岳某，应驳回于某的起诉。②岳某与村委会签订的承包合同在前，于某与县水利局签订的太行堤保护治理协议在后，且两份合同的主体不同，即使有争议，也应当由村委会和县水利局解决。③2005年太行堤所占土地已经被修高速公路时所用，太行堤已不存在，岳某耕种土地并没有侵犯于某的权利。④因于某承包的是太行堤的保护和治理，太行堤两侧是村的土地，现于某没有弄清楚太行堤的四至，故一审判决错误。⑤于某作为国家公务员，其与县水利局签订的太行堤的保护治理协议应归无效。且于某从未向太行堤土地上进行投资，不存在经济损失。综上，请求二审法院查明事实，依法改判。

于某答辩称：太行堤作为黄河水利工程的一部分，属于国家所有。于某与县水利局签订了承包治理太行堤的协议并办理国有土地使用证，因此本案涉案土地依法归于某使用，岳某强行耕种构成侵权，一审法院认定事实清楚，适用法律正确，上诉人的上诉理由不能成立。

村委会答辩称：于某身为公务员与民争利，违反了相关法律规定。综上，请求二审法院查明事实，依法改判。

处理过程：

法院确认了以下事实：《河南省黄河工程管理条例》规定，太行堤属于黄河工程的一部分，为国家所有，具体由水利行政主管部门依法实施管理。该县水政监察大队紧急通知村委会，太行堤占地属国家所有，严禁沿堤村民私自开荒种地，破坏植被。并在紧急通知上签字盖章。后该县水利局将太行堤段承包给了于某管理维护。水利局申请县土地管理局为于某颁发了使用者为太行堤管理段的国有土地使用证。

法院认为：①太行堤作为黄河工程的一部分，依法归国家所有。村委会与岳某签订的承包合同的标题(太行堤承包合同)也可印证双方对涉案土地属于太行堤的一部分在签订合同时是明知的，村委会将该涉案土地发包给岳某的行为侵犯了国家对该涉案土地的所有权，同时也侵犯了于某作为使用权人的使用权；根据民法通则第五十八条第四款之规定，恶意串通，损害国家、集体或者第三人利益的民事行为无效，故村委会与岳某签订的太行堤承包合同应属无效。岳某没有依法取得对该涉案土地的使用权，其继续耕种该土地侵犯了于某的使用权，故于某以岳某为被告提起侵权诉讼符合法律规定，岳某称其作为被告属诉讼主体错误以及本案应当由村委会和水利局解决的上诉理由不能成立。②2005年因修长济高速公路，争议地上面的土被征用，但根据《中华人民共和国水土保持法》第二十六条第二款、第三款规定，于某管理段太行堤下的土地属于太行堤被取土后新增土地，依法该于某使用，故岳某称2005年因修长济高速，太行堤已不存在，其耕种涉案土地并未侵犯于某权利的上诉理由不能成立。③岳某称于某并未弄清太行堤的四至，一审认定岳某侵权属认定事实错误。因村委会向岳某发包的土地在“国用(2001)字第0002号土地使用证”所包括的土地范围内，因此岳某所承包的涉案土地属于太行堤的范围，故岳某称于某没有弄清太行堤四至，其耕种土地并没有侵权的上诉理由不能成立。④岳某称于某对涉案土地没有投资，故于某并没有实际损失，因岳某在耕种土地导致于某无法实际管理涉案土地，一审法院也未根据于某的投资数额认定其损失，一审法院以土地承包费市场价格为每年300元/亩来计算于某的损失并无不当，岳某的该项诉讼请求不能成立。

综上，原审法院认定事实清楚，适用法律正确，程序合法。依照《中华人民共和国民事诉讼法》第一百五十三条第一款第(一)项之规定，判决如下：驳回上诉，维持原判。

案评：

此案是一个水土保持行政处罚和复议结合的案例，岳某等人在此案中违反了《中华人民共和国水土保持法》第二十六条第二款、第三款规定"对荒山、荒丘、荒滩水土流失的治理实行承包的，应当按照'谁治理、谁受益'的原则签订水土保持承包合同。承包治理所种植的树木及其果实，归承包者所有，因承包治理而新增加的土地由承包者使用。"同时，太行堤作为黄河工程的一部分，依法归国家所有。村委会将该涉案土地发包给岳某等人的行为侵犯了国家对该涉案土地的所有权，同时也侵犯了于某作为使用权人的使用权。

参考文献

北京地拓科技发展有限公司. 2015. 水土保持监督管理系统 V3.0 操作说明[S].

北京林业大学，中科山水(北京)科技信息有限公司. 2017. 国家水土保持综合监管与服务平台顶层设计大纲[S].

布小林. 1997. 行政执法与监督[M]. 呼和浩特：内蒙古出版社.

蔡建勤. 2003. 浅谈水土保持行政执法的实施形式[G]//中国水土保持学会预防监督专业委员会第五次会议暨学术研讨会.

蔡守秋. 2005. 环境资源法学[M]. 长沙：湖南大学出版社.

陈善沐，林文莲，徐玉华. 2003. 关于修改水土保持法若干问题的探讨[J]. 中国水土保持(7)：13-14.

冯阳，夏照华，晏清洪，等. 2017. 移动外业调绘系统在全国水土流失动态监测与公告中的应用[P].

付永杰. 1998. 对水土保持行政执法中与执行有关的若干问题的探讨[J]. 中国水土保持(1)：32-33.

高甲荣，齐实. 2006. 生态环境建设规划[M]. 北京：中国林业出版社.

高景晖，杜卿，李昊，等. 2015. 水土保持监督管理现场应用系统的开发与应用. 中国水土保持学会预防监督专业委员会. 中国水土保持学会预防监督专业委员会第九次会议暨学术研讨会论文集[P]：213-219.

龚正，樊万辉. 2004. 浅谈水土保持行政处罚决定的原则[J]. 中国水土保持(8)：23-24.

郭剑亮，王霞，张万林. 2000. 一起人为水土流失案跨地区执行的曲折过程[J]. 中国水土保持(5)：35.

何庆九. 2006. 试述水土保持法有关条文存在的不足及修订建议[J]. 中国水土保持(3)：29-30.

贺康宁，王治国，赵永军. 2008. 开发建设项目水土保持[M]. 北京：中国林业出版社.

环境保护部，中国科学院. 2008. 全国生态功能区划[S].

黄秉维. 1955. 编制黄河中游流域土壤侵蚀分区图的经验教训[J]. 科学通报(12)：15-21.

贾静. 2003. 违反《中华人民共和国水土保持法》的法律责任[G]//水土保持监督管理论文选编.

金瑞林，汪劲. 2006. 环境与资源保护法学[M]. 北京：高等教育出版社.

李飞，郜风涛，周英，等. 2011. 中华人民共和国水土保持法释义[M]. 北京：法律出版社.

李文. 2003. 对水土保持行政执法主体的探讨[G]//中国水土保持学会预防监督专业委员会第五次会议暨学术研讨会.

李运学，王坤平. 2003. 水土保持行政执法的重要手段——行政处罚[G]//中国水土保持学会预防监督专业委员会第五次会议暨学术研讨会.

连光学，朱海城. 2006. 加强水保行政执法依法保护治理成果[G]//中国水土保持学会预防监督专业委员会第六次会议暨学术研讨会文集.

廖长青. 2007. 刍议水土保持行政处罚中行政复议、行政诉讼时效[J]. 中国水土保持(4)：19-20.

凌国顺，欧阳君君. 2007. 行政法学[M]. 上海：上海人民出版社.

刘春江，张昌蓉，谢丹蕊. 2007. 水土保持法贯彻实施中面临的挑战与对策[J]. 中国水土保持(2)：

5 – 7.
刘朴，黄锋，龚正. 2004. 浅析水土保持行政执法程序及其逻辑关系[G]//2004 年南方水土保持研究会年会暨学术讨论会.
刘朴，黄锋，龚正. 2004. 浅析水土保持行政执法程序及其逻辑关系[J]. 中国水土保持科学，2(5)：33 – 34.
刘瑞. 2003. 浅谈水土保持违法案件在实施行政处罚时应注意的几项原则[G]//水土保持监督管理论文选编[C].
刘树坤. 2004. 中国生态水利建设[M]. 北京：人民日报出版社.
罗天刚. 2007. 一起水行政执法案件的查处和体会[J]. 中国水土保持(1)：55.
马茂贵. 2003. 水土保持违法案件行政处罚的理论探讨与实践[G]//水土保持监督管理论文选编[C].
苗光忠. 1994. 水保法规学习指南[M]. 西安：陕西科学技术出版社.
牛崇桓，鲁胜力. 1999. 开发"四荒"资源改善生态环境[J]. 中国水利(2)：30 – 31.
屈振军. 1997. 浅析水土保持行政执法中经济管理手段体系构成及操作运用[J]. 中国水土保持(7)：29 – 31.
全国勘察设计注册工程师水利水电专业管理委员会，中国水利水电勘测设计协会. 2009. 水利水电工程专业案例(水土保持篇)[M]. 郑州：黄河水利出版社.
全国农业区划委员会《中国综合农业区划》编写组. 1981. 中国综合农业区划[M]. 北京：农业出版社.
茹建峰. 1996. 试论水土保持行政执法中的授权执法与委托执法[J]. 中国水土保持(12)：41 – 42.
尚桢，宋伟. 2003. 关于修订水土保持法有关问题的思考[J]. 中国水土保持(4)：38 – 39.
沈雪建，陈善沐，李文，等. 2008. 关于进一步完善水土保持法法律责任的几点认识[J]. 中国水土保持(11)：1 – 4.
水法与水政概论编写组. 1992. 水法与水政概论[M]. 北京：法律出版社.
水利部，中国科学院，中国工程院. 2010. 中国水土流失防治与生态安全[M]. 北京：科学出版社.
水利部，中国科学院，中国工程院. 2010. 中国水土流失防治与生态安全(总卷)[M]. 北京：科学出版社.
水利部水土保持司. 1995. 水土保持执法与监督概论[M]. 北京：中国法律出版社.
水利部水土保持司. 2003. 水土保持监督管理论文选编[M]. 北京：中国大地出版社.
宋炳顺. 2003. 水土保持行政执法分级管辖存在的问题及改进建议[J]. 中国水土保持(3)：38.
孙晓华. 2005. 浅谈水土保持法的修订[J]. 中国水土保持(11)：7.
唐克丽. 2004. 中国水土保持[M]. 北京：科学出版社.
王安明. 2003. 关于《中华人民共和国水土保持法》修改的若干问题的思考[G]//水土保持监督管理论文选编.
王礼先. 1999. 流域管理学[M]. 北京：中国林业出版社.
王礼先. 2005. 水土保持学[M]. 北京：中国林业出版社.
王新华. 2003. 关于《中华人民共和国水土保持法》修订有关问题的浅见[G]//水土保持监督管理论文选编.
王治国，李文银，蔡继清. 1998. 开发建设项目水土保持与传统水土保持的比较[J]. 山西水利(1)：4 – 6.
肖乾刚. 1992. 自然资源法[M]. 北京：法律出版社.
辛树帜，蒋德麟. 1982. 中国水土保持概论[M]. 北京：农业出版社.

徐丽宁 . 2006. 加强部门联合是水土保持行政执法的重要保证[G]//中国水土保持学会预防监督专业委员会第六次会议暨学术研讨会论文集 .

杨海龙，刁明军，刘素芳，等 . 2001. 水土保持法及其配套法规中值得探讨的几个问题[J]. 中国水土保持(1)：34－35.

杨海龙，刘素芳 . 1998.“四荒”拍卖中值得探讨的几个问题[J]. 内蒙古水利(4)：30－31.

杨海龙，张发，霍学会，等 . 2003. 浅论水土保持监督执法体系建设[J]. 内蒙古水利(3)：61－62.

曾大林 . 2004. 关于水土保持法修改若干问题的思考[J]. 中国水土保持(9)：6－7.

张国法 . 水利局乱收储灰场水土保持补偿费行政纠纷[EB/OL]. 北京行政诉讼律师网 http：//www. gfxzss. com.

张秋宁 . 2007. 非法采金业主造成水土流失一案初步结案[J]. 中国水土保持(1)：56.

中华人民共和国水利部水土保持司 . 1997. SL 190—1996 土壤侵蚀分类分级标准[S]. 北京：中国水利水电出版社 .

周虹 . 2006. 对流域管理机构在水土保持行政执法中问题的探讨[G]//中国水土保持学会预防监督专业委员会第六次会议暨学术研讨会文集 .

朱显谟 . 1956. 黄土区土壤侵蚀的分类[J]. 土壤学报，4(2)：99－114.

朱兴有 . 1992. 水土保持法理论与务实[M]. 西安：陕西人民教育出版社 .

《注册土木工程师执业资格专业考试培训教材》编委会 . 2007. 注册土木工程师(水利水电工程)执业资格专业考试培训教材[M]. 北京：水利水电出版社 .